電子學

洪啓強　編著

全華圖書股份有限公司

國家圖書館出版品預行編目資料

電子學：機械、資工、工管系適用 / 洪啓強編著.
-- 五版. -- 新北市：全華圖書, 2015.09
面；公分
ISBN 978-957-21-9635-9(平裝)

1.電子工程 2.電子學

448.6 103017353

電子學

作者 / 洪啓強
發行人 / 陳本源
執行編輯 / 楊智博
出版者 / 全華圖書股份有限公司
郵政帳號 / 0100836-1 號
印刷者 / 宏懋打字印刷股份有限公司
圖書編號 / 0331804
五版三刷 / 2020 年 11 月
定價 / 新台幣 380 元
ISBN / 978-957-21-9635-9(平裝)
全華圖書 / www.chwa.com.tw
全華網路書店 Open Tech / www.opentech.com.tw
若您對書籍內容、排版印刷有任何問題，歡迎來信指導 book@chwa.com.tw

臺北總公司(北區營業處)
地址：23671 新北市土城區忠義路 21 號
電話：(02) 2262-5666
傳真：(02) 6637-3695、6637-3696

南區營業處
地址：80769 高雄市三民區應安街 12 號
電話：(07) 381-1377
傳真：(07) 862-5562

中區營業處
地址：40256 臺中市南區樹義一巷 26 號
電話：(04) 2261-8485
傳真：(04) 3600-9806

版權所有．翻印必究

序言

本書係依照部頒大專院校理工科系「電子學」與「電子電路」課程之講授大綱且對時下之從事計算機工程、機械、化工與電子工業製造的相關人員而寫成。

本書之教學目的與內容是建立在非電子專業人員之教學與訓練，因此最主要之目的是提供教學內容與輔助同學能在一學期中，對電子學原理、電子元件與應用以及電子裝置有概要之認識與電子方面之應用。本書講授內容共九章，分別是「電學」、「二極體與電源供應電路」、「雙極性接面電晶體與放大電路」、「場效電晶體與放大電路」、「運算放大器」、「功率放大器」、「工業電子元件」、「線性與數位積體電路」，最後一章是「感測轉換器」。

本書是專供非電子專業人員學習之用，且在目前國內尚無一本教科書可供適用之際，筆者以多年電子教學經驗中仍秉承誠意與勇氣在有限的篇幅內而精選撰述內容，期使學者易學易懂。

本書雖經筆者審慎著墨且細心校稿，難免有疏漏與錯誤之處，倘祈先進學者惠予指正。最後感謝全華圖書公司鼎力支持而使本書順利出版，在此一併致謝。

編著者

洪啓強　於永和

再版序

近年來，由於專技人員與技術士檢定盛行，有關電學與電子學科是必考科目。所以，在本次修訂增加本書之相關測試題，可供學習者練習，並編列於每章之習題單元。

編著者

洪啓強　於金門吉祥書苑甲午仲夏

編輯部序

「系統編輯」是我們的編輯方針，我們所提供給您的，絕不只是一本書，而是關於這門學問的所有知識，它們由淺入深，循序漸進。

本書作者鑑於市面上尚無專供非專業人員學習用之「電子學」教科書，特將從事多年的教學經驗編纂成書，提供教學與訓練使用。本書內容分成九章，由淺入深，內容介紹電子學原理、電子元件與應用、電子裝置概要之認識、以及電子方面之應用等。適合各大專院校機械系、資工、工管系等科系之學生使用。

同時，爲了使您能有系統且循序漸進研習相關方面的叢書，我們以流程圖方式，列出各有關圖書的閱讀順序，以減少您研習此門學問的摸索時間，並能對這門學問有完整的知識。若您在這方面有任何問題，歡迎來函連繫，我們將竭誠爲您服務。

相關叢書介紹

書號：064387
書名：應用電子學(精裝本)
編著：楊善國
20K/488 頁/540 元

書號：02482 / 02483
書名：基本電學(上 / 下)
英譯：余政光、黃國軒
20K/344 頁/280 元 / 250 元

書號：0070606
書名：電子學實驗(第七版)
編著：蔡朝洋
16K/576 頁/500 元

書號：0319007
書名：基本電學(第八版)
編著：賴柏洲
16K/592 頁/560 元

書號：0597002
書名：電子電路－控制與應用(第三版)
編著：葉振明
20K/544 頁/500 元

書號：0518702
書名：電機學(第三版)
編著：顏吉永 、林志鴻
16K/552 頁/510 元

書號：06052037
書名：電腦輔助電路設計－活用 PSpice A/D－基礎與應用(第四版)(附試用版與範例光碟)
編著：陳淳杰
16K/384 頁/420 元

◎上列書價若有變動，請以最新定價為準。

流程圖

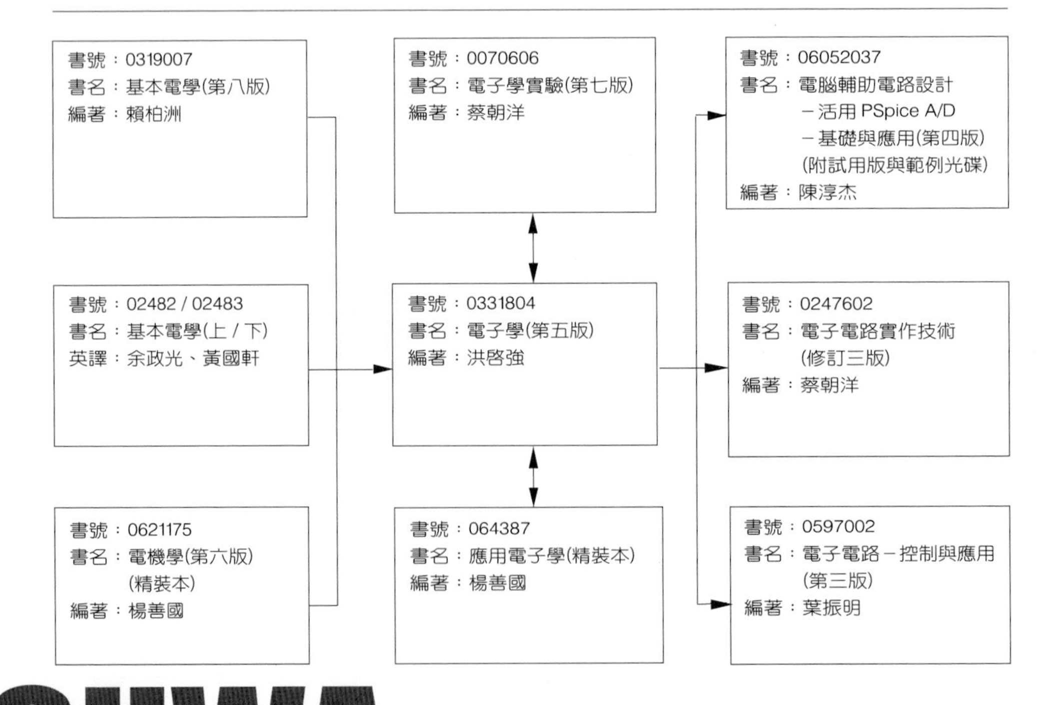

CHWA TECHNOLOGY

目 錄

參考文獻

1. Electronic Desigh　Savant
2. Electronic Devices & Circuit Theory　BoyLestead
3. Modern Electricity & Electronics　Miller
4. Microelectronic Circuits　Sedra & Smith
5. Digital Electromics　Bignell
6. Digital Integrated Cicuits　Kasper
7. Circuit Analysis　Davis
8. Industrial Solid-State Electronics Devices And Systems　Maloney

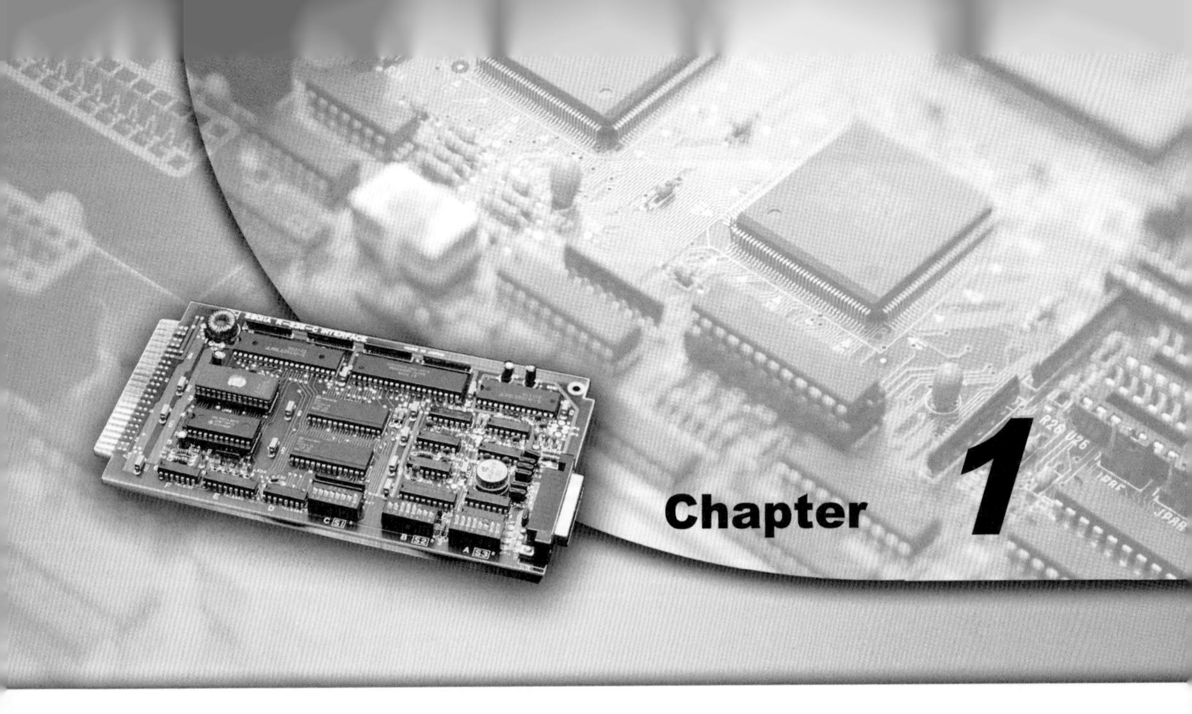

電學

在研究電子學之前，我們需要具備些電學的理論與電路定理之基礎，才能有助益於電子學之熟悉與應用，因此深盼學習者要仔細研讀本章之各單元。

1-1 物質基本粒子－電子

在電子學中所研討材料之最基本的單元就是電子(Electrons)，電子是一種非常微小的粒子。原子中最基礎的結構是由電子、質子與中子所組成，原子的中心部分稱為原子核且原子核僅由質子與中子組成，它們佔去了原子質量的大部，又原子核的外圍是由類似於行星環繞太陽軌道的電子群圍繞著。

電子的質量大約是中子或質子質量的二千分之一，如果一個原子中具有相同數目的電子數與質子數，我們稱之為電均衡(Electrically Ballanced)；亦即是不持有淨電荷。任何的物質都是由中性的原子所構成，因此彼此不被吸引或排斥。倘若某些外在因素(外加電壓或溫度)而使原子接收了多於正常的電子數，那麼稱該原子帶負電性；反之若原子少了正常的電子數則稱爲正電性，上述的兩種情形都是不均衡的。

1-2 導體、半導體與絕緣體

物體中的電子可藉由摩擦而從一物體移到另一物體上，例如走過毛氈必會從你腳下移走電子至另一端，又如燈的開關打開時的多餘電子群會經由我們的身體通過空氣至開關而會產生柔和的電擊火花，這就是靜電放電現象。由此知道塑膠的開關經由人體到空氣的微弱靜電放電現象而引證塑膠是一種不易傳導電子的物質，對這種不良的導體稱爲絕緣體(Insulator)。

不同物質的不同傳導電子之能力是取決於原子結構。原子的最外層電子軌道的電子數謂之價電子，如果最外層電子軌道超過半數被填滿電子，該元素就是不良導體或謂之絕緣體。當然所謂導體(Conductor)的原子之最外層軌道電子少於半數被填滿，倘若原子最外層軌道電子恰好填滿一半而稱爲半導體(Semiconductor)，因而半導體材料之導電程度是介於良導體與絕緣體之間。今日之電子工業應用如此發達，半導體材料製造出的電子元件是居於極重要之地位。

1-3 電流、電壓與歐姆定律

1-3-1 電流

外加一力量(電壓)在導體上而使大部分的電子向同一方向流動的現象就是電流的發生，就電子各個而言之方向就是隨機(Random)分佈的移動在整個導體中，由於電子的隨機移動而使其向各方向移動的機會淨得爲零，因此電子就不再流動了。

電流的測量單位是安培(Ampers)，一安培就是每秒鐘流過 6.24×10^{18} 個電子，另外一庫侖(Coulomb)的定義是 6.24×10^{18} 個電荷，因而可知道一庫侖即爲一安培與一秒鐘之乘積。

例題 1.1

請分別計算下列問題之電流安培值大小：

(1)　某電荷量 6 庫侖在 3 秒鐘內通過某一點的電流值。

(2)　某導體中每秒中有 12.48×10^{18} 個電子流過之電流值。

解 (1)　由定義知一庫侖含有 6.24×10^{18} 個電子，因此在 3 秒鐘內通過 6 庫侖之電荷的電流大小是

$$I=\frac{\text{庫倫}}{\text{秒}}=\frac{6\text{C}}{3\text{s}}=2\ \text{C/s}=2\ \text{A}$$

(2)　由定義知一安培是每秒通過 6.24×10^{18} 個電子，因此

$$I=\frac{12.48\times10^{18}\text{電子／秒}}{6.24\times10^{18}\text{電子／秒／安培}}=2\text{ 安培或 }2\text{A}$$

1-3-2　電壓

上面講到外加一力量於導體上使電荷流動，這外加力量稱爲電源或俗稱的電池。基本上，電池是由兩種不同物質浸入電解液中而使其中之一表面因化學作用取得多餘的電子，形成帶負電性的電極(Electrode)；另一表面因缺少電子而形成帶正電性的電極。如果將這兩端引接成電池的“+”與“−”極來表示，祇要連接通就可形成電路。

電極兩端不平衡的電子狀態就會產生一力量或壓力來促使電子流動，這種力量我們稱爲電動勢(Electromtive Force)或簡寫爲 E.M.F，相同的意思可稱爲電位差、電壓。電源電動勢的符號是以較長的直線表示電

源的正端，較短的直線表示電源的負端，電子流係以負端到正端的流動方向而電流方向則為正端到負端的流動方向。請參考圖 1-1 所示的電池與接成電路之情形。

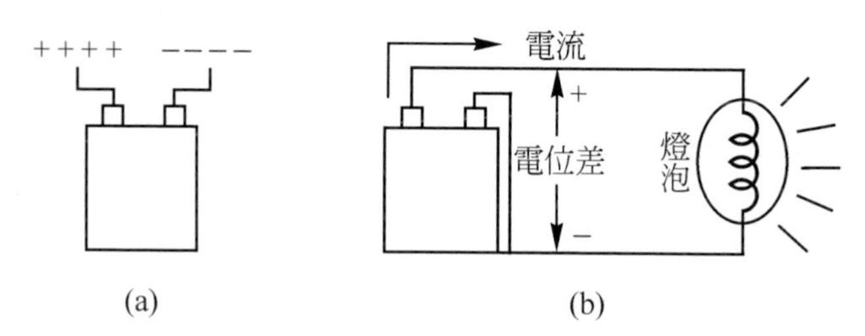

圖 1-1　電池的極性與電路(a)電池；(b)接有負載(燈泡)之電路

1-3-3　歐姆定律

在電學裡最基本的定律是歐姆定律(Ohm's Law)，這是電壓、電流與電阻三者之關係且以公式表示：

$$V = I \times R \tag{1.1}$$

其中　V：電壓，單位是伏特(Volts)

I：電流，單位是安培(Ampers)

R：電阻，單位是歐姆(Ohms)

因此在定義 1 歐姆時就是電阻上流過 1 安培電流且產生 1 伏特電壓，電阻符號是以希臘字母"Ω"表示；如 10 歐姆可寫成 10Ω，1000Ω 是 1kΩ 表示，而 10^6Ω 則是寫成 1MΩ。

例題 1.2

兩個 1.5V 的電池串接使用在閃光燈上，若通過該閃光燈的電流是 0.3A。試求該燈絲的電阻大小。

解 由公式(1.1)知 $V = I \times R$

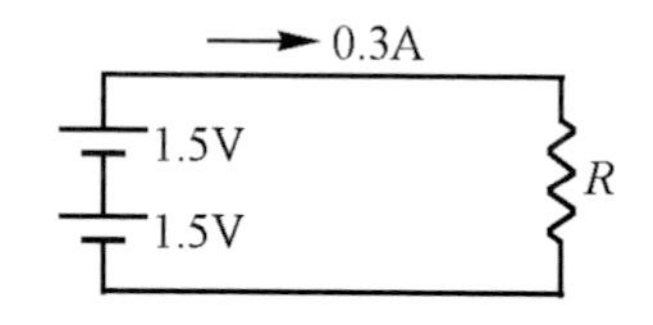

所以 $R = V / I = \dfrac{1.5\text{V} + 1.5\text{V}}{0.3\text{A}} = 10\,\Omega$

注意到，例題 1.2 之電路示意圖如上，其中標示有電阻器的符號。

1-4 電阻器

在電子設備中的電路所使用的電阻器(Resistor)有種種不同的形狀與大小，最通用型式如圖示的圓長管狀。在外表上至少有三種顏色帶，這些電阻的色碼就是標示電阻值的大小與誤差量，其中各顏色表示的意義依序說明：第一與第二個色碼是用來決定第一與第二位數字，第三個色碼是表示第一、二位數字後“零”的個數，第四個色碼(若有標示出)常用金或銀色表示係說明有 5%或 10%的容許誤差；若無色(沒有標示出)即表示有 20%的電阻誤差值。請參圖 1-2 所示的電阻器與色碼表示。

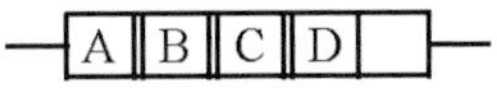

A	B	C	D

(a)

顏色	第一位數字 A	第二位數字 B	倍數 C	容許誤差 D
黑	0	0	1	–
棕	1	1	10	±1%
紅	2	2	100	±2%
橙	3	3	1000	±3%
黃	4	4	10,000	±4%
綠	5	5	100,000	–
藍	6	6	1,000,000	–
紫	7	7	10,000,000	–
灰	8	8	100,000,000	–
白	9	9	–	–
金	–	–	0.1	±5%
銀	–	–	0.01	±10%
無色	–	–	–	20%

(b)

圖 1-2　電阻器的(a)色碼標示；(b)色碼意義與計算

例題 1.3

請辨識下列各色碼電阻器之電阻值或寫出色碼：

(1) 棕、黑、黑。

(2) 綠、藍、橙、銀。

(3) 紅、橙、棕、金。

(4) $R = 1\Omega \pm 5\%$ 。

(5) $R = 47\text{M}\Omega \pm 10\%$ 。

解 參考色碼表示意義圖可知

(1)

棕	黑	黑	無色
1	0	沒有零	誤差 20%

$\therefore R = 10\Omega \pm 20\%$

(2)

綠	藍	橙	銀
5	6	三個零	誤差 10%

$\therefore R = 56000\Omega \pm 10\%$

$= 56\text{k}\Omega \pm 10\%$

(3)

紅	橙	棕	金
2	3	一個零	誤差 5%

$\therefore R = 230\Omega \pm 5\%$

(4) $R = 1\text{M}\Omega \pm 5\% =$

1	0	00000	Ω	5%
棕	黑	綠		金

(5) $R = 47\text{M}\Omega \pm 10\% =$

4	7	000	Ω	10%
黃	紫	橙		銀

例題 1.4

某個色碼爲"橙、橙、紅、金"的電阻器串接在有電壓的電路上，電阻器兩端的測量值是 13.6V 且流經的電流值是 4.3mA。試求該電阻器的測試值，請問電阻是否在其容許誤差範圍之內？

解 測試值計算如下：

$$R=\frac{V}{I}=\frac{13.6\text{V}}{4.3\text{mA}}=\frac{13600\text{mV}}{4.3\text{mA}}=3163\,\Omega$$

又該電阻器的色碼標示可知電阻值大小的範圍是

$3300\Omega \pm (3300\Omega \times 5\%)$

或 $3300\Omega \pm 165\Omega$

亦即 $3465\Omega \sim 3135\Omega$

故知該電阻值是在其容許誤差的範圍內。

1-5 串聯與並聯電路

在實際的應用電路中，大多數的電路都是串聯(Series)與並聯(Parallel)組合而成，因此我們可利用電學之基本定理來計算且化簡成單一的等效電阻，接下來介紹串聯與並聯電路的電阻應用公式。

1-5-1 串聯電路

大部分的電路包括有不止一個電源和一個負載，例如一個電池與兩個電阻串聯。所謂串聯電路就是所有電路元件(電池、R_1、R_2與 R_n)如圖 1-3 所示皆有相同之電流經過，但沒有其它分路有電流流過。因此，在串聯電路中的總電阻值(R_T)等於各個電阻之和，所以若串聯 n 個電阻之總電阻表示如下：

$$R_T = R_1 + R_2 + \cdots + R_n \tag{1.2}$$

如有 n 個相同電阻值 R 串聯時，則其總電阻 $R_T = nR$ 。

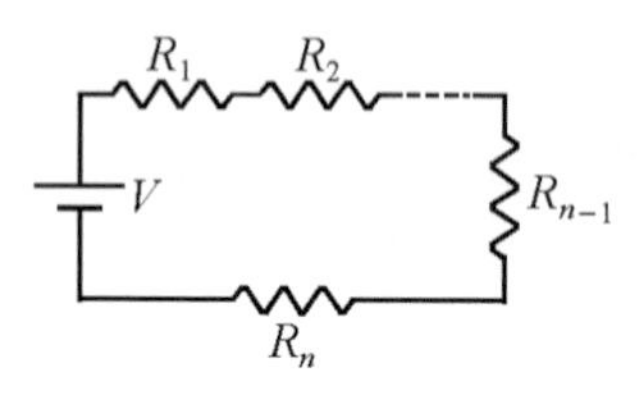

圖 1-3　串聯電路

例題 1.5

試求圖示電路的電流值以及每個電阻器上的電壓。

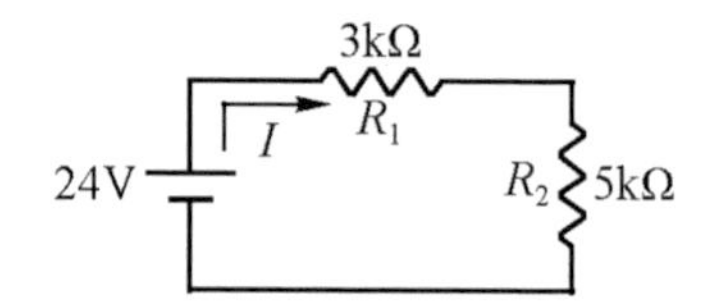

解 先計算總電阻

$$R_T = R_1 + R_2 = 3\text{k}\Omega + 5\text{k}\Omega = 8\text{k}\Omega$$

故電流為

$$I = \frac{V}{R_T} = \frac{24\text{V}}{8\text{k}\Omega} = 3\,\text{mA}$$

因為是串聯電路而電路上所有元件均流過相同之電流，所以

$$I = I_{R1} = I_{R2} = 3\,\text{mA}$$

R_1 上的電壓 $V_{R1} = I_{R1} \times R_1 = 3\text{mA} \times 3\text{k}\Omega = 9\text{ V}$

R_2 上的電壓 $V_{R2} = I_{R2} \times R_2 = 3\text{mA} \times 5\text{k}\Omega = 15\text{ V}$

我們從例題 1.5 可知，若要計算串聯電路中每個電阻的電壓是可以利用分壓定律(Voltage Divider Rule)來計算，公式如下：

$$V_x = V_s \times \frac{R_x}{R_T} \tag{1.3}$$

其中　V_x　：在 R_x 上的電壓

V_s　：電源的電壓

R_x　：要計算該電阻器上的電壓

R_T　：串聯電路上的總電阻

1-5-2　並聯電路

在圖 1-4 所示的爲一簡單的並聯電路且因電路元件是並聯接著，也就是各個元件的相同端同時接在一起，通常我們用兩平行垂直的短線來表示元件的並聯，例如 R_1 並聯 R_2 則表示如下：

$$R_1 \parallel R_2$$

倘若有 n 個並聯電阻的電路時，則其等效總電阻值是

$$\frac{1}{R_{eq}} = \frac{1}{R_1} + \frac{1}{R_2} + \cdots + \frac{1}{R_n} \tag{1.4}$$

其中 R_{eq} 就是 n 個並聯電阻的等效總電阻值。

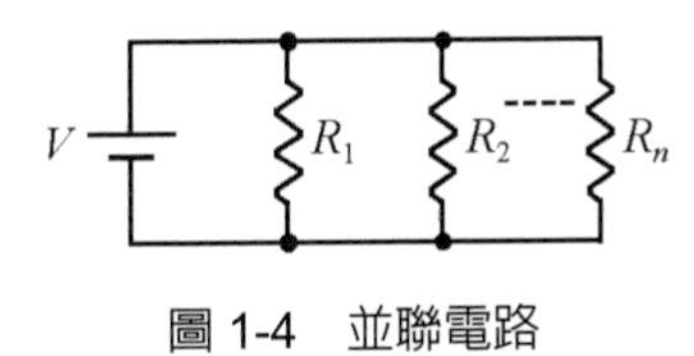

圖 1-4　並聯電路

如果有 n 個相同電阻值 R 並聯時，那麼等效總電阻則爲 R/n，下面的例題也可以利用此式求出。

例題 1.6

試計算下列各問題的電阻值：

(1)　二個 10Ω 並聯後的電阻值。

(2)　五個 5Ω 並聯後的電阻值。

解　利用公式(1.4)可知

(1)　$\because \frac{1}{R_{eq}} = \frac{1}{10\Omega} + \frac{1}{10\Omega} = 0.2/\Omega$

$\therefore R_{eq} = \frac{1}{0.2/\Omega} = 5\Omega$

(2) $\because \dfrac{1}{R_{eq}}=\dfrac{1}{5\Omega}+\dfrac{1}{5\Omega}+\dfrac{1}{5\Omega}+\dfrac{1}{5\Omega}+\dfrac{1}{5\Omega}=1.0/\Omega$

$\therefore R_{eq}=\dfrac{1}{1.0/\Omega}=1.0\,\Omega$

在大部分家庭的電力配線都是並聯電路且交流電壓有效值是 110V～120V 之間，在圖 1-5 所示電路中有三個負載；電視機看成一個 30Ω 的電阻、燈則為 120Ω 以及電熨斗是 10Ω。在下面的例題則是針對本問題作練習與分析。

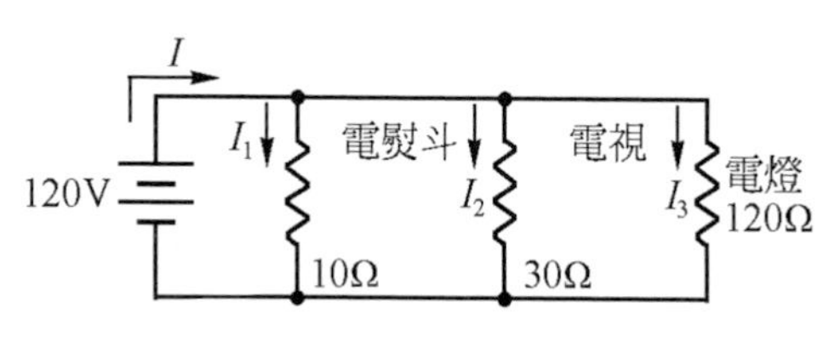

圖 1-5 三個負載的並聯電路

例題 1.7

試計算與分析上面圖示電路的等效電阻以及 I、I_1、I_2 與 I_3 電流。

解 利用公式(1.4)知

$$\frac{1}{R_{eq}}=\frac{1}{10\Omega}+\frac{1}{30\Omega}+\frac{1}{120\Omega}$$

$$=0.1/\Omega+0.0333/\Omega+0.00833/\Omega=0.142/\Omega$$

故 $R_{eq}=\dfrac{1}{0.142/\Omega}=7.06\,\Omega$

總電流 $I=\dfrac{V}{R_{eq}}=\dfrac{120\text{V}}{7.06\Omega}=17\,\text{A}$

電流 $I_1=\dfrac{V}{R_1}=\dfrac{120\text{V}}{10\Omega}=12\,\text{A}$

電流 $I_2 = \frac{V}{R_2} = \frac{120\text{V}}{30\Omega} = 4\text{ A}$

電流 $I_3 = \frac{V}{R_3} = \frac{120\text{V}}{120\Omega} = 1\text{ A}$

由上面計算之電流情形可驗知：並聯電路中的總電流 I 爲各分支電路之電流的和且計算如下：

$$I = I_1 + I_2 + I_3 = 12\text{A} + 4\text{A} + 1\text{A} = 17\text{ A}$$

1-6 克希荷夫定律

克希荷夫定律(Kirchhoff's Law)包括了電壓與電流兩個定律(KVL And KCL)。

1-6-1 克希荷夫電壓定律

我們可從圖 1-6 所示電路來說明電壓定律，由電路中知總電阻 $R_{th} = R_1 + R_2 + R_3 = 24\text{ k}\Omega$，因此電流 $I = 24\text{V} / 24\text{k}\Omega = 1\text{ mA}$ 且此電流 1mA 可由歐姆定律知道每個電阻上的電壓如下：

$$V_{R1} = 1\text{mA} \times 8\text{k}\Omega = 8\text{ V}$$

$$V_{R2} = 1\text{mA} \times 10\text{k}\Omega = 10\text{ V}$$

$$V_{R3} = 1\text{mA} \times 6\text{k}\Omega = 6\text{ V}$$

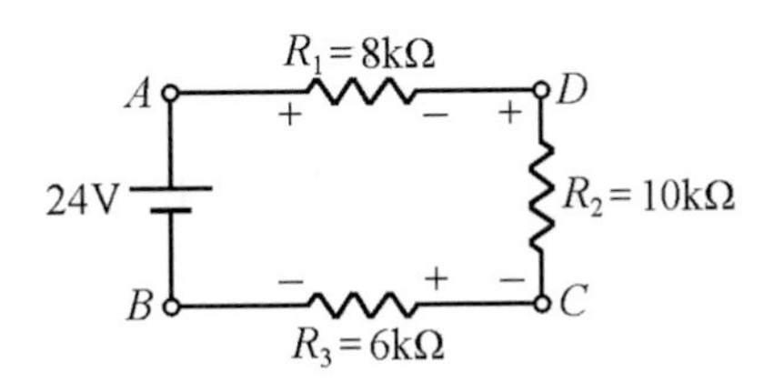

圖 1-6 KVL 的電路說明

注意到在電路上的電壓極性皆標示在圖上 $V_{AB} = +24\ \text{V}$ 此即表示 A 端較 B 端爲正；反之 $V_{BA} = -24\ \text{V}$。

克希荷夫電壓定律的文字說明是“在任何一對閉迴路中，所有的電壓(包含電壓源)和等於零”。

例題 1.8

請證明上圖電路中的克希荷夫電壓定律。

解 由節點 A 起經 B、C 與 D 到 A 的反時針方向的迴路來驗證成立否？

$$V_{AB} + V_{BC} + V_{CD} + V_{DA} = 0$$

$$24\text{V} - 6\text{V} - 10\text{V} - 8\text{V} = 0$$

故得證，同學們亦可以用順時針方向的迴路來驗證 KVL 成立。

1-6-2　克希荷夫電流定律

克希荷夫電流定律是指“流入節點的電流和應等於流出該節點之電流和”，爲了瞭解 KCL 而以下面的例題來說明。

例題 1.9

試證圖 1-7 所示電路中節點 A 與 B 的克希荷夫電流定律，其中 $R_1 = 100\ \Omega$ 與 $R_2 = 400\ \Omega$。

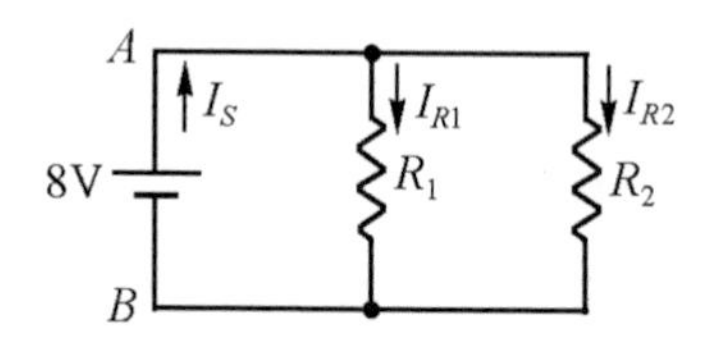

圖 1-7　KCL 的電路說明

解　首先求出電路中之各電流

$$I_S = \frac{V}{R_1 \| R_2} = \frac{8V}{100\Omega \| 400\Omega} = \frac{8V}{\dfrac{100\Omega \times 400\Omega}{100\Omega + 400\Omega}} = \frac{8V}{80\Omega} = 100\,\text{mA}$$

$$I_{R1} = \frac{V}{R_1} = \frac{8V}{100\Omega} = 80\,\text{mA}$$

$$I_{R2} = \frac{V}{R_2} = \frac{8V}{400\Omega} = 20\,\text{mA}$$

在節點 A 之 I_S 流進且 I_{R1} 與 I_{R2} 流出

$$I_S = I_{R1} + I_{R2}$$

$$100\text{mA} = 80\text{mA} + 20\text{mA}$$

在節點 B 之 I_S 流出且 I_{R1} 與 I_{R2} 流進

$$I_{R1} + I_{R2} = I_S$$

$$80\text{mA} + 20\text{mA} = 100\text{mA}$$

綜合上述可證得 KCL。

1-7　功率與能量

所謂功的定義是受外力而移動某些距離，因此功率(Power)就是作功的比例大小。如果我們在 1 秒鐘內提攜一物重 20 磅走動 5 呎，那麼我們說作功 100 呎-磅且功率爲 100 呎-磅／秒(ft-1b/s)，功率的使用單位是馬力(Horse Power：hp)且定義爲

1 馬力(hp) = 550 呎-磅／秒(ft-1b/s)

或　1 馬力 = 746 瓦(W)

例題 1.10

某一起重機提起 3000 磅重而移動 20 呎且費時 4 秒鐘，試求所作的功與功率大小。

解 起重機作功為

$$3000\text{磅} \times 20\text{呎} = 60000\ \text{呎-磅}$$

功率則為

$$60000\ \text{呎-磅}/4\ \text{秒} = 15000\ \text{呎-磅}/\text{秒}$$

若換成馬力為單位：$\dfrac{15000\text{呎-磅}/\text{秒}}{550\text{呎-磅}/\text{秒}} = 27.3$ 馬力

功率可利用電流與電壓的共同操作而得到，表示方程式如下：

$$P = V \times I \tag{1.5}$$

其中，功率 P 的單位是瓦特(Watters)。在上式中我們可利用歐姆定律而得到兩種電功率的公式如下：

$$P = I^2 R \tag{1.6a}$$

以及

$$P = V^2 / R \tag{1.6b}$$

例題 1.11

試計算五個 100Ω 的電阻並聯於 20V 的電池上之總功率以及各別電阻之功率。

解 由於每個電阻均並聯接在 20V 上，利用式(1.6b)可得

$$P = V^2 / R = 20^2 / 100\Omega = 4\ \text{W}$$

總功率為各個電阻功率之和，

$$4\text{W} \times 5 = 20\ \text{W}$$

能量(Energy)就是在一定的時間中所作的功，因此以數學式表示如下：

$$W = P \cdot t \tag{1.7}$$

其中　W：能量，單位焦耳(Joules)

P：功率，單位瓦特(Watts)

t：時間，單位秒(Seconds)

在電力系統中常用的另一種單位是仟瓦特時(Kilowatt-Hours；KWH)，譬如某一消耗功率 1.5kW 的發熱器使用二小時，那麼所產生爲 3KWH 之能量。

例題 1.12

試計算下列所需之電費，其中每 KWH 費用爲 2.5 元

(1) 1000W 的電熨斗使用 3 小時。

(2) 10W 的電鐘使用 30 天。

(3) 200W 的電視機平均每天使用 4 小時且共 30 天。

解 (1) 電熨斗：$1000\text{W} \times 3\text{h} = 3000\ \text{Wh}$

費用 2.5元／$\text{kwh} \times 3\text{kwh} = 7.5$ 元

(2) 電鐘：$10\text{W} \times 30$天$\times 24\text{h}$／天$= 7200\ \text{Wh}$

費用 2.5元／$\text{kwh} \times 7.2\text{kwh} = 18$ 元

(3) 電視機：$200\text{W} \times 30$天$\times 4\text{h}$／天$= 24000\ \text{Wh}$

費用 2.5元／$\text{kwh} \times 24\text{kwh} = 60$ 元

在電力系統中的許多應用，效率(Efficiency)是一項極重要的問題而效率的定義如下：

$$\eta\% = \frac{P_o}{P_i} \times 100\% \tag{1.8}$$

其中 $\eta\%$ ：效率的百分率

P_o ：輸出功率

P_i ：輸入功率

例題 1.13

試計算某 0.5 馬力的馬達且其輸入電流是 4A 以及電壓 110V 的馬達效率與功率損失。

解 輸出功率 $P_o = 0.5 \times 746\,\text{W/hp} = 373\ \text{W}$

輸入功率 $P_i = 4\text{A} \times 110\text{V} = 440\ \text{W}$

功率損失 $P_D = P_i - P_o = 440\text{W} - 373\text{W} = 67\ \text{W}$

效率 $\eta\% = \frac{P_o}{P_i} \times 100\% = \frac{373\text{W}}{440\text{W}} \times 100\% \cong 84.8\%$

注意到，上述之 67W 功率損失是以熱的方式消耗掉。如果損失功率更大時就要注意散熱問題，以防止電器之損壞。

1-8 交流電路與儀測

本節次介紹交變電源的問題與儀表的基本測量應用。

1-8-1 交流電路

到目前爲止，我們所研討的是穩態定量的電源且如圖 1-8(a)所示的情形，在圖中知電壓 5V 爲定值且不隨時間改變而改變，我們稱爲純直流(Direct Current；DC)。至於另一類的直流中含有微小的交流成分而稱爲脈動直流(PulseatingDC)，如圖 1-8(b)所示的情形爲 5V 電壓準位上下有極性之變化。

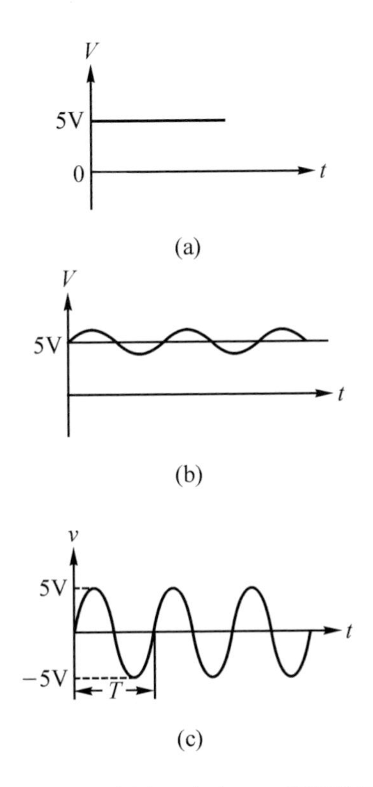

圖 1-8　直流與交流波形(a)直流；(b)脈動直流；(c)交流

交流電壓或電流係取自交換變動電流(Alternating Current；AC)而來，在如圖 1-8(c)所示就是典型交流信號波形之一種。我們可從圖中看到正弦波是從 + 5 V 到 − 5 V 間交替變化的波形，通常我們可以將波形電壓寫成 $10V_{P\text{-}P}$(亦即是 10 伏特的峰對峰值)。由於交流波形的重複出現，因此我們定義其週期(Period)T 爲：

週期：T = 出現一完整波形所需的時間

接著討論與週期有關係的是頻率(Frequency)，它的意義是指交流信號重複出現的比例，因此單位時間內出現波形的次數可由週期之倒數而求得頻率爲

$$頻率：f=\frac{1}{T} \tag{1.9}$$

例如圖 1-8(c)中正弦波的週期$T=1\,\text{ms}$，那麼頻率 $f=\dfrac{1}{1\text{ms}}=1000\text{Hz}=1$ kHz。

例題 1.14

電視機畫面上的水平掃描速度是每秒 15750 次，請問每條線的掃描時間是多少？

解 掃描時間就是週期，因此

$$T=\frac{1}{f}=\frac{1}{15750\text{Hz}}=63.5\,\mu\text{s}$$

交流信號的功率計算都是以均方根值(Root-Mean-Square；RMS)的電壓與電流來求得，而均方根值是利用峰對峰值除以 $2\sqrt{2}$ 得到的。因此，電流或電壓均方根值為

$$\text{RMS}=\frac{峰對峰值(\text{P}-\text{P})}{2\sqrt{2}} \tag{1.10}$$

在習慣上，正弦波信號的電流或電壓值都是以均方根值表示而不附加註明 RMS，因而如 110V 亦即指電壓之有效值。

例題 1.15

若圖示電壓波形外加在 20Ω 負載上，試計算下列各題：

(1) 峰對峰值電流 $i_{P\text{-}P}$ 與均方根值電流 i_{rms}。

(2) 均方根值電壓 v_{rms}。

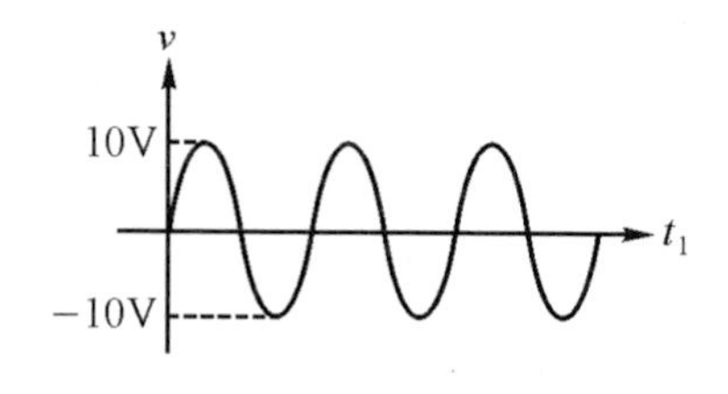

(3)　外加在 20Ω 電阻上的功率。

(4)　在(3)問題中之相對於直流的電壓是多少？

解　由圖示波形知 $v_{P-P} = 20\text{ V}$，

(1)　$i_{P-P} = \dfrac{v_{P-P}}{R} = \dfrac{20\text{V}}{20\Omega} = 1A_{P-P}$，$i_{\text{rms}} = \dfrac{i_{P-P}}{2\sqrt{2}} = \dfrac{1A_{P-P}}{2\sqrt{2}} = 0.35A_{\text{rms}}$

(2)　$v_{\text{rms}} = \dfrac{v_{p-p}}{2\sqrt{2}} = \dfrac{20\text{V}_{p-p}}{2\sqrt{2}} = 7.07V_{\text{rms}}$

(3)　$P_R = v_{\text{rms}} \times i_{\text{rms}} = 7.07\text{V} \times 0.35\text{A} = 2.5\text{ W}$

(4)　$\because P = \dfrac{V_{dc}^2}{R}$，　　$\therefore V_{dc} = \sqrt{PR} = \sqrt{2.5\text{W} \times 20\Omega} = 7.07\text{ V}$

例題 1.16

若家用電源是 60Hz 的 110V 電壓，試求其 v_{P-P} 與 v_{rms} 值。

解　均方根值 $v_{\text{rms}} = 110\text{ V}$，

峰對峰值 $v_{P-P} = v_{\text{rms}} \times 2\sqrt{2} = 311V_{P-P}$

1-8-2　儀表測量

在測量儀表中最簡便的工具就是電壓－歐姆－表(Volt-Ohm-Meter；VOM)的三用電表或稱爲萬用表與 VOM 表。由於三用電表能測量電阻的歐姆值、交流電壓值、直流電壓或電流值或附加一些測試功能，典型商用三用電表的外觀、名稱、規格與使用測試法如圖 1-9 所示。

外觀和各部名稱

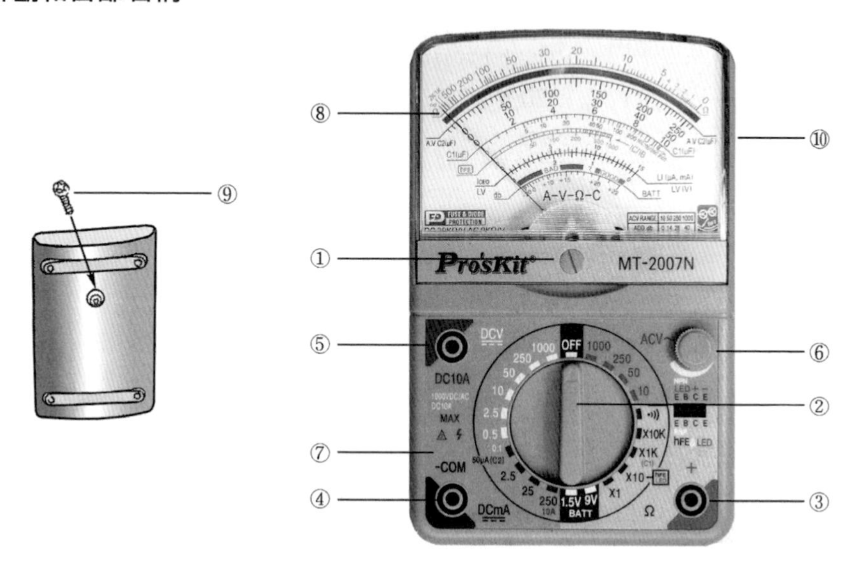

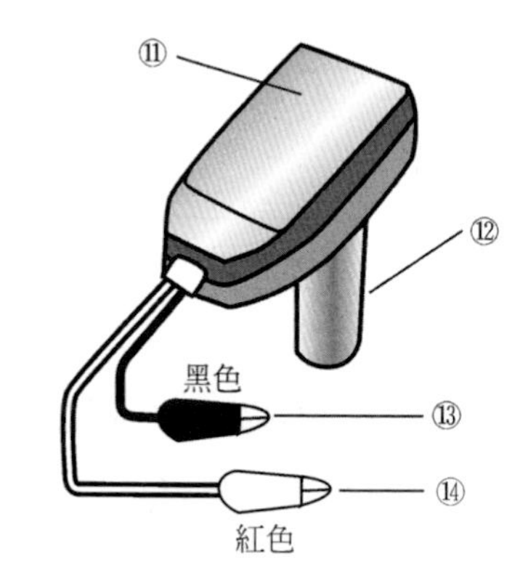

①調整指針偏差時之用
②選取測量項目之旋鈕
③紅色測試棒插孔
④黑色測試棒插孔
⑤測試 10A 直流電流之專用插孔
⑥調整測量歐姆值歸零之用
⑦儀表板
⑧指針
⑨後蓋螺絲
⑩後蓋
⑪ h_{fe} 測量接連器
⑫連接角連接電表
⑬電晶體基極表
⑭電晶體集極夾

圖 1-9　儀表外觀和各部名稱

規格

直流電壓

範圍

0.1-0.5-2.5-10-50-250-1000V

精確度(全刻度指示值)：3%

敏感度：20kΩ/V

擴充：250kV(另外使用 HV 測試)

交流電壓

範圍

10-50-250-1000V

精確度(全刻度指示值)：4%

敏感度：8kΩ/V

增益測量 -10 至 $+50$ dB

$0\text{dB} = 1\,\text{mW}/600\Omega$

直流電流

範圍

50μA(位於 0.1VDC，2.5-25mA，0.25A 10A)

精確度(全刻度指示值) ±3%

電壓降 250mA

電阻

範圍

×1	0.2Ω	至	2kΩ	中間刻度在 20Ω
×10	2Ω	至	20kΩ	中間刻度在 200Ω
×1k	200Ω	至	2MΩ	中間刻度在 20kΩ
×10k	0.2kΩ	至	20MΩ	中間刻度在 200Ω

I_{CEO} 150μA-15mA-150mA

h_{FE} 0-1000(使用接連器)

尺寸150×100×57 mm　5.9×39.4×22.5″

重量 420g，0.931b

註 1：直流電壓中的 HV 係指測量至 5000V 之高壓。

註 2：測量電阻時，若無法調整歸零，則須更換電池。

讀取時使用之參考表

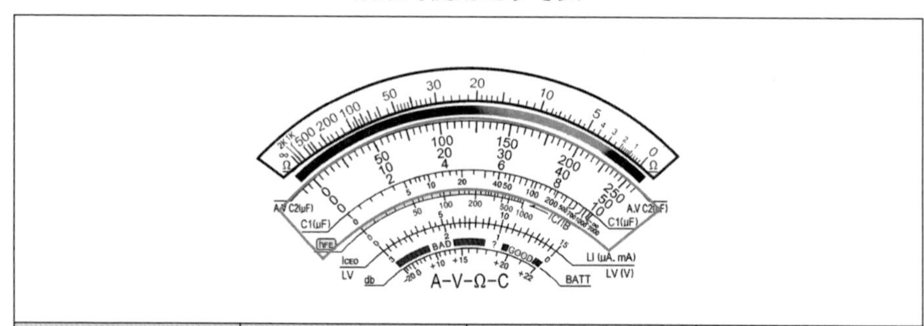

測試	範圍位置	讀取之刻度	乘數
直流電壓	DC 0.1V	B 10	×0.01
	0.5V	B 50	×0.01
	2.5V	B 250	×0.01
	10V	B 10	×−1
	50V	B 50	×−1
	250V	B 250	×1
	1000V	B 10	×1
			×100
交流電壓	AC 10V	10	×1
	50V	50	×1
	250V	250	×1
	1000V	10	×100

讀取時使用之參考表(續)

直流電流	DC 50μA 2.5mA 25mA 0.25A	50 250 250 250	×1 ×0.01 ×0.1 ×0.001
電阻	×1 ×10 ×1 K ×10 K	A A A A	×1 ×10 ×1000 ×10000
增益	AC 10V 50V 250V	G G G	×1 ×1+14 dB ×1+28 dB
1CEO	×1 ×10	E E	×1 (for big TR) ×1 (for small TR)
h_{FE}	×10	D	×1
二極體	×1 K ×10 ×1	E F E F E F	μA×10 ×1 mA×1 ×1 mA×10 ×10

使用法

Ω 測試

1. 將測試棒插入“−COM”與“+”插座。
2. 將範圍選擇鈕轉到規定的範圍位置。

3. 將兩支測試棒短路，調整 0ΩADJ 鈕使指針歸於 0 的位置。
4. 確定待測量電路沒有電壓。
5. 將測試棒接於待測電阻上，根據參考表讀取刻度值。

直流電壓(DCV)測量

1. 將紅測試棒插入“+”插座，將黑測試棒插入“−COM”插座。
2. 將範圍選擇鈕置於要用的 DCV 範圍位置。
3. 將紅測試棒連接待測電路的正極端，將黑測試棒連接待測電路的負極端。
4. 依據參考表讀取 DCV 刻度值。

交流電壓(ACV)測量

1. 將紅測試棒插入“+”插座，將黑測試棒插入“−COM”插座。
2. 將範圍選擇鈕置於要用的 ACV 範圍位置。
3. 將測試棒連接待測電路且不必考慮電路極性。
4. 依據參考表讀取 ACV 的刻度值。

直流電流(DCA)測量

1. 將紅測試棒插入“+”插座，將黑測試棒插入“−COM”插座。
2. 將範圍選擇鈕置於要用的 DCA 範圍位置。
3. 將紅測試棒連接待測電路的正極端，將黑測試棒連接待測電路的負極端。(最安全考慮下要串聯一低值精密電阻器)。
4. 依據參考表讀取 DCA 的刻度值。

在 OUTPUT 端作交流電壓(ACV)測量

1. 將紅測試棒插入“OUTPUT”，將黑測試棒插入“−COM”插座。
2. 將範圍選擇鈕置於要用的範圍位置。
3. 將測試棒連接待測電路，如同交流電壓(ACV)測量讀取刻度，此測量摒除在同電路上的直流 DC 電壓，所以只有 AC 電壓被讀取。

電晶體測量

1. I_{CEO}(漏電流)測試
   (1) 將測試棒插入"+"及"−COM"。
   (2) 小功率電晶體使用範圍選擇鈕×10 (15mA)，大功率電晶體使用範圍選擇鈕×1 (150mA)。
   (3) 調整 0ΩADJ 鈕使指針歸於 Ω 刻度 0 的位置。
   (4) 將電晶體與電表連接：
   NPN 電晶體接法是電表 *N* 端連接電晶體集極(C)，*P* 端連接電晶體射極(E)。*PNP* 電晶體接法則與 *NPN* 的接法相反。
   (5) 讀取 I_{CEO} 範圍，指針在漏電區內或是指針升到接近滿刻度時，則電晶體爲不良；在其它範圍內則都是好的電晶體。
2. h_{FE}(DC 放大)測量
   (1) 將範圍選擇鈕置於×10。
   (2) 調整 0ΩADJ 鈕使指針歸於 0 的位置。
   (3) 將電晶體與電表連接：
   NPN 電晶體接法：
   ① 用 h_{FE} 測試棒連接電表 *P* 端和電晶體射極。
   ② 將 h_{FE} 連接器插入 *N* 端，並將其紅夾子連接電晶體集極，黑夾子連接電晶體基極。
   PNP 電晶體接法：
   ① 電表 *N* 端連接電晶體射極。
   ② 將 h_{FE} 連接器插入 *P* 端，夾子連接方式如同 *NPN* 電晶體接法。
   (4) 讀取 h_{FE} 刻度，讀取値是……，是被測電晶體的直流放大値。
3. 二極體測量
   (1) 將範圍選擇鈕置於要用的範圍位置，0-150μA 使用×1 K，0-15mA 使用×10 K，0-150mA 使用×100 kΩ。

(2) 將二極體連接電表：

測量 I_F(順向電流)將電表的 N 極與二極體正極連接，P 極與二極體負極連接。

測量 I_R(逆向電流)的連接方式則相反。

(3) 由 LI 刻度上讀取 I_F 或 I_R 值。

(4) 測量 I_F 或 I_R 值時，由 LV 刻度上讀取二極體的順向電壓。

歐姆測量(Ohms Measmesurements)

選用 VOM 的歐姆檔與範圍大小可測量電阻器的電阻值。測試法略述如下：

1. 首先將電表之兩測試棒短路接觸進行歸零調整。
2. 調整 0Ω 鈕使指針歸零，對於不同的阻值測量範圍檔都要每次歸零調整一次以確保測量電阻值的準確性。
3. 歸零後，將兩測試棒以並聯方式接妥電阻兩端。
4. 等待指針指示位置靜止後，觀看指示數值再乘以比例因數就是該電阻器的讀值。
5. 注意事項如下：

(1) 若電路有外加電源時應關掉電源以防錯誤讀值。

(2) 必須選擇適當的比例因數。

(3) 指針指示位置的最佳選擇是指針位於中間到全刻度的三分之一之間，避免位於滿刻度爲宜。

(4) 正確觀測位置而減少人爲誤差。

例題 1.17

若指針位置 Ω 在 6.5 且比例檔分別如下，試求其電阻值。

(1) $R\times1$。

(2) $R\times100$。

(3) $R\times1K$。

解 (1)　$6.5 \times 1 = 6.5\ \Omega$

(2)　$6.5 \times 100 = 650\ \Omega$

(3)　$6.5 \times 1000 = 6.5\ \text{k}\Omega$

電壓測量(Voltage Measurements)

若要知道電路中元件兩端的電壓，可利用電壓表並接在元件上即可測量。這種測量法若在測量大電阻值上的電壓時，所得的結果必較實際值為小，這種測量所造成的影響稱為負載效應(The Effect of Loading)。為了減少負載所引起的測量誤差，可以使用具有更高阻抗的 VOM 表，或是目前也很普遍使用的數位式 VOM，對於數位式 VOM 除了高的阻抗(典型值在 10MΩ)外，還有迅速的讀取值與無視覺誤差的優點。

例題 1.18

我們利用 VOM 的電壓檔來測圖示電路中 200kΩ 上的電壓，請計算電阻器上的電壓真實值與電表負載效應影響。假設選用電壓範圍是 30V 而電表的靈敏度(阻抗電壓比)為 20kΩ/V。

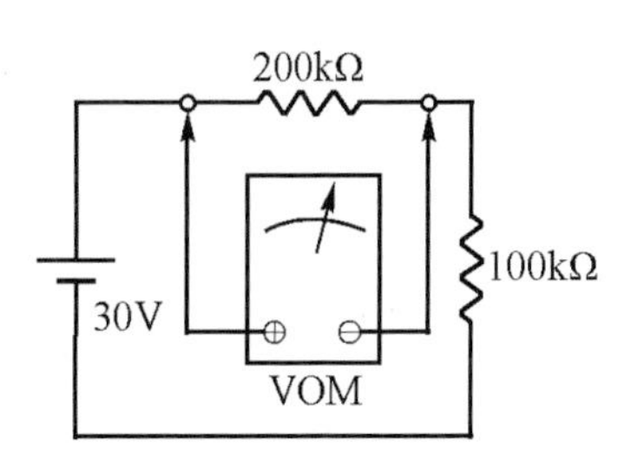

解 由電路知分壓定律而求得真實值為

$$V_{200\text{k}\Omega} = 30\text{V}\frac{200\text{k}\Omega}{200\text{k}\Omega + 100\text{k}\Omega} = 20\ \text{V}$$

設定 30V 的電壓表輸入阻抗為

$$R_m = 30\text{V} \times 20\text{k}\Omega/\text{V} = 600\ \text{k}\Omega$$

由於 R_m 係與待測電阻 200kΩ 並聯而其等效電路如圖示，因此利用分壓定律知

$$V_{200\text{k}\Omega} = 30\text{V}\frac{(200\,\|\,600)\text{k}\Omega}{(200\,\|\,600)\text{k}\Omega + 100\text{k}\Omega} = 18\text{ V}$$

因此，所造成 2V 的誤差是由電表內阻太低且外載電阻太高所產生的負載效應。

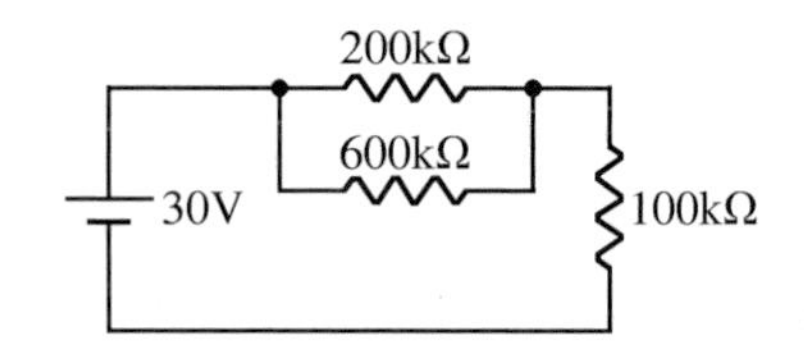

例題 1.19

在上面例題中之讀取誤差是多少？又改用電表阻抗為 10MΩ 的數位 VOM(DVM)時之測試值是多少？

解 讀取誤差 $\varepsilon\%$ ：

$$\varepsilon\% = \frac{20\text{V} - 18\text{V}}{20\text{V}} \times 100\% = 10\%$$

DVM 表的讀值：

$$V_{200\text{k}\Omega} = 30\text{V}\frac{(200\text{k}\Omega\,\|\,10\text{M}\Omega)}{(200\text{k}\Omega\,\|\,10\text{M}\Omega) + 100\text{k}\Omega} \cong 19.9\text{ V}$$

又誤差為

$$\varepsilon\% = \frac{20\text{V} - 19.9\text{V}}{20\text{V}} \times 100\% = 0.5\%$$

電流測量(Current Measurements)

在電路中測量流經元件的電流必須使用串聯的接法，為了減少讀取值的誤差，電流表的輸入阻抗 R_m 愈小愈佳，理想上的 $R_m = 0\,\Omega$，在下面的例題中可幫助同學們來瞭解。

例題 1.20

我們利用 VOM 表的電流檔來測量圖示電路流經 10Ω 上的電流且其中 $R_m = 1\,\Omega$，並比較不使用 VOM 的眞實值。

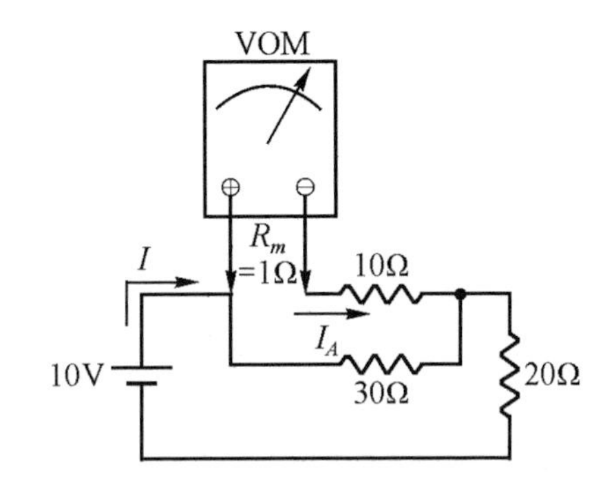

解 先求出總電流

$$I = \frac{10\text{V}}{[(1+10)\,||\,30]\Omega + 20\Omega} = \frac{10\text{V}}{28.05\Omega} = 0.357\text{ A}$$

流經 10Ω 電流可利用分流定律知

$$I_A = 0.357\text{A}\frac{30\Omega}{30\Omega + 11\Omega} \cong 0.261\text{ A}$$

不用電流表測試時的眞實值爲

$$I = \frac{10\text{V}}{(10\,||\,30)\Omega + 20\Omega} = \frac{10\text{V}}{27.5\Omega} \cong 0.364\text{ A}$$

$$I_A = 0.364\frac{30\Omega}{30\Omega + 10\Omega} = 0.273\text{ A}$$

1-9　電容與電感

在電路中常用到電子元件尙有電容器(Capacitator)與電感器(Inductor)。

1-9-1　電容

如果我們考慮兩金屬板 X 與 Y 且其中間隔以非導電介質而外加一直流電壓而如圖 1-10 所示，此時設定時間 $t = 0$ 時的開關才放下，那麼電路的變化情形略述如下：

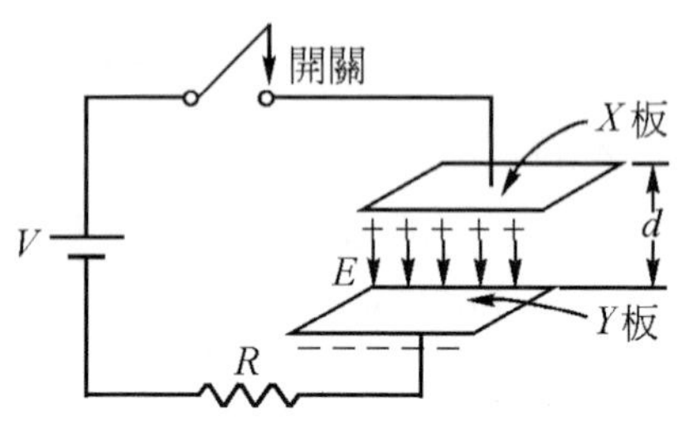

圖 1-10　電容器原理的說明

1. 電池的電力促使電子以順時針方向由 X 板趨動儲存於 Y 板上，因此金屬板如同一儲存電子的電容器。
2. $t=0$ 時的電流最大，之後慢慢減少至 0，電流的初始值大小決定於電壓源與電路上電阻的大小。
3. 金屬板之間的電位等於電池的電壓，在兩金屬板之間所產生的電場強度 E 是由 X 板指向 Y 板且隨著外加電壓與兩板之距離而改變。電場的作用是容納電池充電於兩金屬板內所建立的電能，這些電能會隨時間而被釋放至零。

利用上述電壓、電場與電能關係而製出電容器就是一種介質填充於兩金屬板間的電子元件，因此電容 C 可由下式來定義：

$$C = \in_o \cdot \in_r \frac{A}{d} \tag{1.11}$$

其中　C ：電容量且單位是法拉(Farads：F)

$\in_o$ ：真空中的介質係數(8.85×10^{-12} F/m)

$\in_r$ ：介質的相對介電係數

A ：金屬板的截面積(m^2)

d ：金屬板間的距離(m)

由上可知電容量與其截面積成正比卻與板距成反比。例如雲母的 $\varepsilon_r = 5$ 且空氣的 $\in_r = 1$，所以在相同之截面積與距離情況下，介質為雲母的電容量必是空氣的五倍。在圖 1-11 所示為常用介質之相對介電係數與典型電容器之外觀。

電介質	相對係數
眞空	1.0
空氣	1.006
鐵氟龍	2.0
紙或石蠟紙	2.5
橡膠	3.0
變壓器油	4.0
雲母	5.0
瓷	6.0
電木	7.0
玻璃	7.5
水	80.0

(a)

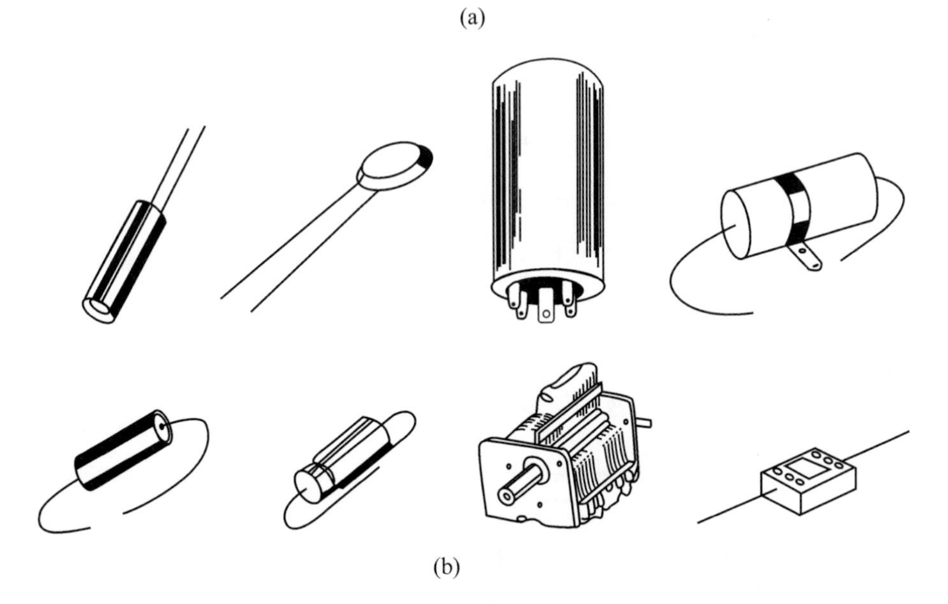

(b)

圖 1-11　電容器的(a)相對介電係數；(b)典型電容器外觀

例題 1.21

某電容器是以雲母爲介質，其中板面積是 $2\times10^{-3}\ \text{m}^2$ 與板距是 $0.1\times10^{-6}\ \text{m}$，請問電容量是多少？又相對條件的空氣爲介質的電容量又是多少？

解 已知 $\varepsilon_r = 5$ 與 $\varepsilon_o = 8.85\times10^{-12}$，$A = 2\times10^{-3}\ \text{m}^2$ 與 $d = 0.1\times10^{-6}\ \text{m}$ 代入式(1.11)中可得

$$C_{雲母} = 8.85\times10^{-12}\ \text{F/m}\times5\times\frac{2\times10^{-3}\ \text{m}^2}{0.1\times10^{-6}\ \text{m}} = 88.5\times10^{-9}\ \text{F} = 88.5\ \text{nF}$$

$$C_{空氣} = \frac{C_{雲母}}{5} = 17.7\ \text{nF}$$

電容器的串聯與並聯

電容器的串聯如同電阻器的並聯情形，故其總電容量爲

$$\frac{1}{C_T} = \frac{1}{C_1} + \frac{1}{C_2} + \cdots + \frac{1}{C_n} \tag{1.12}$$

其中，C_T爲 n 個電容器串聯的總電容量。

電容器的並聯如同電阻器的串聯情形，故其總電容量爲

$$C_T = C_1 + C_2 + \cdots + C_n \tag{1.13}$$

例題 1.22

在圖示的電容器電路中，試求各電容的等效電容量，其中電容器的電路符號亦表示在電路上。

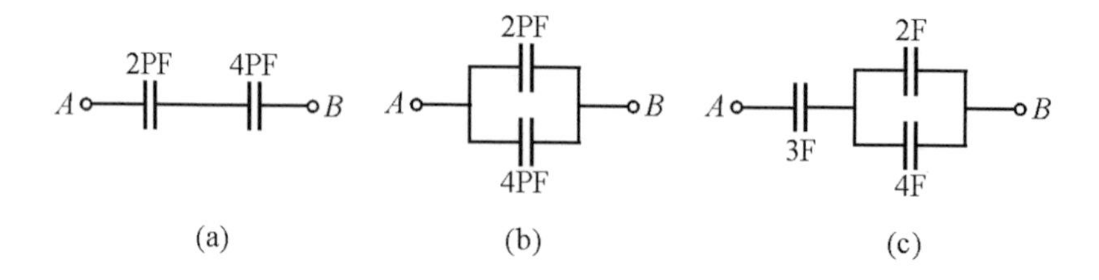

解 求出電路 C_{AB} 的等效電容分別利用方程式(1.12)與(1.13)求出：

(1)　$\because \dfrac{1}{C_{AB}}=\dfrac{1}{C_1}+\dfrac{1}{C_2}=\dfrac{C_1+C_2}{C_1C_2}$

$\therefore C_T=C_{AB}=\dfrac{C_1C_2}{C_1+C_2}=\dfrac{2\text{pF}\times4\text{pF}}{2\text{pF}+4\text{pF}}=1.33\text{ pF}$

(2)　$\because C_T=C_{AB}=C_1+C_2=2\text{pF}+4\text{pF}=6\text{ pF}$

(3)　利用(1)與(2)可求出 $C_{AB}=\dfrac{3\text{F}\times6\text{F}}{3\text{F}+6\text{F}}=2\text{ F}$

或是 $C_{AB}=\dfrac{(3\text{F})(2\text{F}+4\text{F})}{(3\text{F})+(2\text{F}+4\text{F})}=\dfrac{18\text{F}^2}{9\text{F}}=2\text{ F}$

交流情況下的電容器

若交流信號加在電容器所呈現的阻抗稱為電抗(Reactance)，因此特別稱為電容抗(Capacitive Reactance)且以 X_C 表示，

$$X_C=\frac{1}{2\pi fC} \tag{1.14}$$

其中　X_C ：容抗，單位是歐姆(Ω)

f ：交流信號的頻率，單位是赫芝(Hz)

C ：電容量，單位是法拉(F)

由歐姆定律知流經電容器的電流 $i_C=\dfrac{v}{X_C}$ ，因此若外加一直流電壓信號，則 $f_{dc}=0$ 為無限大，所以 $i_C=0$ 。

在理論上之電容器是無功率消耗的，但是金屬板間電場儲存的電能會因為電源關掉時而使電能被電路所損耗完。所以在實際的應用上，電容器會有流經介電質與金屬板的漏電流(Leakage)而造成功率少許損失，典型的漏電流值約在奈安培(10^{-9} A)範圍，但太大的漏電流之電容器則不應再使用。

例題 1.23

試求圖示電路中電容抗與電流值。

解 先求出電容抗

$$X_C = \frac{1}{2\pi fC}$$

$$= \frac{1}{2\pi \times 1000 \times 0.1 \times 10^{-6}}\Omega = 1.59\,\text{k}\Omega$$

電流 $i = \dfrac{v}{X_C + R} = \dfrac{30V_{\text{rms}}}{1.59\text{k}\Omega + 1\text{k}\Omega} = 11.58\ \text{mA}_{\text{rms}}$

在上面的例題中，若以弦式交流信號來分析時，電流流過電阻 R 與容抗 X_C 所呈現的阻抗(Impedance)Z 來表示如下：

$$Z = \sqrt{R^2 + X_C^2} \quad 單位是歐姆 \tag{1.15}$$

因此，在例題 1.23 中的阻抗 $Z = \sqrt{(1\text{k}\Omega)^2 + (1.59\text{k}\Omega)^2} = 1.88\ \text{k}\Omega$。若電路中僅有純電阻器時，那麼電壓與電流是同相位(In Phase)，也就是說當電壓到達峰值(最大值)時之電流亦是峰值。但是在純有電容的電路中，電流是超前(Leads)於電壓 90°，因而在上面例題中 RC 串聯電路的電流仍然超前電壓，但超前相角會小於 90°，其中相位差 θ 求法如下：

$$\theta = \tan^{-1}\left(\frac{X_C}{R}\right) \tag{1.16}$$

上式可表示爲 $\tan\theta = X_C / R$。

例題 1.24

試求例題 1.23 的電壓與電流之相位差。

解 利用式(1.16)且由上題中知

$$\theta = \tan^{-1}\left(\frac{1.59\text{k}\Omega}{1\text{k}\Omega}\right) = 57.83^\circ$$

故電流 i 超前電壓 v 有 57.83°。

RC 濾波器

在圖 1-12 所示的 *RC* 電路特性中具有低頻容易通過卻高頻被衰減的功能，亦即是直流時($f_{dc} = 0$) $v_o = v_i$ 而頻率增加則 v_o 愈小於 v_i，直到極高的頻率時的輸出 v_o 變爲零，這種電路特性稱爲低通濾波器(Low-Pass Filter)。

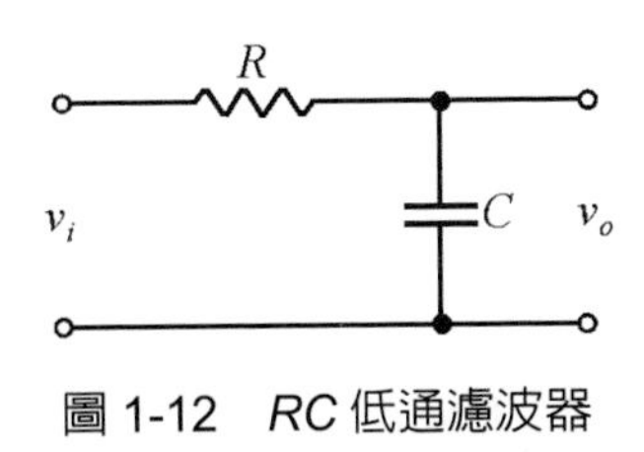

圖 1-12　*RC* 低通濾波器

在上述的情況下，若信號頻率增加到使輸出電壓 v_o 減少到輸入電壓 v_i 的 0.707 倍(係由輸出功率 P_o 等於 0.5 的輸入功率 P_i 而稱爲半功率來定義)時之該頻率稱爲低頻截止頻率(Cutoff of Low Freguency)，在此頻率時的電容抗等於電阻，因此

$$\because R = X_C = \frac{1}{2\pi f_{LC} C}$$

$$\therefore f_{LC} = \frac{1}{2\pi RC} \tag{1.17}$$

由上式可知截止頻率 f_{LC} 是依濾波電路中的 R 與 C 値而決定。

例題 1.25

在圖 1-12 的電路中，若 $R = 1\text{k}\Omega$ 與 $C = 0.1\,\mu\text{F}$ 以及 $f = 1000\,\text{Hz}$，試求 f_{LC} 與 v_o/v_i。

解 代入式(1.17)知

$$f_{LC} = \frac{1}{2\pi RC} = \frac{1}{2\pi \times 1\text{k}\Omega \times 0.1 \times 10^{-6}\text{F}} = 1.59\,\text{kHz}$$

在 $f = 1000\,\text{Hz}$ 時的電容抗爲

$$X_C = \frac{1}{2\pi \times 1000\text{Hz} \times 0.1 \times 10^{-6}\text{F}} = 1.59\,\text{k}\Omega$$

阻抗 Z 爲

$$Z = \sqrt{X_C^2 + R^2} = \sqrt{(1.59)^2 + (1)^2}\,\text{k}\Omega = 1.88\,\text{k}\Omega$$

利用分壓定律知

$$v_o = v_i \frac{X_C}{Z}$$

$$\therefore \frac{v_o}{v_i} = \frac{1.59\text{k}\Omega}{1.88\text{k}\Omega} = 0.846$$

若將低通濾波電路的 R 與 C 位置互換且如圖 1-13 所示，那麼電路就成爲高通濾波器(High-Pass Filter)且電路特性是與上述的低通濾波器相反，相同之情況在頻率由高頻往低頻減少時而使 $v_o / v_i = 0.707$ 的頻率稱爲高頻截止頻率(Cutoff of High Frequency)f_{HC}，f_{HC} 與 f_{LC} 公式是相同。對於低通或高通電路的時間常數 $\tau = RC$，單位是秒。

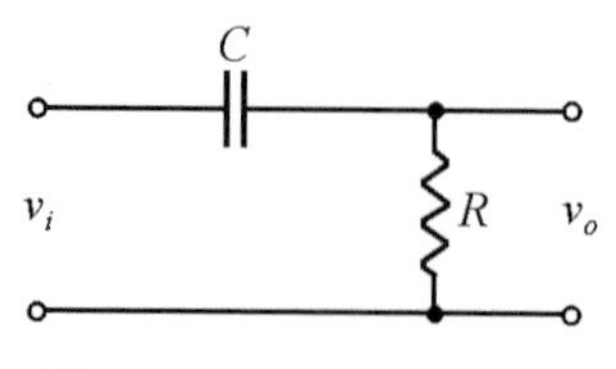

圖 1-13　*RC* 高通濾波器

例題 1.26

在圖 1-13 電路中，若 $R=10\,\text{k}\Omega$ 與 $C=0.1\,\mu\text{F}$。試求 f_{HC} 與在 f_{HC} 的阻抗 Z 值。

解 高頻截止頻率為

$$f_{HC}=\frac{1}{2\pi RC}=\frac{1}{2\pi\times 10\times 10^{3}\Omega\times 0.1\times 10^{-6}\text{F}}=159\,\text{Hz}$$

阻抗 Z 為

$$Z=\sqrt{X_C^2+R^2}=\sqrt{\left(\frac{1}{2\pi\times 159\text{Hz}\times 0.1\times 10^{-6}\text{F}}\right)^2+(10\text{k}\Omega)^2}$$

$$=\sqrt{(10.009)^2+10^2}\ \text{k}\Omega\cong 14.14\,\text{k}\Omega$$

1-9-2　電感

典型的電感器(Inductor)是以金屬線圈繞成或線圈繞在磁性材料上製成的且如圖 1-14 所示，但有些電感器內空心部分有鐵蕊或空氣蕊或非導電體亦或是可調的蕊心，因此一般電感器稱為線圈或抗流器(Choke)。電感器的電感量 L 大小是決定於線圈圈數與所繞核心的材料特性，電感量的單位是亨利(Henry：H)。

電感器在電路應用上有串聯、並聯或串並聯接法，電路符號如圖 1-14 所示。

電感器的串聯與並聯

電感器的串聯如同電阻串聯而求出電感量

$$L_T=L_1+L_2+\cdots+L_n \tag{1.18}$$

其中　　$L_T=n$ 個電感器串聯後的總電感量

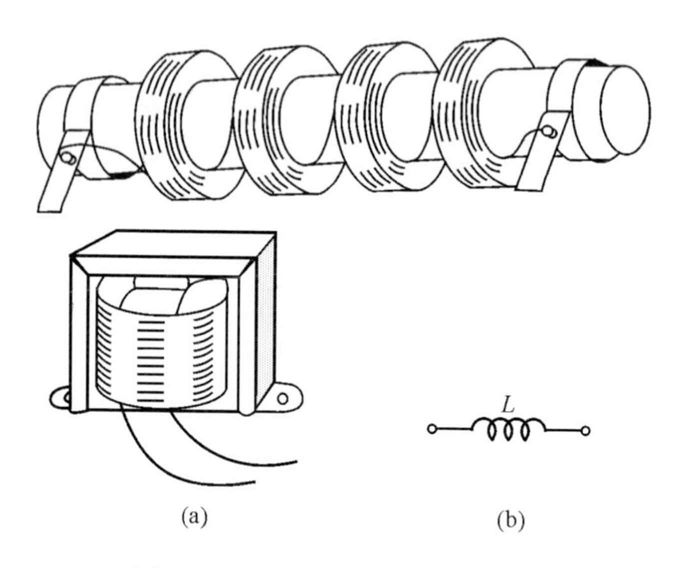

圖 1-14　電感器(a)外觀；(b)電路符號

電感器的並聯亦相同於電阻並聯之求法

$$\frac{1}{L_T}=\frac{1}{L_1}+\frac{1}{L_2}+\cdots+\frac{1}{L_n} \tag{1.19}$$

電感器的特性與電容的特性有相似之處，當外加電壓於電感器兩端或電流流經電感器，則會產生磁場鏈結經過電感器一端到另一端，因而就會產少量的磁場與電感量。現在考慮圖 1-15 所示電路於開關閉合時的瞬間$t=0$，此時電感器流經的電流爲零且不會立即改變，而是從零開始以指數式上升到穩態值。對於 RL 電路的時間常數定義爲τ且τ爲

$$\tau=\frac{L}{R}\text{ 單位是秒(s)} \tag{1.20}$$

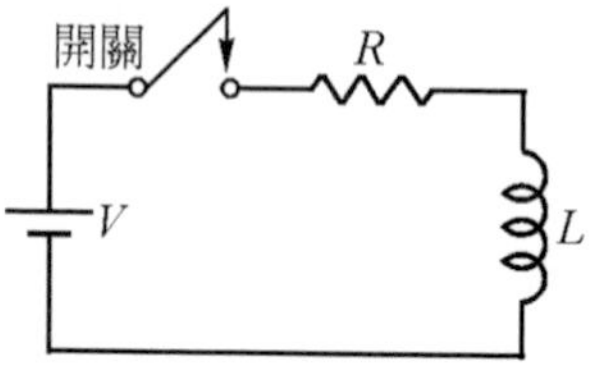

圖 1-15　*RL* 串聯電路

對於有電容或電感器的電路而言，達到電路中的電壓穩態值或電流穩態值，通常要五倍的時間常數就可達到電路的穩定狀態。

例題 1.27

試求圖示電路的等效電感量與電路的時間常數以及穩定電流值。

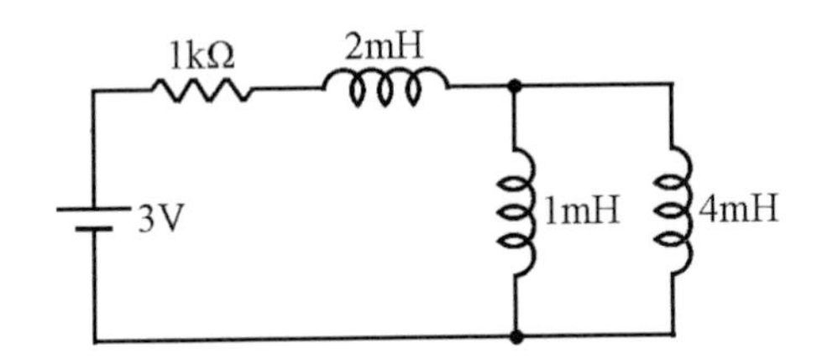

解 先求總電感量 $L_T = 2\text{mH} + \dfrac{1\text{mH}\times 4\text{mH}}{1\text{mH}+4\text{mH}} = 2.8\ \text{mH}$

時間常數 $\tau = \dfrac{L_T}{R} = \dfrac{2.8\text{mH}}{1\text{k}\Omega} = 2.8\ \mu\text{s}$

在穩態時之電路上電感器視為短路，因此穩態電流為

$$I = \frac{V}{R} = \frac{3\text{V}}{1\text{k}\Omega} = 3\,\text{mA}$$

交流情況下的電感器

在直流的穩態下，電感器可視為短路，這情況下恰好與電容器相反。電感器的阻抗會隨著瞬間電流而改變，這是因為電感器能抑制電路中電流的變化，因此在弦式交流信號的電路中電感抗 X_L 為

$$X_L = 2\pi fL \tag{1.21}$$

若在串聯的 RL 電路中，電路總阻抗 Z 為

$$Z = \sqrt{R^2 + X_L^2} \tag{1.22}$$

在此電路中電流是滯後(Lagging)於電壓，且相位差小於 90°，若於純電抗的電路電流是滯後電壓 90°。相位差 θ 的大小爲

$$\theta = \tan^{-1}\left(\frac{X_L}{R}\right) \tag{1.23}$$

例題 1.28

在例題 1.27 的電路中電源 3V 改爲交流電源，其中電壓有效值 20V 與頻率 1kHz。試求電壓與電流之間相位差以及電流值。

解 先求電感抗

$$X_L = 2\pi fL = 2\pi \times 10^3\,\text{Hz} \times 2.8 \times 10^{-3}\,\text{H} = 17.6\,\Omega$$

阻抗 $Z = \sqrt{(1000\Omega)^2 + (17.6\Omega)^2} = 1000.15\,\Omega$

相位差 $\theta = \tan^{-1}\left(\dfrac{17.6\Omega}{1000\Omega}\right) = \tan^{-1}(0.0176) \cong 90°$

電流滯後於電壓接近於 90°

電流 $i = \dfrac{v}{Z} = \dfrac{20\text{V}}{1000.15\Omega} \cong 20\,\text{mA}$

1-10 共振電路

利用電阻、電感與電容三種元件可以構成共振電路(Resonance Ciruits)來選擇不同之頻率。這種電路最常應用在振盪器電路與通訊系統中的發射與接收機電路。

1-10-1 *RLC* 串聯電路

在圖 1-16 所示的電路爲一電阻 R、電感 L 與電容 C 串聯的 RLC 電路，我們可求得該電路的總阻抗 Z 爲

$$Z = \sqrt{R^2 + (X_L - X_C)^2} \tag{1.24}$$

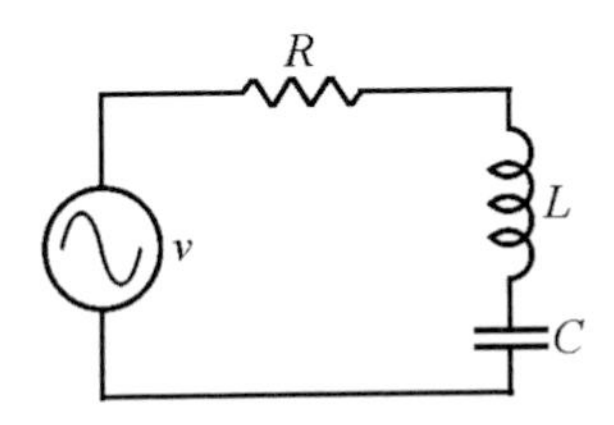

圖 1-16　*RLC* 串聯電路

倘若信號頻率使 $X_L = X_C$ 時且電路僅呈現純電阻的阻抗，此時之頻率稱爲共振頻率 f_r(Resonance Frequency)。因此，電路的共振頻率求法如下：

$$X_L = X_C$$

$$2\pi f_r L = \frac{1}{2\pi f_r C}$$

$$f_r^2 = \frac{1}{4\pi^2 LC}$$

$$f_r = \frac{1}{2\pi\sqrt{LC}} \tag{1.25}$$

由上述知道 *RLC* 串聯電路在共振時所呈現的阻抗最小($Z = R$)，因此在頻率低於 f_r 時的 $X_C > X_L$ 而使電路阻抗高且呈電容特性，又在頻率高於 f_r 時的 $X_L > X_C$ 之電路阻抗亦高而呈電感特性。綜和上面所述，*RLC* 串聯電路的阻抗特性類似於一帶拒濾波器(Band Reject Filter 或 Notch Filter)或稱陷波器(Trap)，圖 1-17 所示爲阻抗與電壓頻率的關係。

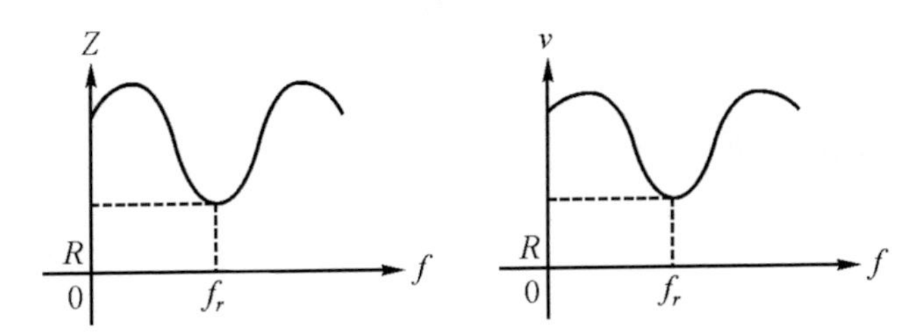

圖 1-17　RLC 串聯電路的阻抗 Z 與電壓頻率之關係圖

例題 1.29

在上述文中的電路，若 $R=1\,\text{k}\Omega$、$L=4\,\text{mH}$ 與 $C=0.1\,\mu\text{F}$。試求共振頻率 f_r，並且計算 $f=10\,\text{kHz}$ 時之阻抗 Z。

解 共振頻率求法可利用式(1.25)知

$$f_r=\frac{1}{2\pi\sqrt{LC}}=\frac{1}{2\pi\sqrt{4\text{mH}\times 0.1\mu\text{F}}}=\frac{1}{2\pi\sqrt{4\times 10^{-10}}}\text{Hz}$$

$$=\frac{1}{4\pi\times 10^{-5}}\text{Hz}=7.96\,\text{kHz}$$

當 $f=10\,\text{kHz}$ 時：

$$X_L=2\pi fL=2\pi\times 10\text{kHz}\times 4\text{mH}=251.3\,\Omega$$

$$X_C=\frac{1}{2\pi fC}=\frac{1}{2\pi\times 10\text{kHz}\times 0.1\mu\text{F}}=159.2\,\Omega$$

阻抗 $Z=\sqrt{10^2+(251.3-159.2)^2}\ \Omega=92.64\,\Omega$

電路呈電感性阻抗，因爲 $X_L>X_C$。

1-10-2 *LC* 帶通濾波器

參考圖 1-18 所示電路之特性爲一帶通濾波器(Band-Pass Filter)，電路之輸出在共振頻率 f_r 時爲最大，同時在較低於 f_r 或較高於 f_r 的輸出會降低。若輸出降低至最大輸出的 0.707 倍時的頻率分別稱爲低頻截止頻率 f_{LC} 與高頻截止頻率 f_{HC}，我們定義此電路在 f_{LC} 與 f_{HC} 之間的頻率範圍爲頻寬(Bandwith；BW)，因此 $\text{BW}=f_{HC}-f_{LC}$。經由數學推導可證明出 BW 另一表示爲

$$\text{BW}=\frac{R}{2\pi L} \tag{1.26}$$

其中　　BW：頻寬，單位是赫芝(Hz)

R：電路上的總電阻(Ω)

L：電路上的電感(H)

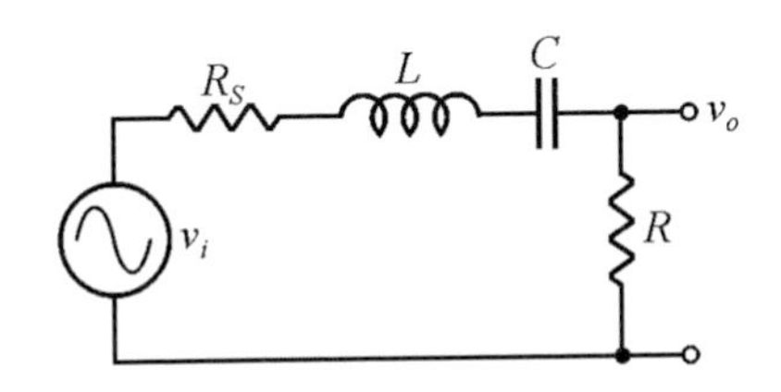

圖 1-18　RLC 串聯電路的另一種特性

1-10-3　品質因數：*Q*

所謂的濾波器品質因數(Quality Factor)或 Q 值就是對電路上通頻帶的選擇性或通頻帶的窄度之測度大小，因此定義爲中心頻率(Center Frequency)f_r 對頻寬 BW 的比值，所以

$$Q = \frac{f_r}{\text{BW}} \tag{1.27}$$

或是

$$Q = \frac{X_L}{R} \tag{1.28}$$

其中　　X_L：電路共振時的感抗

R：電路上的總電阻

由式(1.27)可知，Q 值增加則濾波器的選擇性提高而可允許通過頻率範圍更窄。又從式(1.28)知道，Q 值衰減的主要限制因素是電阻，若要提高 Q 值則必須減少電阻值。通常要注意到繞線式的電感器之線圈電阻是主因，所以儘可能加大導線之線徑，但缺點是費用提高且增大體積。

例題 1.30

圖示帶通濾波器之頻率響應曲線為調幅(AM)收音機之中頻放大電路中 LC 共振槽路所使用的，若 $f_{LC}=450\text{ kHz}$、$f_{HC}=460\text{ kHz}$ 與 $f_r=455\text{kHz}$。試求頻寬與 Q 值，又若 $C=1\text{ nF}$，試求其電感量與電路之總電阻值。

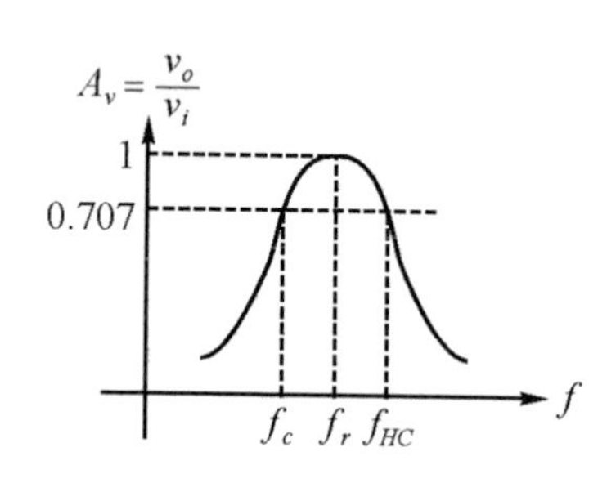

解 頻寬為

$$\text{BW}=f_{HC}-f_{LC}=460\text{kHz}-450\text{kHz}=10\text{ kHz}$$

Q 值為

$$Q=\frac{f_r}{\text{BW}}=\frac{455\text{kHz}}{10\text{kHz}}=45.5$$

電感量為

$$\because f_r=\frac{1}{2\pi\sqrt{LC}}$$

$$\therefore L=\frac{1}{(2\pi f_r)^2C}=\frac{1}{(2\pi)^2\times(455\text{kHz})^2\times 1\text{nF}}=\frac{1}{8.17\times 10^3}\text{H}$$

$$\cong 0.12\text{ mH}$$

總電阻為

$$R=\text{BW}\times 2\pi L=10\times\text{kHz}\times 2\pi\times 0.12\text{ mH}=7.54\,\Omega$$

1-10-4 並聯 *LC* 電路

在應用電路上的另一種常用電路為並聯 LC 且如圖 1-19 所示之電路，R_s 為電感線圈與導線串聯之等效電阻。若在共振時，電路之阻抗為最大：

$$Z_{\max} = Q^2 R_s \tag{1.29}$$

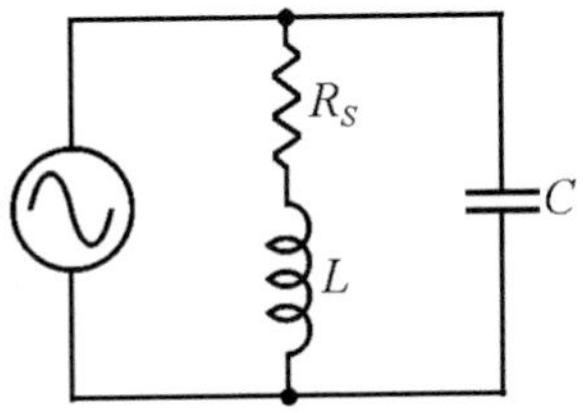

圖 1-19　*LC* 並聯電路

當外加電源於 *LC* 並聯電路時，電感之磁能與電容之電能會反覆充放電而使能量儲存於電路中，因而也稱爲貯槽電路(Tank Circuit)且利用此特性來產生弦式波形。現在考慮短暫外加一直流電源，那麼儲存在 *LC* 槽路之間的能量開始建立交換，同時產生自然振盪的弦式波形，由於能量會大部分消耗在電路以及電感器與電容器的電阻而慢慢減少，亦即正弦波愈趨減少至零。這種現象稱爲阻尼(Damped)的正弦波，若要維持定値振幅就必須有定電壓供給與放大的振盪電路，在振盪器的中心頻率爲

$$f_r = \frac{1}{2\pi\sqrt{LC}}$$

例題 1.31

若振盪槽路中的電感 $L = 4\ \text{mH}$、$R_s = 1\,\Omega$ 與電容 $C = 0.047\ \mu\text{F}$ 組成，試求中心頻率、Q 値、$Z_{\max}$、BW 以及在 $Z = 0.707\,Z_{\max}$ 條件下的頻率。

解　中心頻率 $f_r = \dfrac{1}{2\pi\sqrt{LC}} = \dfrac{1}{2\pi\sqrt{4\text{mH}\times 0.047\mu\text{F}}} = 11.6\,\text{kHz}$

品質因數 $Q = \dfrac{X_L}{R_s} = \dfrac{2\pi fL}{R_s} = \dfrac{2\pi \times 11.6\text{kHz}\times 4\text{mH}}{1\Omega} = 291.5$

最大阻抗 $Z_{\max} = Q^2 R_s = (291.5)^2 \times 1\Omega \cong 85\ \text{k}\Omega$

頻寬　$BW = \frac{R_s}{2\pi L} = \frac{1\Omega}{2\pi \times 4\text{mH}} = 39.8\text{ Hz}$

因爲在 $Z = 0.707\ Z_{max}$ 時之頻率即爲 f_{HC} 與 f_{LC}，又

$$BW = f_{HC} - f_{LC} = 39.8\text{ Hz}$$

因此

$$f_{LC} = f_r - \frac{BW}{2} = 11.6\text{kHz} - \frac{39.8\text{Hz}}{2} = 11.58\text{ kHz}$$

$$f_{HC} = f_r + \frac{BW}{2} = 11.6\text{kHz} + \frac{39.8\text{Hz}}{2} = 11.62\text{ kHz}$$

1-11　電磁學與應用

大自然界的某些物質具有磁力，而磁力是一種吸引或排斥的力，最顯著的例子是把金屬接近有電流流過的線圈所形成具有吸引力之人造磁鐵。我們經由實驗可測出磁鐵周圍的磁場感應力且此感應力是與距離的平方成反比，這就是磁場建立的現象。至於磁場的強度是與磁力線量或稱磁通(Magnetic Flux)成正比，對於棒型的永久磁鐵之兩端稱爲磁極且磁力線的受力是外部起自北極終至南極，再由南極經內部到北極而形成一對閉的磁力迴線。

若導線通過電流而在其周圍產生磁場，磁力線是以導線爲同心圓圍繞而其方向是取決於導線之電流方向，我們利用左手定則來說明其決定方向：通過電流的導體以左手大姆指之方向爲電子流方向(由負到正)而其它四指彎曲繞著導線的方向是磁力向方向，請參考圖 1-20 所示。

對於上述單導線所產生的磁場是微弱的，故可將長導線圍繞成線圈方式，那麼產生的磁場是每匝所產生磁場的向量和，因而磁場增強許多且其磁場有如磁鐵的磁性一樣。

現在考慮金屬導體置於有電流流過之線圈磁場中，若導體沿著磁場移動時會切割磁力線而使導體感應一電動勢(Electromotive Force：EMF，

亦即電壓)。此時，若在導體外接一電路形成迴路，就可產生電流。同樣的情況下固定導體而移動線圈磁場，依然可產感應電動勢，另外的是把磁場與導體相互移動也會產生感應電動勢。

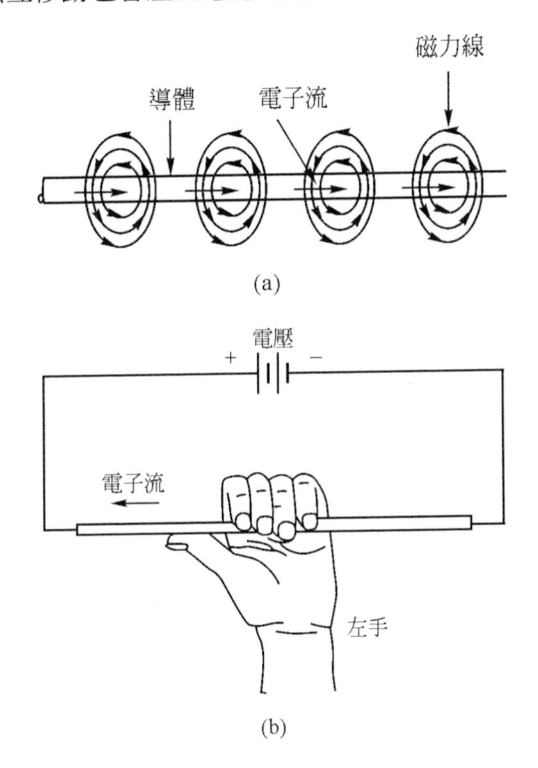

圖 1-20　通過電流導線的(a)磁力線；(b)左手定則

接下來是介紹數種電磁理論的應用：

1-11-1　產生電能的發電機

交流發電機(AC Generators)

交流發電機是生活上不可缺少的電力供應者，發電機就是一種能將機械轉動能量轉換成電能的裝置。在上文所述及導體與磁場互動接成一電路裝置即可產生交流的正弦波電壓，因此稱爲交流發電機，請參考圖 1-21 所示的交流發電機。發電機的基本結構有繞著多組線圈之鐵質圓柱體的電樞與產生磁場的裝置以及供應機械能的設備，由於所繞多組的線圈係組成之極數，因此交流發電機所產生的交流電壓頻率公式爲

$$f=\frac{P\cdot N}{120} \tag{1.30}$$

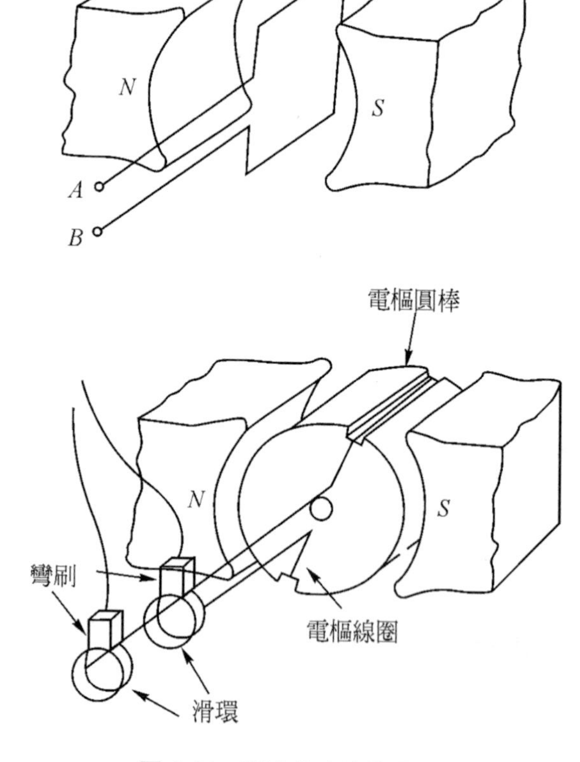

圖 1-21　基本的交流發電機

其中　　P：磁場中極數

N：轉子速率且單位是轉／秒(rpm)

f：頻率且單位是赫芝(Hz)

例如交流發電機的輸入旋轉機械能速率是 1800rpm 且極數有 4 組磁場線圈，那麼產生交流電壓的頻率 $f = 4 \times 1800 / 120 = 60$ Hz。

直流發電機(DC Generators)

直流發電機通常是以固定的磁場線圈與旋轉的電樞，同時以滑環從電樞取出電壓，再利用滑環與電刷組成的轉向器使正弦波極性相同而得到同極性的直流輸出。為了減少過大的脈動漣波而有較平滑的直流輸出，可以增加大量的線圈繞於電樞上，那麼每一線圈與電刷接觸就會產生短時刻的最大電動勢，這種情形可得較均勻的電動勢。

1-11-2　產生機械能的馬達

直流馬達(DC Motors)

馬達的構造與運轉類似於發電機，差異之處是馬達將電能轉換成機械能的機器而不是發電機將機械能變成電能，因此馬達的操作原理就是將載有電流的導體置於磁場中而產生力(機械能)，上述的電流是在一固定時間反轉另一極性而組成同一極性的連續旋轉力。

交流馬達(AC Motors)

交流馬達通常有三類型：

1. 串聯馬達(Series Motor)：利用電樞和線圈串聯使電流同相，因此磁通與電樞電流相位相同而轉矩相同且不因為電壓極性改變而改變馬達的轉動方向。

2. 感應馬達(Induction Motor)：這是一種最廣泛使用的交流馬達，因爲它有堅固耐用輕便之優點。感應馬達的基本原理是將馬蹄形永久磁鐵置於金屬圓盤上，此金屬圓盤係許多導體一個個接合成且圓盤架在軸上可自由轉動。若磁場透過圓盤有相對運動，那麼導體兩端就會感應電壓而產生轉矩。
3. 同步馬達(Synchronuous Motor)：在構造設計相似於交流發電機，電樞有兩個導體且流過交流，兩個導體產生力矩而使電樞轉動在設計正確下之方向相同。若馬達繼續有相同轉向，則必須以固定的電壓頻率加在電樞上使其轉速固定。

1-11-3 變壓器

變壓器(Transformers)是由分離的兩組線圈組成，它是將交流電能由一方交連到另一方的裝置。連接交流電源的線圈是主線圈(Primary Winding)或一次線圈，連接負載的線圈爲次線圈(Secondary Winding)或二次線圈。次線圈所感應的電壓是大於或小於主線圈的外加電壓則由線圈的圈數來決定，因此有升壓或降壓之分別，圖 1-22 所示爲變壓器之外觀與電路符號。變壓器的圈數比(Turns Ratio)定義如下：

$$T_r = \frac{v_p}{v_s} = \frac{N_p}{N_s} \tag{1.31}$$

其中
T_r：圈數比
v_p：主線圈之外加電壓
v_s：次線圈之感應電壓
N_p：主線圈之圈數
N_s：次線圈之圈數

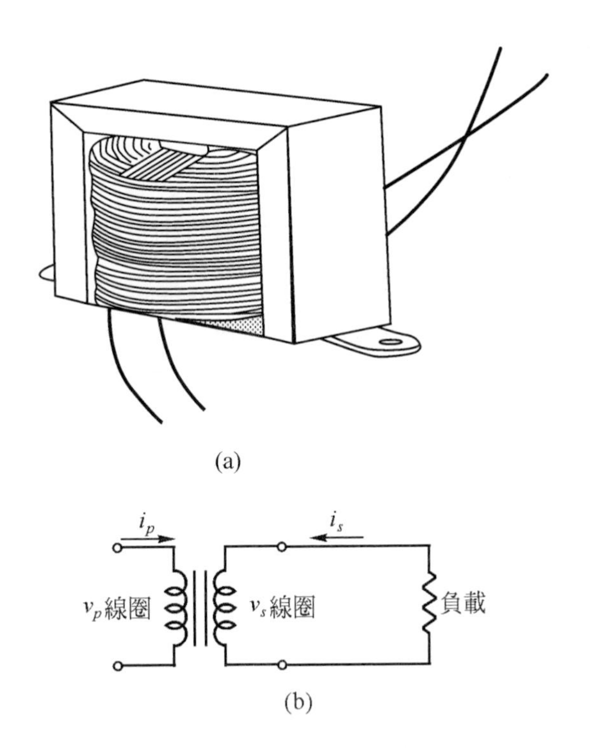

圖 1-22　(a)典型的變壓器與(b)具有負載的變壓器結構符號

對於實際的變壓器而言，功率的轉換傳送必然會有損耗而產生熱能。為了方便討論而大都假設理想狀況下無功率消耗，因此輸出功率應等於輸入功率，亦即

$$v_p i_p = v_s i_s \tag{1.32}$$

至於電流與圈數比關係如下：

$$\because T_r = \frac{v_p}{v_s} = \frac{p_p / i_p}{p_s / i_s} = \frac{i_s}{i_p}$$

$$\therefore \frac{i_p}{i_s} = \frac{1}{T_r} \tag{1.33}$$

對於主線圈與次線圈分別看進去的阻抗為 Z_p 與 Z_s，因此阻抗與圈數比關係可利用式(1.32)與(1.33)推導如下：

$$\frac{Z_p}{Z_s}=\frac{v_p/i_p}{v_s/i_s}=\frac{v_p}{v_s}\frac{i_s}{i_p}=T_r^2 \qquad (1.34)$$

例題 1.32

對圖示變壓器電路，試求圈數比、次線圈圈數、主線圈阻抗與電流。

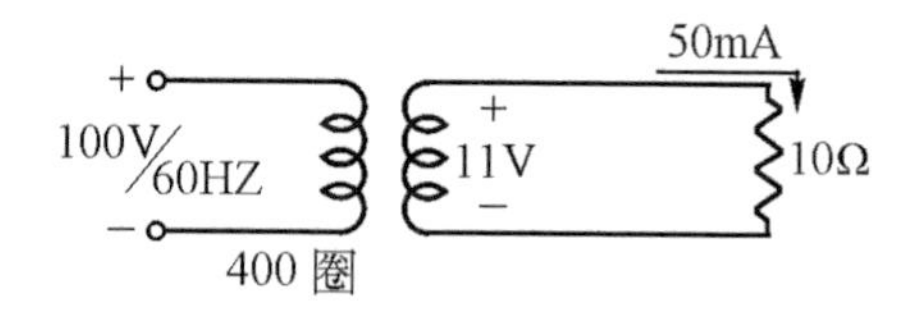

解 圈數比

$$T_r=\frac{v_p}{v_s}=\frac{110\text{V}}{11\text{V}}=10$$

次線圈圈數 $N_s=\dfrac{N_p}{T_r}=\dfrac{400\text{圈}}{10}=40\text{ 圈}$

主線圈阻抗 $Z_p=Z_s(T_r)^2=10\Omega\times10^2=1000\,\Omega$

主線圈電流 $i_p=\dfrac{i_s}{T_r}=\dfrac{50\text{mA}}{10}=5\,\text{mA}$

習 題

一、選擇題

(　) 1. 目前國內所採用之安全直流電壓是 (1)12V (2)24V (3)30V (4)10V。

(　) 2. 下列何者爲電動機的符號？ (1)—(G)— (2)—(V)— (3)—(M)— (4)—(∿)—。

(　) 3. 如圖示 　 所示爲
(1)微動開關 (2)限時動作接點 (3)限時復歸接點 (4)按鈕開關。

( ) 4. 可交、直流兩用的電表，其面板上的符號為　(1)≈　(2)⎍　(3)～　(4)∿。

( ) 5. 驗電起子可用來判別　(1)DC10kV　(2)DC3V　(3)AC10kV　(4)AC110V。

( ) 6. 目前國內的電源系統頻率是　(1)50Hz　(2)20Hz　(3)100Hz　(4)60Hz。

( ) 7. 檢查牆上插座是否有電，最適當的方法為　(1)以電壓表量其開路電壓　(2)以電流表量其短路電流　(3)以歐姆表量其接觸電阻　(4)以瓦特計量所耗之功率。

( ) 8. 電烙鐵應放置於　(1)防熱橡膠墊上　(2)烙鐵架內　(3)尖嘴鉗上　(4)桌上　即可。

( ) 9. 尖嘴鉗夾上元件接腳而後焊接之主要目的為　(1)防止手燙傷　(2)防止燒傷相鄰元件　(3)方便　(4)防止高溫損壞元件。

( ) 10. 使用起子拆裝螺絲時起子與螺絲面要成　(1)30°　(2)60°　(3)90°　(4)120°。

( ) 11. 焊接電子元件(如電晶體)時，電烙鐵通常以　(1)80W　(2)50W～70W　(3)30W～50W　(4)20W～30W　最適當。

( ) 12. 1GHz 表示　(1)10^6Hz　(2)10^7Hz　(3)10^8Hz　(4)10^9Hz。

( ) 13. 下列何種電容器儲存年限較短？　(1)電解電容器　(2)雲母電容器　(3)陶瓷電容器　(4)鋰質電容器。

( ) 14. 電容值中，200μF 的 μ 是代表　(1)10 的負 3 次方　(2)10 的負 6 次方　(3)10 的負 9 次方　(4)10 的負 12 次方。

( ) 15. 電容器串聯時可提高　(1)電流容量　(2)電容量　(3)頻率　(4)耐電壓值。

( ) 16. 數位電器中，當在每個 IC 的電源附近並接一個電容當做濾波干擾之用，其數值約　(1)1pF　(2)10pF　(3)0.1μF　(4)1000μF。

( ) 17. 電源濾波使用的電解電容器會爆炸之原因爲 (1)電源變壓器短路 (2)電解電容器極性接反 (3)電源頻率不對 (4)電解電容器耐壓太高。

( ) 18. 下列電阻器何者可使用於高功率？ (1)碳膜電阻器 (2)水泥電阻器 (3)碳素固態電阻器 (4)氧化金屬皮膜電阻器。

( ) 19. 五個色環的精密電阻器其誤差爲±1%，應用何種顏色表示 (1)黑 (2)棕 (3)紅 (4)橙。

( ) 20. 麥拉(Myler)電容器上標示 437k 則其電容量爲 (1)0.047μF (2)0.47μF (3)4.7μF (4)47μF。

( ) 21. 電阻器並聯使用時可 (1)提高電流容量 (2)提高耐電壓值 (3)提高電阻值 (4)減少電流容量。

( ) 22. 下列電阻中何種使用於低雜音電路？ (1)碳質 (2)金屬皮膜 (3)碳膜 (4)線繞電阻器。

( ) 23. 三用電表之直流電壓檔若有 3V、12V、30V、120V，則那一檔之輸入阻抗最高 (1)3V (2)12V (3)30V (4)120V。

( ) 24. 電表上如註明“CLASS 1.5”，係指該電表 (1)於 1.5 Sec 內可指出滿刻度 (2)準確度爲滿刻度之±1.5% (3)精密度爲 1.5 刻度內 (4)壽命爲 1.5 年。

( ) 25. 某三用電表 DCV 的靈敏度爲 20kΩ/V，其範圍選擇開關置於 DCV1000V 位置，則電表的總內阻爲 (1)1kΩ (2)20kΩ (3)20MΩ (4)21MΩ。

( ) 26. 三用電表內部電池沒電時，不可以測量 (1)電阻值 (2)電壓值 (3)電流值 (4)dB 值。

( ) 27. 示波器“TRIG. Level”控制鈕是控制其 (1)頻率 (2)焦距 (3)振幅 (4)觸發準位。

( ) 28. 以示波器之 X-Y mode 來觀察兩訊號的相位差，所得圖形為圓形，則兩訊號之相位差為 (1)30° (2)60° (3)90° (4)180°。

( ) 29. 函數波產生器之 VCF 輸入，可以控制輸出成為 (1)AM (2)FM (3)脈波 (4)三角波 波形。

( ) 30. 4½位數值式電表在 20V 測試範圍之解析度是 (1)1mV (2)100μV (3)10μV (4)1μV。

( ) 31. 示波器測量 60Hz 以下之輸入信號，輸入模式宜採用 (1)AC 耦合 (2)DC 耦合 (3)LF-REJ (4)HF-REJ。

( ) 32. 指針式三用電表中，零歐姆調整鈕適用於補償 (1)溫度變化 (2)電池老化 (3)指針硬化 (4)溫度變化。

( ) 33. 如圖 1 所示電路之 *A-B* 間電壓為 1V，則 R_X/R_B 應等於 (1)10 (2)9 (3)8 (4)7。

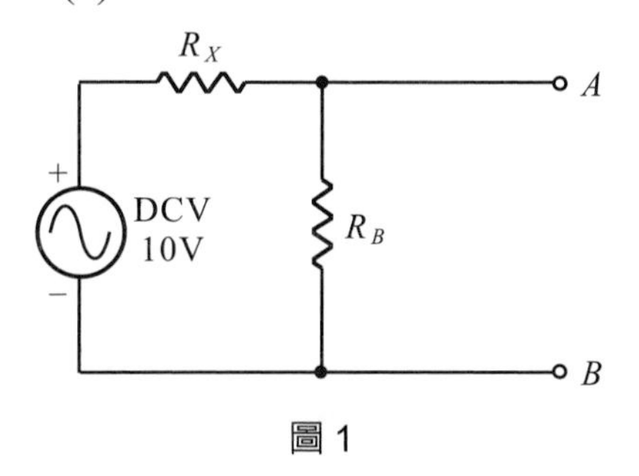

圖 1

( ) 34. 電表反射鏡是用來 (1)增加美觀 (2)增加刻度清晰 (3)夜晚也能看的見 (4)防止視覺誤差。

( ) 35. 若示波器所顯示波形要外加信號使其同步時，則示波器同步選擇開關應置於 (1)+INT (2)−INT (3)EXT (4)LINE。

( ) 36. 示波器探測棒標示 10：1，若螢光幕上顯示為 2V，則實際測得電壓峰值為 (1)2V (2)11V (3)20V (4)200V。

( ) 37. 音頻信號的頻率範圍為 (1)100Hz～1kHz (2)1kHz～10kHz (3)20Hz～20kHz (4)20kHz～50kHz。

(　) 38. 絕緣測量應使用何種儀器爲佳　(1)三用電表　(2)Q 表　(3)數字式三用電表　(4)絕緣電表。

(　) 39. 示波器上之校準電壓其輸出波形通常爲　(1)正弦波　(2)三角波　(3)方波　(4)鋸齒波。

(　) 40. 如圖 2 電路所示，V_2的電壓降應爲　(1)9V　(2)6V　(3)3V　(4)2V。

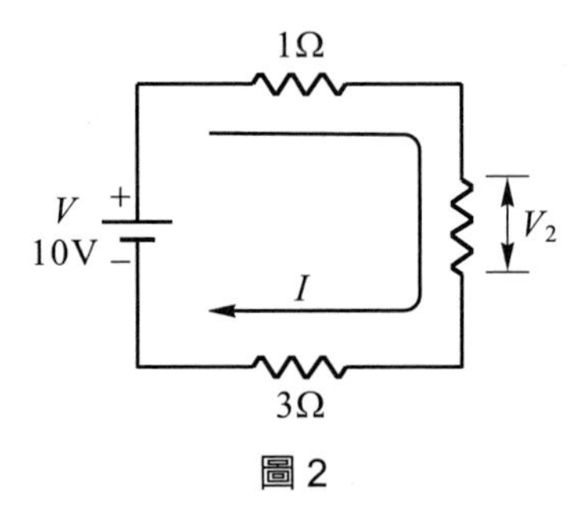

圖 2

(　) 41. 兩電感串聯考慮互感時總電量爲　(1) $L_1 + L_2 \pm M$　(2) $M\sqrt{L_1 + L_2}$　(3) $\frac{M}{\sqrt{L_1 + L_2}}$　(4) $L_1 + L_2 \pm 2M$　。

(　) 42. 圖 3 所示，I_2之電流應爲　(1)1A　(2)1.5A　(3)2A　(4)3A。

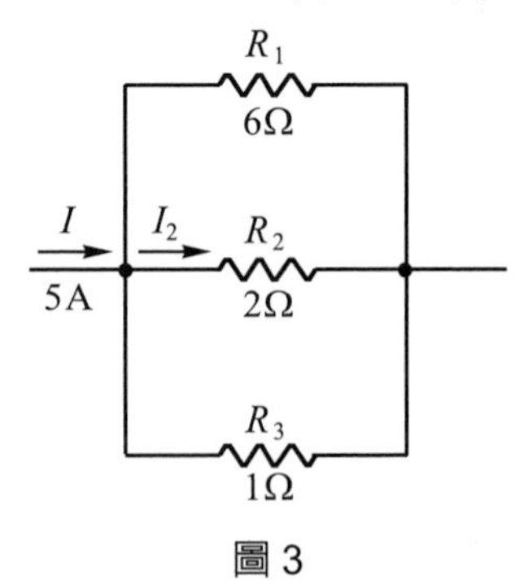

圖 3

(　) 43. 線性電路中，任意兩端點間之網路可用一等效電流源及並聯一等效電阻取代之，稱爲　(1)戴維寧定理　(2)克希荷夫定律　(3)密爾門定理　(4)諾頓定理。

(　) 44. 一交流電路中，$v(t) = 30\cos(200t+15°)$ 伏特，$i(t) = 0.5\cos(200t+75°)$安培，則此電路之功率因數爲　(1)0.886　(2)$1/\sqrt{2}$　(3)$\sqrt{3}/2$　(4)0.5。

(　) 45. 有一負載的電壓和電流，分別是 $v(t)=10\sin(\omega t+75°)$伏特，$i(t)=2\sin(\omega t+15°)$安培，則供給此負載的平均功率爲　(1)5W　(2)10W　(3)15W　(4)20W。

(　) 46. RLC 並聯電路產生諧振時　(1)阻抗最小　(2)呈現電感性　(3)呈現電容性　(4) $X_L = X_C$。

(　) 47. 某電阻兩端加上 100V 電壓後，消耗功率 250W，則此電阻值是　(1)0.4 歐姆　(2)2.5 歐姆　(3)4 歐姆　(4)40 歐姆。

(　) 48. 如圖 4 所示電路，當 SW 開啓後 0.1sec 時，電容器兩端電壓爲　(1)10V　(2)36V　(3)63V　(4)90V。

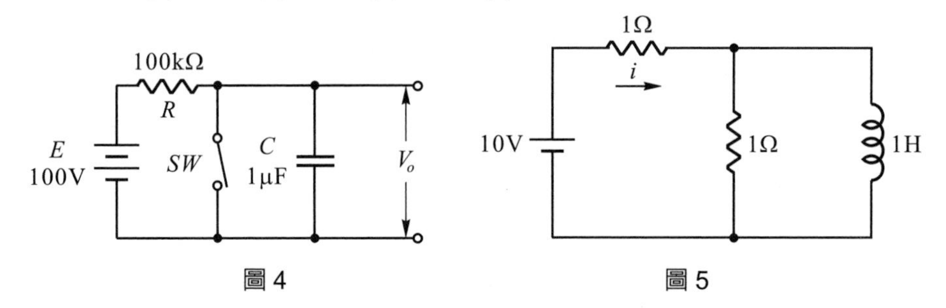

圖 4　　圖 5

(　) 49. 如圖 5 所示，電路已達穩定狀態，則電壓電源所供應之電流 i 爲　(1)5A　(2)10A　(3)0A　(4)20A。

(　) 50. 電路頻率越低時，其電容抗爲　(1)越高　(2)不變　(3)越低　(4)不一定。

( ) 51. 相同值得 n 個電容器串聯時，其電容量爲並聯時之 (1)1/n (2)1/n (3)n (4)n^2。

( ) 52. 理想電感器在加上電壓之瞬間，其流過的電流爲 (1)零 (2)無限大 (3)不定値 (4)由大變小。

( ) 53. 如圖 6 所示，電路順時鐘調整時，可變電阻器 A-B 間之電阻值是 (1)越來越大 (2)越來越小 (3)不變 (4)先小後大。

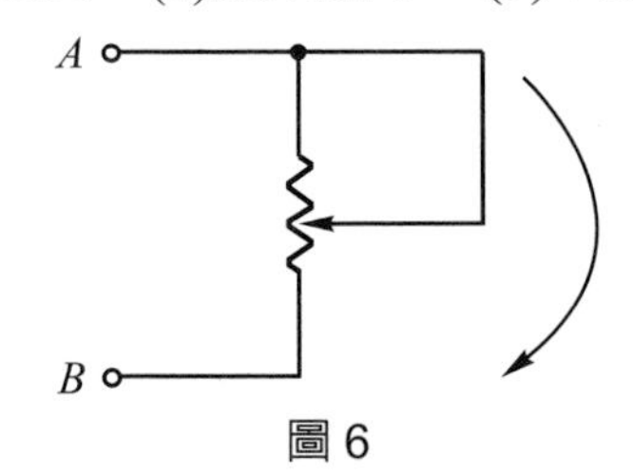

圖 6

( ) 54. RLC 串聯諧振時迴路之 (1)電流最大 (2)阻抗最高 (3)各元件端電壓最低 (4)各元件電流最小。

( ) 55. RLC 電路中，僅有 (1)電阻器 (2)電感器 (3)電容器 (4)RLC 消耗功率。

( ) 56. 單位時間內自導體任一截面流過之電量稱爲電流強度，其單位(MKS 制)爲 (1)庫侖 (2)安培 (3)伏特 (4)瓦特。

( ) 57. 下列何者的導電率最高 (1)銅 (2)銀 (3)鐵 (4)鋁。

( ) 58. 電度的單位爲 (1)瓩時 (2)安培 (3)伏特 (4)瓦特。

( ) 59. 如圖 7 所示 A_2＝3 安培，則 A_1 爲？ (1)6A (2)9A (3)12A (4)15A。

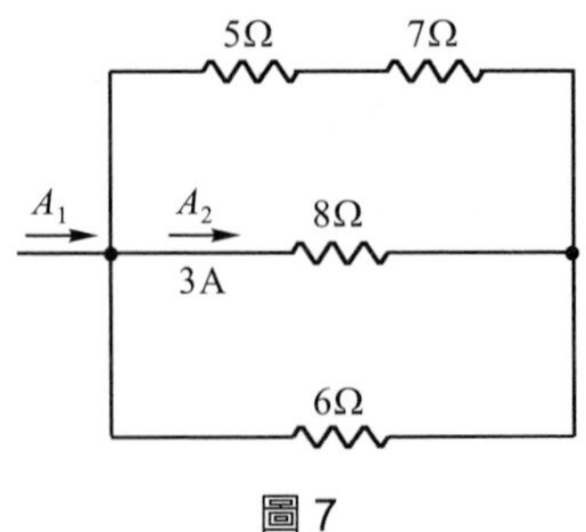

圖 7

( ) 60. 有一電路之阻抗爲 $6+j8$ 歐姆，則功率因數爲 (1)0.48 (2)0.6 (3)0.8 (4)1。

( ) 61. 2μF 與 3μF 之電容器串聯後接於 100V 之直流電源，則 3μF 電容器之端電壓爲 (1)40V (2)50V (3)60V (4)100V。

( ) 62. 設 $i(t)=300\sin(377t-30°)$ 則此電流 $i(t)$ 的頻率爲 (1)35Hz (2)50Hz (3)60Hz (4)75Hz。

( ) 63. 已知一阻抗 $Z=3\angle 30°$ 歐姆，若其電壓爲 $v=12\angle -30°$，則其電流 i 等於 (1)$4\angle 30°$A (2)$4\angle -30°$A (3)$36\angle 0°$A (4)$4\angle -60°$A。

( ) 64. 正弦波經全波整流後，其負載電流有效值爲峰值的 (1)1/2 (2)$\pi/2$ (3)$\sqrt{2}/2$ (4)$2/\pi$ 倍。

( ) 65. 已知電壓源 $v=10\angle 0°$ 伏特，內阻 $Z=5\angle 30°\Omega$ 則將此電壓源換成等效電流源後，i 等於 (1)$-2\angle 30°$A (2)$-2\angle -30°$A (3)$50\angle 30°$ (4)$2\angle -30°$A。

( ) 66. 在交流電路中感抗 Z 應爲 (1)$L/2\pi f$ (2)$1/2\pi fL$ (3)$2\pi f/L$ (4)$2\pi fL$。

( ) 67. milli 安培是 (1)十分之一安培 (2)百分之一安培 (3)千分之一安培 (4)萬分之一安培。

( ) 68. 如圖 8 所示若 3kΩ 開路，則 A-B 間電壓爲 (1)10V (2)6V (3)4V (4)0V。

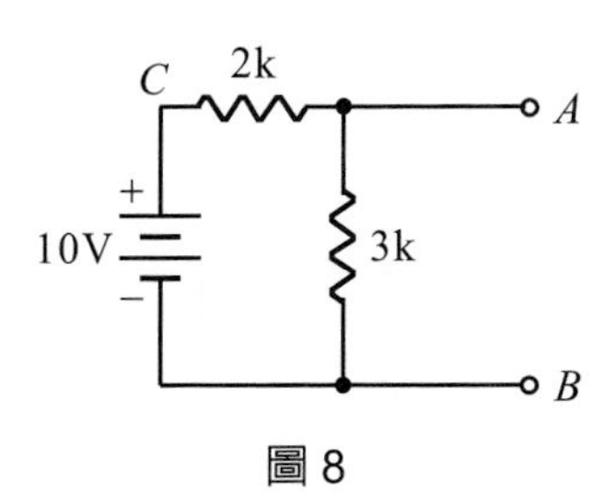

圖 8

(　) 69. 以三用電表量得 AC110V，其電壓之峰對峰值爲　(1)110V　(2)220V　(3)310V　(4)410V。

(　) 70. 如圖 9 所示在 S_1 閉合後瞬間以示波器量測 A-B 間電位之變化　(1)先升高後下降　(2)先下降後升高　(3)沒有變化　(4)高低任意變化。

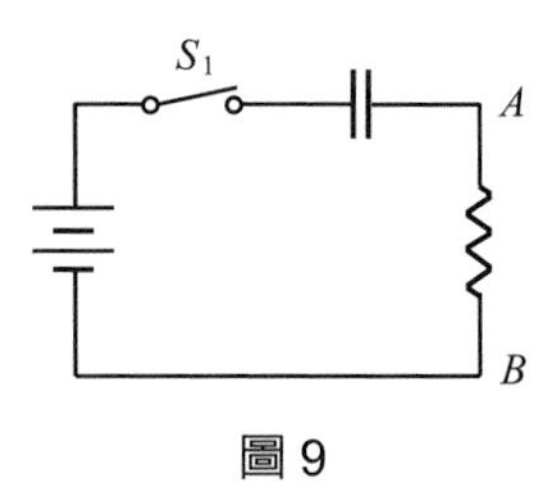

圖 9

(　) 71. 一般交流電壓表所顯示之數值爲　(1)有效值　(2)峰對峰值　(3)平均值　(4)最大值。

(　) 72. 常用之函數波產生器無法輸出下列何種波形　(1)正弦波　(2)三角波　(3)方波　(4)任意波形。

(　) 73. 數位式三用電表 AC 檔所測得之正弦波信號是指　(1)最大值　(2)峰值　(3)峰對峰值　(4)均方根(R.M.S)值。

(　) 74. 電阻與導線截面積是　(1)平方成正比　(2)成正比　(3)成反比　(4)無關。

(　) 75. 電容器標示 103J 之電容值是　(1)103pF　(2)0.001μF　(3)0.01μF　(4)0.103μF。

(　) 76. 如圖 10 所示電路中之總電阻 R_T是　(1)1Ω　(2)1.5Ω　(3)2Ω　(4)3Ω。

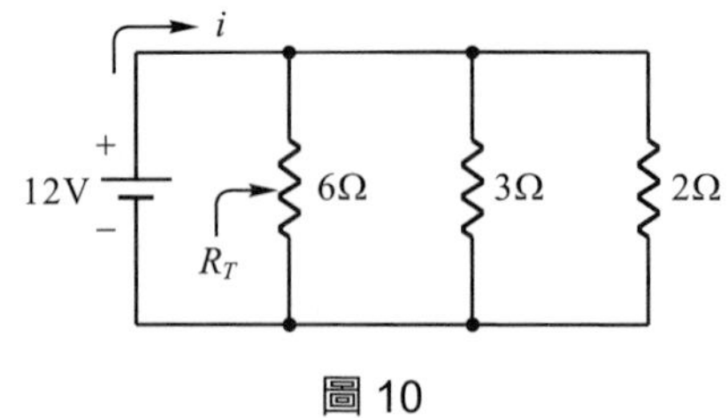

圖 10

( ) 77. 計算戴維寧等效電阻時，必須將電壓源 (1)短路 (2)開路 (3)依電路而定 (4)依電壓值而定。

( ) 78. 各邊電阻爲 3Ω 的△型網路化成 Y 型網路，其各支臂電阻應爲 (1)1Ω (2)2Ω (3)3Ω (4)4Ω。

( ) 79. RLC 並聯電路其諧振頻率爲 (1)$\frac{1}{2\pi\sqrt{LRC}}$ (2)$\frac{1}{2\pi RC}$ (3)$\frac{1}{2\pi\sqrt{RC}}$ (4)$\frac{1}{2\pi\sqrt{LC}}$ 。

( ) 80. 如圖 11 所示 $v(t)=12\cos\omega t$ 伏特則其總電流之有效值 I_{rms} 爲 (1)1A (2)2A (3)5A (4)7A。

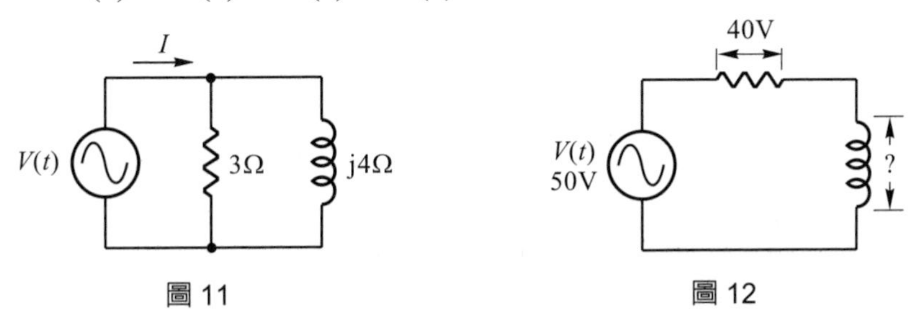

圖 11　　圖 12

( ) 81. 如圖 12 所示電感器兩端之電壓爲 (1)10V (2)20V (3)30V (4)50V。

( ) 82. 將 3 歐姆電阻與 3 西門子(SIEMENS)的電導並聯相接，其等效電阻爲 (1)3/10 歐姆 (2)10/3 歐姆 (3)3/2 歐姆 (4)2/3 歐姆。

( ) 83. 在電源不變情況下，將一 1000W 的電熱線長度剪去 20%，則其功率變爲 (1)800W (2)1000W (3)1250W (4)2500W。

( ) 84. 一個 100W 的燈泡，當供應電壓減少一半，其消耗功率亦隨之減少爲 (1)1/2 (2)1/3 (3)1/4 (4)1/8。

( ) 85. 在純電感電路中，其電流落後電壓爲 (1)60° (2)90° (3)180° (4)270°。

( ) 86. 在一導體中於 0.1 秒流過 1 庫侖電荷量是 (1)0.1A (2)1A (3)10A (4)100A。

( ) 87. 在一 RC 的串聯電路上，R=15kΩ，C=0.1μF，則其時間常數爲 (1)0.0015 秒 (2)0.015 秒 (3)15 毫秒 (4)150 毫秒。

( ) 88. 工程上之實用電磁通量單位爲 (1)庫侖 (2)韋伯 (3)高斯 (4)奧斯特。

( ) 89. 若線圈每分鐘有 1.2 庫侖的電量通過，則線圈電流爲 (1)1.2A (2)2.0A (3)72A (4)0.02A。

( ) 90. RLC 串聯諧振電路之阻抗 Z 爲 (1)$\sqrt{R^2+X^2{}_L}$ (2)$\sqrt{R^2+X^2{}_C}$ (3)R (4)$\sqrt{R^2+(X_L+X_C)^2}$ 。

( ) 91. 某電阻器兩端電壓爲 10V，電流爲 400 毫安培。若留過此電阻器之電流爲 1 安培時，電壓爲 (1)10V (2)25V (3)50V (4)100V。

( ) 92. 下列敘述何者是正確？ (1)理想電壓表內阻爲無窮大 (2)理想電流源內阻爲零 (3)理想電壓源內阻爲零 (4)理想電壓放大器輸出阻抗爲無窮大。

( ) 93. 三個電容 C_1、C_2、C_3 各爲 5μF、10μF、20μF，在串聯連接下之電容值若爲 B/A，則 $2A+B$ 是 (1)18μF (2)25μF (3)34μF (4)41μF。

( ) 94. 若以直角座標相量表示，則$10\angle 30°=$ (1)$5-j5\sqrt{3}$ (2)$5+j5\sqrt{3}$ (3)$5\sqrt{3}+j5$ (4)$5\sqrt{3}-j5$ 。

(　) 95. 如圖 13 所示電路，在開關 S 接通之瞬間線路電流 I 為　(1)1A　(2)2A　(3)4A　(4)5A。

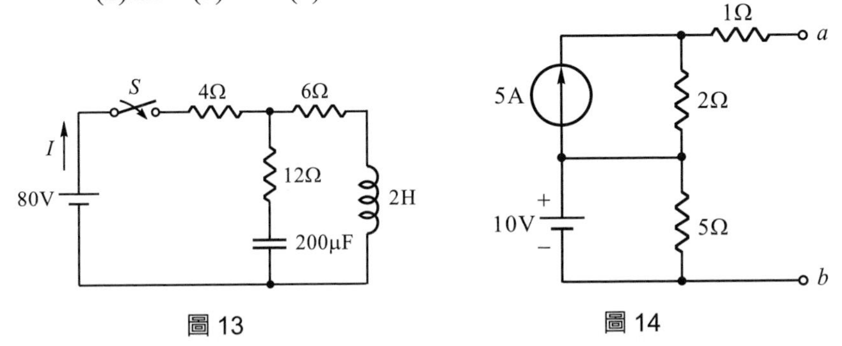

圖 13　　圖 14

(　) 96. 如圖 14 所示，求 A、B 兩端戴維寧等效電阻為　(1)2Ω　(2)3Ω　(3)5Ω　(4)8Ω。

(　) 97. 如圖 15 所示，V_{dc} 為　(1)−32V　(2)36V　(3)48V　(4)−48V。

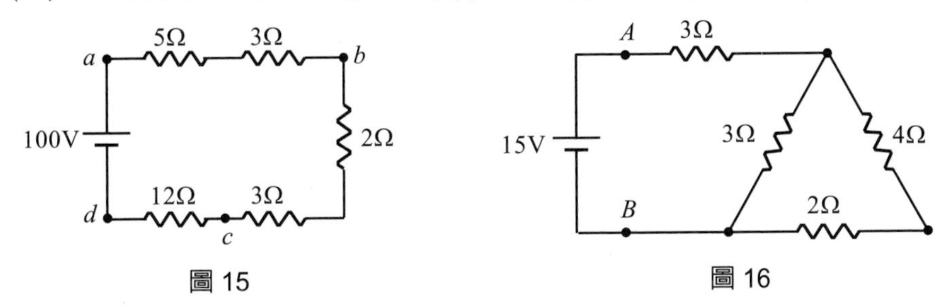

圖 15　　圖 16

(　) 98. 如圖 16 所示，A、B 間總電阻為　(1)4Ω　(2)5Ω　(3)6Ω　(4)8Ω。

(　) 99. 如圖 17 所示，則下列何者正確？　(1) $I_A / I_B = R_A / R_B$　(2) $P_A = P_B$　(3) $I_A = 10 \times (R_A / R_A + R_B)$　(4) $I_A = 6\text{A}$，I_B=4A。

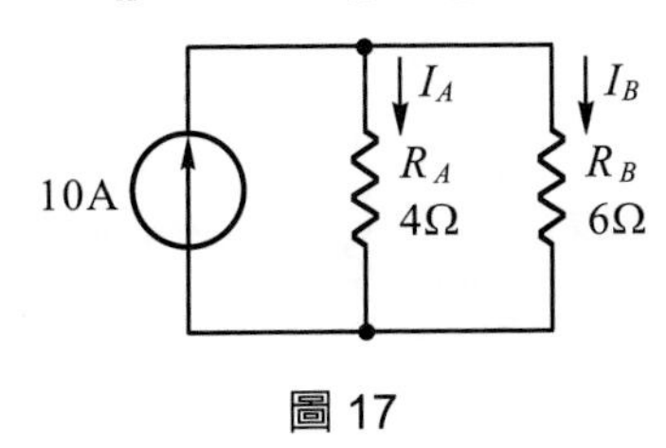

圖 17

(　) 100. 半導體之電中性是指　(1)無自由電荷　(2)無主要載子　(3)有等量的正電荷與負電荷　(4)無電荷存在。

(　) 101. 當溫度升高時，一般金屬導體之電阻值增加，矽半導體在溫度上升時，其電阻值　(1)下降　(2)上升　(3)不變　(4)成絕緣體。

(　) 102. 一理想的電流源，其內阻應為　(1)零　(2)無窮大　(3)隨負載而定　(4)固定值。

(　) 103. 上升時間(Rise Time)之定義是波形由　(1)0%～100%　(2)5%～95%　(3)10%～90%　(4)50%～100% 所經過的時間。

(　) 104. 一個時間常數(Time Constant)是表示輸出信號達到飽和值的　(1)26.8%　(2)50%　(3)63%　(4)75%。

(　) 105. 如圖 18 所示，A、B 兩點間之總電容量 C_{AB}=　(1)1μF　(2)2μF　(3)1.5μF　(4)4μF。

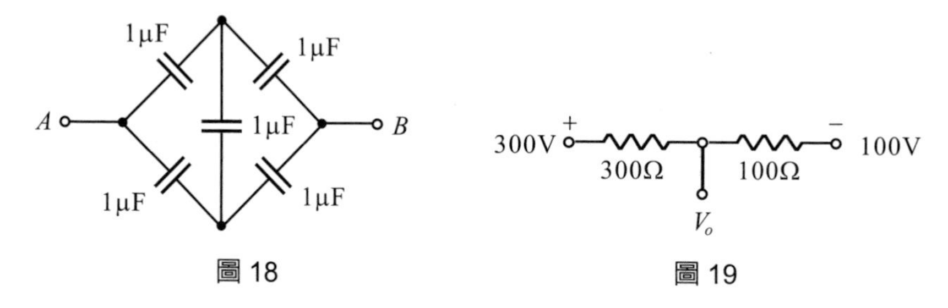

圖 18　　圖 19

(　) 106. 如圖 19 所示電路之 V_o=　(1)0V　(2)200V　(3)400μF　(4)10V。

(　) 107. 如圖 20 所示電路之 I = 40mA，I_1=I_2，則 R_1 值為　(1)100Ω　(2)150Ω　(3)200Ω　(4)250Ω。

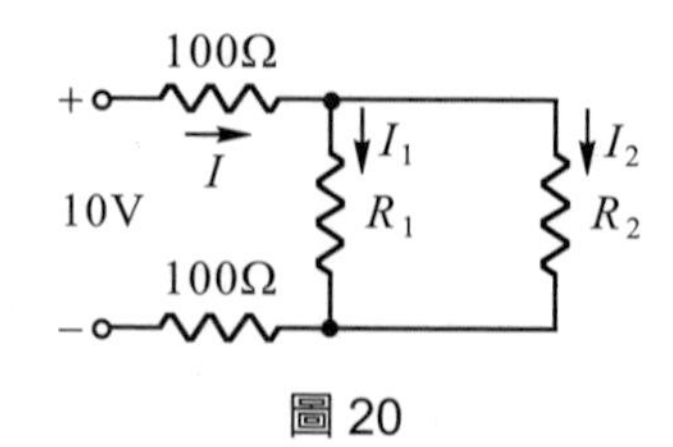

圖 20

( ) 108.如圖 21 所示電路中，若 E、R_1、R_2皆不變，則 R_3增加時，R_2的電流將　(1)增加　(2)減少　(3)不變　(4)不一定。

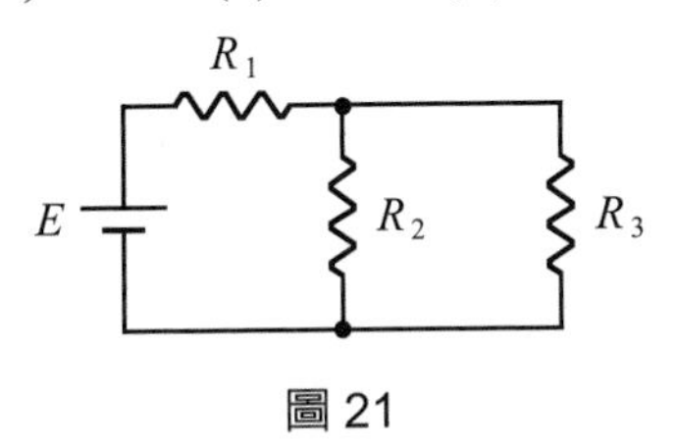

圖 21

( ) 109.如圖 22 所示電路中之電流表 A 讀値爲 4A 時，A、B 兩端之電壓爲　(1)48V　(2)60V　(3)72V　(4)80V。

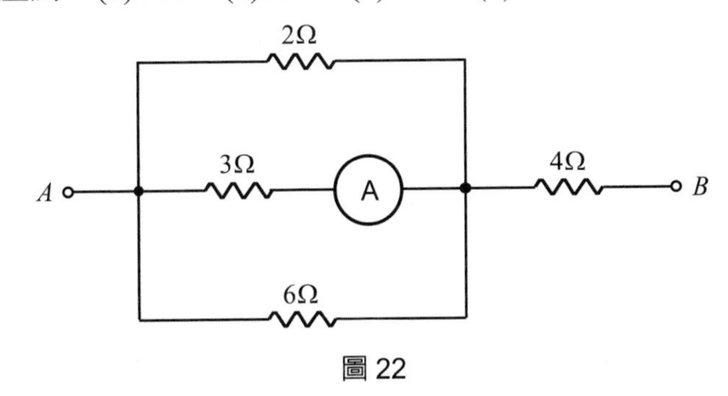

圖 22

( ) 110.有一電流 $i(t)=10\sin\omega t$ A 通過 5Ω 電阻器，則其消耗功率爲　(1)250W　(2)375W　(3)500W　(4)625W。

( ) 111.如圖 23 所示電路中諧振時，線路電流爲　(1)5A　(2)10A　(3)15A　(4)20A。

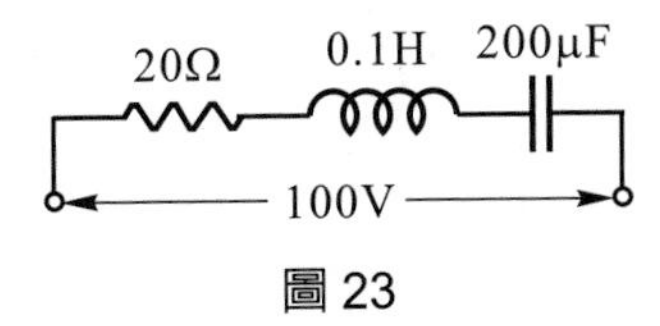

圖 23

( ) 112.有一 2000 瓦的電熱水器，連續使用 10 小時，所消耗電力爲　(1)2 度　(2)5 度　(3)10 度　(4)20 度。

( ) 113. 10mA 等於 (1)0.1 安培 (2)0.01 安培 (3)0.001 安培 (4)0.0001 安培。

( ) 114. 直流電源的頻率為 (1)∞Hz (2)0Hz (3)50Hz (4)100Hz。

( ) 115. 有 n 個完全相同的電阻，其串聯時之總電阻為並聯時之 (1)$1/n$ 倍 (2)n 倍 (3)$1/n^2$ 倍 (4)n^2 倍。

( ) 116. 設有三個電容量相同的電容器，其耐壓分別為 50V、100V、75V，若將其串聯接線，則其最高的工作電壓為 (1)150V (2)200V (3)225V (4)250V。

( ) 117. 使用交流電壓表測量交流電源的電壓，若其指示為 120V，則該值為 (1)平均值 (2)有效值 (3)峰值 (4)瞬間值。

( ) 118. 在一電容與電感並聯諧振電路中，流過兩支路的電流各為 1A，則其總電流為 (1)0A (2)0.707A (3)1A (4)2A。

( ) 119. 電流流過電阻所產生的熱量可由 $H=0.24I\,Rt$ 的公式求得，H(熱量)的單位為 (1)BTU (2)瓦特 (3)焦耳 (4)卡。

( ) 120. 如圖 24 所示之電橋平衡時，R_x 值為 (1)$\dfrac{R_3}{(R_1R_2)}$ (2)$\dfrac{R_1R_2}{R_3}$ (3)$\left(\dfrac{R_3}{R_1}\right)R_2$ (4)$\left(\dfrac{R_3}{R_2}\right)R_1$。

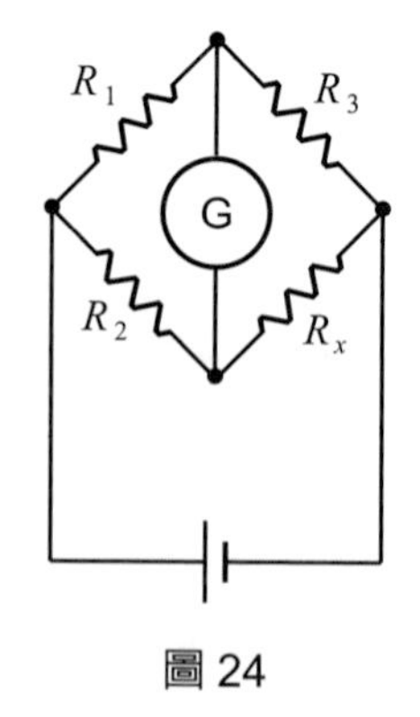

圖 24

(　) 121. $v(t) = 14.14\sin(377t+30°)$，則該電壓有效值 V_{rms}＝　(1)10V　(2)14.14V　(3)20V　(4)9V。

(　) 122. 若將 10V 電壓加至一個電阻 R 上，而此 R 的色碼，由左至右，依次爲棕、黑、紅、金，則流過 R 之電流約爲　(1)5mA　(2)10mA　(3)50mA　(4)100mA。

(　) 123. 1Ω 和 2Ω 兩電阻器額定功率爲 0.5W，串聯後最大能加多少伏特，而不超過額定功率損耗？　(1)0.1V　(2)1V　(3)1.5V　(4)3V。

(　) 124. 電阻器的色碼由左向右依次爲橙、綠、黃、金，其電阻值爲　(1)35Ω±5%　(2)65kΩ±10%　(3)250kΩ±5%　(4)350kΩ±5%。

(　) 125. 理想電壓源之內阻爲　(1)0　(2)無限大　(3)隨負載電阻而定　(4)隨頻率而定。

(　) 126. RC 串聯電路之時間常數爲　(1)C/R　(2)R/C　(3)RC　(4)$R+C$。

(　) 127. RC 串聯電路，若 R＝680kΩ，C＝0.22μF，則時間常數 T 約爲　(1)1.5ms　(2)15ms　(3)150ms　(4)0.15ms。

(　) 128. 電容器 C，其電容抗爲　(1)C　(2)$2\pi fC$　(3)$1/2\pi fC$　(4)$C/(2\pi fC)$。

(　) 129. 電子之帶電量爲　(1)9.11×10^{-31}　(2)-1.6×10^{-19}　(3)-1.67×10^{-27}　(4)1.60×10^{-9}　庫侖。

(　) 130. 元素之原子量是指　(1)電子數+質子數　(2)電子數+中子數　(3)質子數+中子數　(4)電子數。

(　) 131. 如圖 25 所示之開關爲　(1)單極單投(SPST)　(2)單極雙投(SPDT)　(3)雙極單投(DPST)　(4)雙極雙投(DPDT)。

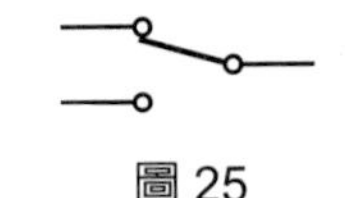

圖 25

( ) 132. 在將電源插頭插入插座之前，應先確定 (1)開關放在 OFF 位置 (2)開關放在 ON 之位置 (3)可不管開關位置隨意均可 (4)依狀況再決定位置。

( ) 133. 電阻值 10kΩ 的 k 是代表 (1)10 的 2 次方 (2)10 的 3 次方 (3)10 的 6 次方 (4)10 的 9 次方。

( ) 134. 紅紅黑金紅的精密電阻值爲 (1)22Ω±2% (2)22.0Ω±2% (3)220Ω±2% (4)220.0Ω±2%。

( ) 135. 下列元件何者會產生反電動勢？ (1)電阻器 (2)電容器 (3)電感器 (4)二極體。

( ) 136. 若示波器測試棒爲 1:1 而電壓檔撥在 1V/DIV 位置，其信號峰對峰共 4DVI，則其 V_{P-P} 值爲 (1)1V (2)4V (3)10V (4)40V。

( ) 137. 示波器之靈敏度由哪一電路決定？ (1)同步 (2)水平放大 (3)垂直放大 (4)觸發電路。

( ) 138. 三用電表靈敏度定義爲 (1)滿刻度偏轉電流 (2)歐姆／伏特 (3)伏特／歐姆 (4)滿刻度電壓值。

( ) 139. 以數學式運算求得需 0.65W 之電阻器時，宜選用下列何種功率之電阻器最佳？ (1)1/8W (2)1/4W (3)1/2W (4)1W。

( ) 140. 電感值 10mH 的 m 是代表 (1)10 的負 3 次方 (2)10 的負 6 次方 (3)10 的負 9 次方 (4)10 的負 12 次方。

( ) 141. 購買產品其電壓爲 AC100V，在國內使用時需裝置 (1)抗流圈 (2)調諧線圈 (3)返馳變壓器 (4)自耦變壓器。

( ) 142. 使用三用電表測量如圖 26 所示，A-B 間電壓時，黑棒應置於 (1)A 點 (2)B 點 (3)C 點 (4)任意。

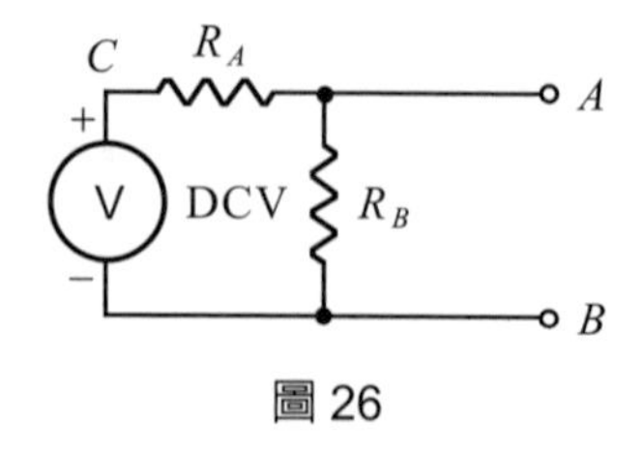

圖 26

(　) 143.如圖 27 所示電路之 S 閉合瞬間，以示波器測量 A-B 間電信變化　(1)先升高後下降　(2)先下降後升高　(3)沒有變化　(4)高低任意變化。

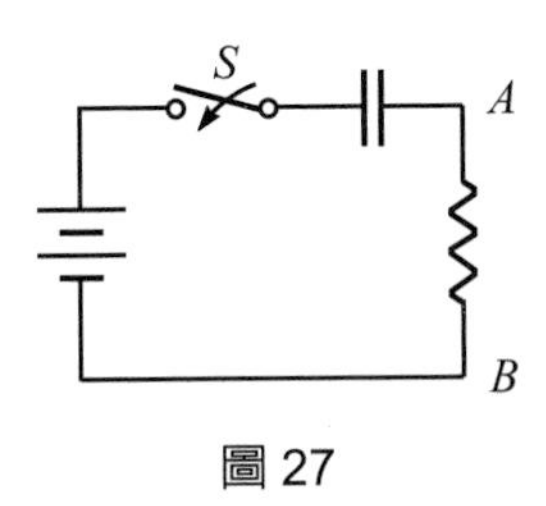

圖 27

(　) 144.若一電流表滿刻度電流 $I_f = 1\text{mA}$，表頭內阻 $R_{in} = 1\text{k}\Omega$，若用來測量 10V 的直流電壓，應串聯的倍率電阻 R_s 為　(1)0.9kΩ　(2)9kΩ　(3)99kΩ　(4)999kΩ。

(　) 145.應用戴維寧定理求等效電阻時　(1)所有獨立電壓源短路，所有獨立電流源開路　(2)所有獨立電壓源開路，所有獨立電流源短路　(3)所有電源均短路　(4)所有電源均開啓。

(　) 146.pico 法拉是　(1)10^{-6} 法拉　(2)10^{-9} 法拉　(3)10^{-12} 法拉　(4)10^{-15} 法拉。

(　) 147.如圖 28 所示各電容器之單位為μF，則 A、B 間總電容量為　(1)3μF　(2)5μF　(3)7μF　(4)65/18μF。

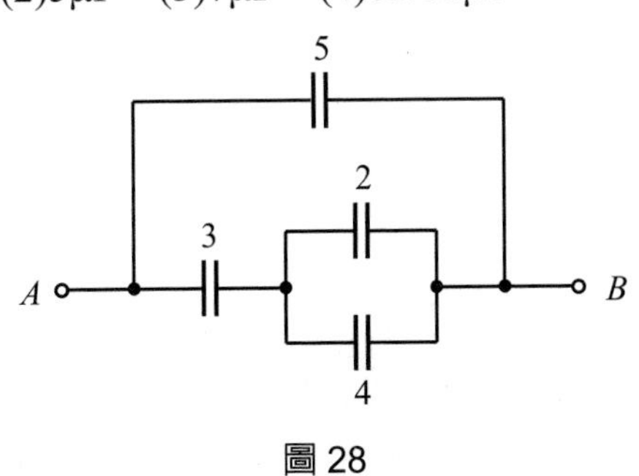

圖 28

(　) 148. 在 RLC 串聯電路中 $R = 20\Omega$ 、 $L = 0.3\text{H}$ 、 $C = 20\mu\text{F}$ ，則諧振頻率 $f_r =$ (1)85Hz (2)65 Hz (3)45 Hz (4)30 Hz。

(　) 149. 若 $i(t) = 141.4\sin\omega t$ 安培時，則電流之有效值爲 (1)70.7A (2)100A (3)141.4A (4)200A。

(　) 150. 台灣地區之電源，其週期爲 (1)60 秒 (2)1/60 秒 (3)50 秒 (4)1/50 秒。

(　) 151. 電導爲 (1)電阻的倒數 (2)電感的倒數 (3)導體之電荷單位 (4)磁通量單位。

(　) 152. 示波器測試棒標示爲 10:1，若螢光幕上顯示 2V，則實際測得電壓峰對峰值爲 (1)2V (2)11V (3)20V (4)200V。

(　) 153. 電容器的電容單位稱爲 (1)電容 (2)電壓 (3)電流 (4)法拉。

(　) 154. 在一般陶瓷電容器或積層電容器標示 104K，其電容量爲 (1)1μF (2)0.1μF (3)0.01μF (4)10.4μF。

(　) 155. 定電熱器(H)之消耗電力時，電壓表Ⓥ與電流表Ⓐ之正確接法是

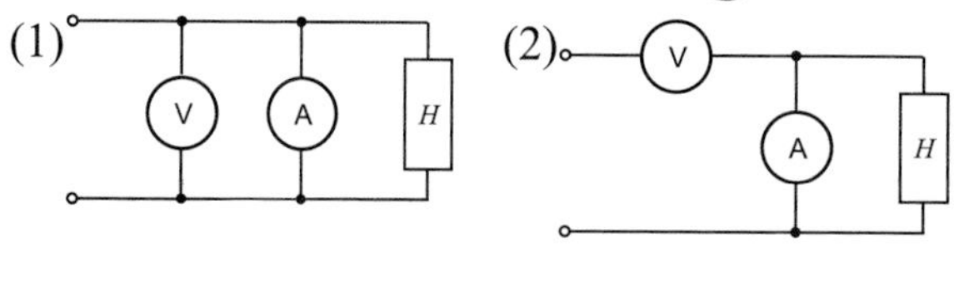

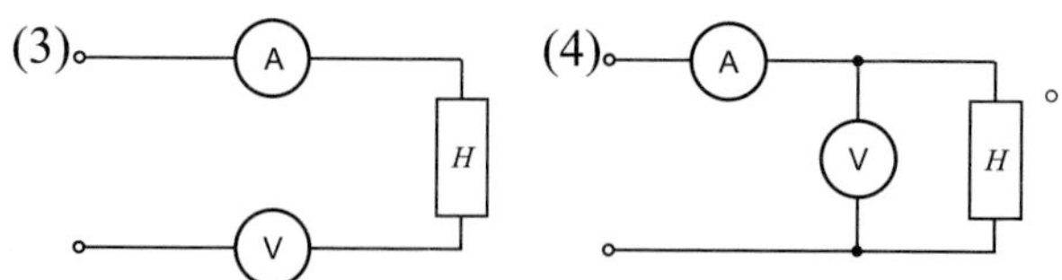

。

(　) 156. 有一穩壓直流電源供應器，其輸出電壓爲 0～30V(可調)，輸出電流爲 0～3A(可調)，並具有 *C.C.*(限電流)，*C.V.*(定電壓)之功能。另有一電路需使用 15V 電源，工作電流約爲 150mA。若以此電源供應器供給該電路電源，則其 *C.C.*(限電流)應設定爲多少較爲理想 (1)160mA (2)1A (3)1.6A (4)3A。

( ) 157.若角頻率 $\omega = 10000$ 弳/秒，則 10μF 電容器的阻抗為 (1)10Ω (2)50Ω (3) j10Ω (4)$-j$10Ω。

( ) 158.RLC 串聯諧振電路中，下列敘述何者錯誤？ (1)諧振頻率與電阻有關 (2)諧振頻率與電感有關 (3)諧振頻率與電容有關 (4)感抗等於容抗。

( ) 159.有一電路電壓 $v(t) = 100\sin(\omega t + 60°)$，電流 $i(t) = 20\sin(\omega t + 60°)$，則此電路可視為 (1)電阻器 (2)電感器 (3)電容器 (4)線圈。

( ) 160.一般而言，下列何種元件沒有極性限制？ (1)二極體 (2)電解電容器 (3)電阻器 (4)變壓器。

( ) 161.一電阻器標明為 100Ω±10%，其電阻值最大時可能為 (1)90Ω (2)100Ω (3)100.1Ω (4)110Ω。

( ) 162.當電解電容器串聯使用時，通常各並聯一個電阻器，此電阻器的作用為 (1)降低阻抗 (2)直流分路 (3)平衡電容器分壓 (4)平衡相角。

( ) 163.電源頻率由 60Hz 變為 50Hz 時，較不受影響的是 (1)變壓器 (2)電動機 (3)日光燈 (4)電熱器。

( ) 164.電池是屬於 (1)光能與電能 (2)熱能與電能 (3)化學能與電能 (4)機械能與電能。

( ) 165.以三用電表歐姆檔測量電容器時，若電容量愈大則電表指針在測試棒接觸瞬間的偏轉量 (1)愈小 (2)愈大 (3)不動 (4)固定。

( ) 166.儀器使用時若電壓衰減 20dB 代表衰減 (1)10 倍 (2)20 倍 (3)40 倍 (4)100 倍。

(　) 167. 頻率計數器之時基(Time Base)若採用 10ms，則量測外加信號之頻率得到最高解析度爲　(1)10Hz　(2)100Hz　(3)1kHz　(4)10kHz。

(　) 168. 將示波器用 10：1 測試棒接示波器之校準信號，顯示圖波形時則表示　(1)過度補償　(2)補償不足　(3)正確的補償　(4)無補償。

(　) 169. Q 表可來測量元件之　(1)電路的漏電量　(2)電晶體之 hfe　(3)電感量及線圈 Q 值　(4)電容器之容量。

(　) 170. 如圖 29 $v(t) = 2\times120\cos\omega t$ 伏特則其總電流之有效值 I_{rms} 爲　(1)1A　(2)2A　(3)5A　(4)7A。

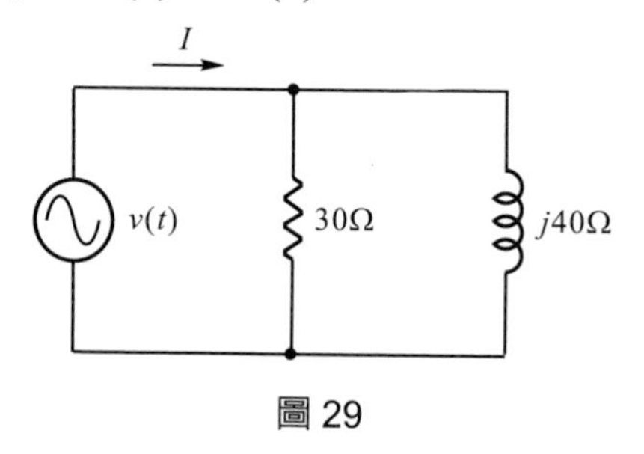

圖 29

(　) 171. 某電壓源 $V=40\angle0°$ 伏特，其內阻 $Z=10+j10\Omega$。若供給一負載，則該負載爲若干時可得最大功率？　(1) $10+j10\Omega$　(2) $-10-j10\Omega$　(3) $-10+j10\Omega$　(4) $10-j10\Omega$。

(　) 172. 如圖 30 所示電路，當開關 S 於 $t=0$ 閉合後，經無限長之時間，則電感兩端之電壓爲　(1)2.5V　(2)10V　(3)0V　(4)3V。

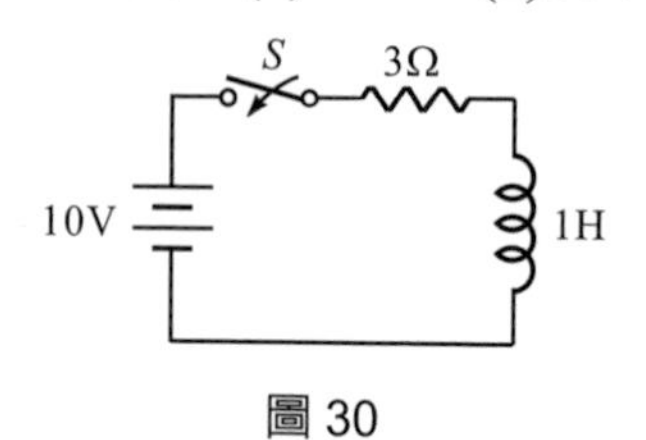

圖 30

(　) 173.2μF 與 3μF 之電容器串連後接於 100V 之直流，則 3μF 電容器之端電壓為 (1)40V (2)50V (3)60V (4)100V。

(　) 174.變壓器效率為 (1)$\left(\frac{P_O}{P_I}\right)\times 100\%$ (2)$\left(\frac{P_O-P_L}{P_I}\right)\times 100\%$ (3)$\left(\frac{P_L}{P_I}\right)\times 100\%$ (4)$\left(\frac{P_O}{P_I-P_L}\right)\times 100\%$ 。

二、計算題

1. 試計算下列各問題：
   (1) 每秒鐘流過 5×10^{22} 個電子的安培數是多少？
   (2) 若每小時流過 100 庫侖的電荷之電流是多少？
2. 試計算下列各問題：
   (1) 某電阻 $R=5\,\Omega$ 且流過 3A 的電流，那麼電阻兩端的電壓是多少？
   (2) 某電阻 $R=10\,\Omega$ 且電阻兩端的電壓降是 5V，那麼電流是多少？
   (3) 若電阻兩端的電壓是 10V 且流過的電流是 0.5A，那麼該電阻值是多少？
3. 試求下列各色碼電阻的正常值與允許的電阻值範圍：
   (1) 綠、藍、黑、銀。
   (2) 紅、橙、棕、金。
   (3) 棕、黑、紅。
4. 試說明下列各電阻的色碼：
   (1) $390\Omega\pm 5\%$
   (2) $10k\Omega\pm 10\%$
   (3) $5M\Omega\pm 20\%$

5. 試求下列的等效電阻值：
   (1) 100Ω 串聯 1kΩ 串聯 39kΩ。
   (2) 1kΩ 並聯 2kΩ 後再串聯 390Ω。
   (3) 請繪出(1)與(2)問題的電路。
6. 請以你的意思來合理敘述 KVL 與 KCL。
7. 試求圖 31、圖 32 電路的 R_{xy} 與 I_x 值：

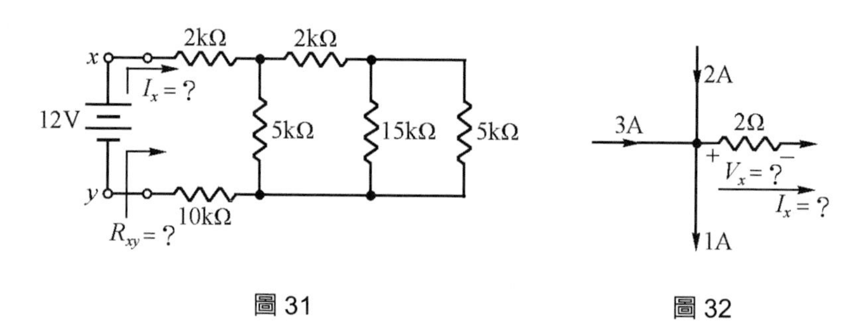

圖 31　　　圖 32

8. 電視機的電阻是 100Ω 且使用 110V 的交流電壓，請問電視機的額定功率是多少？若每個月使用 60 小時而費用是 2.5 元／kW．H，請問每個月電費是多少？
9. 請計算 2-hp 馬達工作在 20A 與 110V 電源下的損失功率與效率是多少？
10. 某正弦波在一秒鐘內重複出現 60 次，請問週期與頻率是多少？
11. 請計算$10V_{p-p}$ 正弦波加在 10Ω 的電阻器上的 RMS 值電壓與電流、峰對峰電流、電阻上的消耗功率、直流電壓與電流值。
12. 若有 2μF、10μF 與 15μF 三個電容器並聯之後再與 27μF 電容器串聯，試求等效電容值。
13. 在上題中的電容電路，若外加 10V 且 100kHz 的信號，試求其等效電容抗與電流。
14. 試求高通濾波器的截止頻率 f_c 與阻抗值，其中 $R = 100\,\Omega$ 與 $C = 1\,\mu F$。

15. 試求下列各問題之等效電感與繪出電路圖。
    (1) 1mH 串聯 2.5mH 後再並聯 2.5mH。
    (2) 8H 並聯 12H 後再串聯 20H。
16. 試計算加在 10mH 電感器上的 10V/60Hz 電源的電感抗與電流值。
17. 試計算在 RLC 串聯電路上頻率為 1kHz 時的阻抗，其中 $R=1\text{k}\Omega$、$L=2\text{ mH}$ 與 $C=2\ \mu\text{F}$。
18. 調頻(FM)收音機中頻放大所使用的 LC 帶通濾波器之 $f_r=10.7\text{ MHz}$ 且所需頻寬 BW 是 200kHz，試求出 f_{LC}、f_{HC} 與 Q 值。
19. 某交流發電機具有八個電極且旋轉速率是 1200rpm，試求其頻率？
20. 試定義變壓器的圈數比，何謂升壓與降壓？若變壓器的主線圈電壓是 110V 而次線圈電壓是 1200V，試求其圈數比。

二極體與電源供應電路

在第一章電學中曾討論到半導體之導體性是介於絕緣體與導體之間的一種材料，利用半導體材料製造出的重要電子元件有 *PN* 接面二極體、雙極性接面電晶體、場效電晶體與各類之線性與數位積體電路等。

2-1 *PN* 接面二極體

目前最常用的半導體材料是矽半導體而鍺材料則使用在特殊應用半導體元件上，由於純半導體中的電流是相當地小(一般約小於10^{-9} A)，故小量含有特殊之雜質摻進入純質的晶體中會大大提高半導體的傳導性。這種外加入其它元素於半導體中的過程稱爲摻雜的(Doping)，如果摻雜過後的結果有過剩的自由電子；亦即是電子數多於電洞數而稱該雜質爲施體(Donor)，例如五價元素的砷、磷與銻，又摻雜後的半導體就是 *N* 型(N-type)。在 *N*-型半導體中的電子多於電洞則稱電子爲多數載子(Majority Carriers)且電洞(Holes)是少數載子(Minority Carriers)。

如果摻雜過後的結果有多餘的電洞，那麼外加入的元素稱爲受體(Acceptor)且摻雜後的半導體稱爲 *P*-型(P-type)，此時多數載子變爲電洞而少數載子爲電子，常用的受體即是三價元素有硼、鎵、銦等。對於摻雜過後的材料稱爲外質半導體(Extrinsic Semiconductors)而純的物質則稱爲本質半導體(Intrinsic Semiconductors)，又半導體本身具有的電阻稱爲體積電阻(Bulk Resistance)且較少的摻雜量之半導體有較高的體積電阻。

所謂的 *PN* 接合就是將兩種不同型的半導體材料組合而製成的，在文中敘述的電洞實際上是物質結晶體上該原子的外圍電子所留下的空位，故在該空位上是可接受一電子，因此我們知道 *PN* 接合之後在外加適宜電壓的 *N*-型半導體會供給自由電子而 *P*-型半導體則是供給電洞。對於 *PN* 接合尚有一重要特性就是單向性，若從一端的電流具有低電阻而反過來的另一端對電流必具有高電阻。圖 2-1 所示爲 *PN* 接合二極體的電路符號與結構略圖，由圖中符號可幫助我們記憶電流的流向而知道電流是從 *P* 型流進 *N* 型是容易的，二極體的 *P* 型端所接金屬引線稱爲陽極(Anode：A)而 *N* 型端所接金屬引線爲陰極(Kathode：K)。如果想要使二極體變成易於導電，那麼就需要使陽極電位較高於陰極(典型的矽二極體是 0.5V 以上)，因此我們說這種二極體與電壓的電路是順向偏壓(forward-Based)且如圖 2-2 所示。

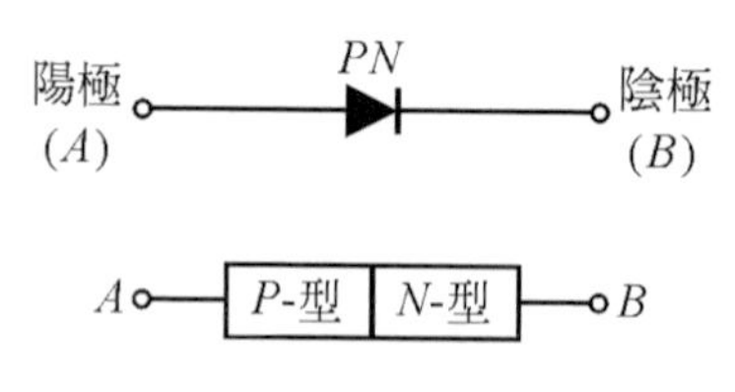

圖 2-1　二極體的電路符號與基本結構

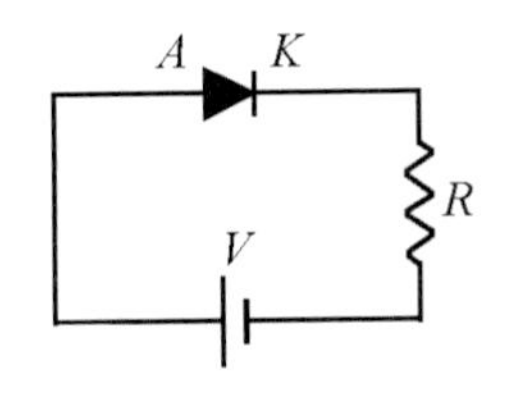

圖 2-2　二極體順向偏壓

在二極體的順偏壓電路中的二極體是導通而有大電流，理論上導通的電流在二極體上並無電壓降，因此電池的電壓都降在電阻器 *R* 上，但事實上有一小電壓降在二極體上(矽二極體是 0.7V 而鍺二極體是 0.3V)。這種二極體電壓降是爲了克服 *PN* 接合處形成空乏區之電位所致，在接合處的電位稱爲障壁位能(Barrier Potential)。由於電池的電壓增加到足以克服二極體之障壁位能時，二極體本身就會呈現低電阻而電流即顯得重要了，我們參考圖 2-3 所示的典型二極體之電流電壓特性曲線圖上右上半部分的電流與電壓都是正的。若以矽二極體而言，當順向電壓達到障壁電壓(0.7V)以前的順向電流非常小，電壓一旦超過障壁電壓後之電流急速上升(指數方式)，此時若不使電流有些限制而將會燒燬二極體，故電路上有電阻就是安全考慮所在。因此二極體所能承受的功率消耗(Power Dissiped)是有限制的，通常是由製造廠商規格表來提供，我們在使用二極體或其它電子元件時都應該注意到該元件兩端的電壓降乘以流過該元件的電流之積(功率)不可超過所規定的功率消耗值，否則元件會被燒燬，該表示式爲 $P_D = V_D I_D$ 。

我們再回頭看特性曲線上的左下半部分的逆向偏壓，這情況下使二極體障壁提高(空乏區增寬)更不易使電流通過而僅有少許的反向漏電流(Leakage Current)流過二極體，反向漏電流一直是維持微小值。如果二極體的逆向電壓愈增加而超過二極體的崩潰電壓(Breakdown Voltage)時，瞬間增加大量電流也會使二極體被破壞的。

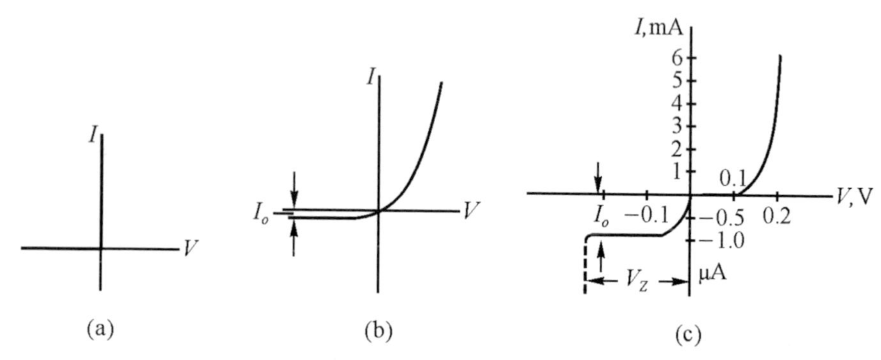

圖 2-3　二極體的(a)理想 $p-n$ 二極體的伏特－安培特性曲線；(b)實際的 $p-n$ 二極體的伏特－安培特性曲線；(c)重畫二極體伏特－安培特性曲線以表示電流的大小。注意反向電流的標度係被加以放大，虛線部分表示在 V_Z 處崩潰

例題 2.1

參考圖示的鍺與矽二極體的順偏壓 V-I 特性，請計算下列各問題：在 25℃時鍺二極體(1N3666)及矽二極體(1N4153)之順向伏特－安培特性曲線

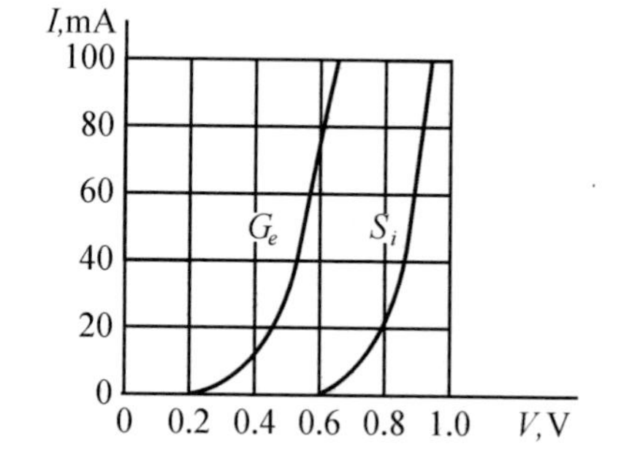

(1)　當電流在 40mA 時的順向電壓降與功率消耗值是多少？

(2)　若矽二極體的反向漏電流 $I_o=1\mu A$ 而逆向電壓爲 100V，鍺二極體則爲 0.5μA 與 80V，試求反向時的功率消耗值。

(3)　若在電路上串聯上電阻爲 1kΩ，那麼在順與反向時的電阻消耗功率是多少？

解　從特性曲線上作圖求出 40mA 時的 $V_{DSi}=0.88\text{ V}$ 與 $V_{DGe}=0.52\text{ V}$，

(1)　順向電壓分別是矽二極體 $V_D=0.88\text{ V}$ 與鍺二極體 $V_D=0.52\text{ V}$，功率消耗分別是：

$P_{DSi} = 0.88\text{V} \times 40\text{mA} = 0.0352\text{W} = 35.2\,\text{mW}$

$P_{DGe} = 0.52\text{V} \times 40\text{mA} = 0.0056\text{W} = 5.6\,\text{mW}$

(2)　反向時功率消耗分別是

$P_{DSi} = 100\text{V} \times 1\mu\text{A} = 0.1\,\text{mW}$

$P_{DGe} = 80\text{V} \times 0.5\mu\text{A} = 0.04\,\text{mW}$

(3)　矽二極體：電阻的功率消耗

順向時 $P_D = (40\text{mA})^2 \times 1\text{k}\Omega = 1.6\text{ W}$

逆向時 $P_D = (1\mu\text{A})^2 \times 1\text{k}\Omega = 1\,\text{nW}$

鍺二極體：電阻的功率消耗

順向時 $P_D = (40\text{mA})^2 \times 1\text{k}\Omega = 1.6\text{ W}$

逆向時 $P_D = (0.5\mu\text{A})^2 \times 1\text{k}\Omega = 0.25\,\text{nW}$

2-2　二極體的種類

二極體在電路的應用中，常隨其不同的功能而有許多不同類型之二極體，除了應用最廣的整流二極體之電源供應電路有詳細說明外，其餘的二極體僅就其重要性而概略說明。

2-2-1　變容二極體(Varator Diodes)

在 2-1 節已說明過 *PN* 接合處有空乏區，在該空乏區儲存有所謂的空間電荷以及空乏區寬度 *W* 就會感應生成電容效應，該電容稱障壁電容 C_T 會隨反向電壓增加而 *W* 增加卻 C_T 減少；同理增加順向電壓則 *W* 減少而 C_T 增加。利用這種電壓而改變電容所製造的二極體稱為變容二極體，它可應用在電壓調諧的 *LC* 諧振電路與參數放大器等。圖 2-4 所示為變容二極體的電路符號、等效電路與障壁電容在反向電壓的變化情形。

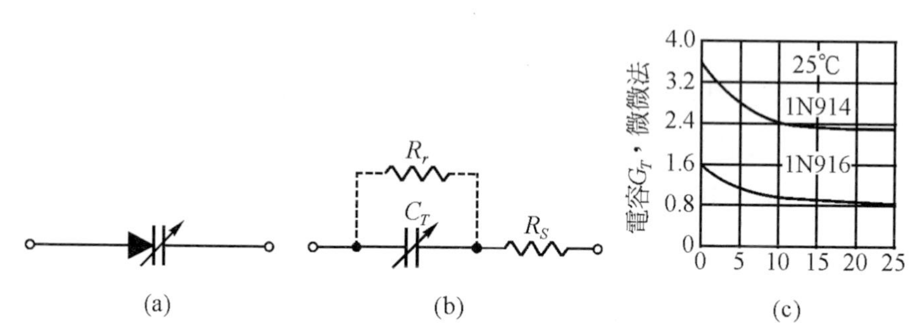

圖 2-4 變容二極體的(a)電路符號；(b)等效電路模型；(c)C_T與反向偏壓情形

2-2-2 曾納二極體(Zener Diodes)

經由設計具有適當的功率消耗能力而能在反向偏壓崩潰區內安全工作的二極體則稱為曾納二極體，該二極體是作為電壓參考或定值電壓電路所需要的。我們利用曾納二極體可作為電壓調節器，主要是在保持負載電壓為定值的 V_Z 而不受負載電阻或電源電壓在合理範圍變化的影響。曾納二極體的電路工作應調整在伏特－安培特性曲線的膝部 I_{ZK} 附近，二極體電流的最大值是由二極體的功率消耗額定值來決定，這是為了避免二極體逆向崩潰而燒燬。圖 2-5 所示為曾納二極體的 V-I 特性曲線與電路符號。

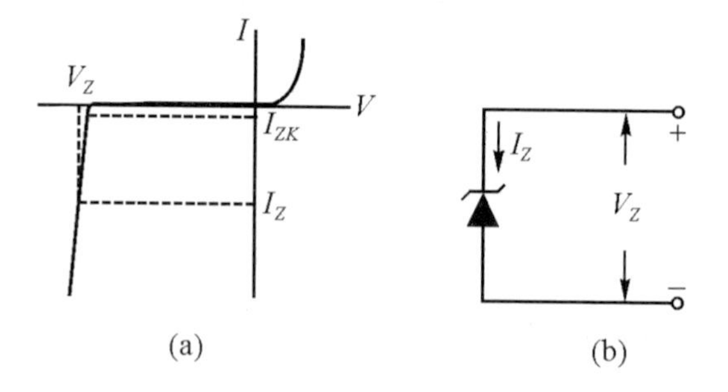

圖 2-5 (a)崩潰或曾納二極體之伏－安特性曲線；(b)曾納二極體符號

現在說明曾納二極體在崩潰區的兩種方式來達到崩潰作用：當反向電壓增加而使得熱能產生的載子之外又有新的電子－電洞對產生，這些載子與電子－電洞對同時可從外加電場獲致足夠的能量而又與另外的結晶離子相撞，如此情形一再衍生，亦即每一新載子又再經由碰撞與破裂其共價鍵而產生更多的載子。這種累積過程稱為突崩倍增(Avalanche Multiplication)，因此導致很大的反向電流而使二極體進入突崩潰區(Avalanche Breakdown)工作。第二種崩潰情形是指在接面處若有一高電場(典型值有 2×10^7 伏特／米)且此電場作用力強而使束縛電子脫離共價鍵，亦即產生新的電子－電洞對且使反向電流增加，此一過程稱為曾納崩潰(Zener Breakdown)而不涉及到載子與結晶離子相撞擊之情形。

2-2-3　發光二極體(Light Emitting Diode：LED)

在固態電路中常用來顯示狀態者即是發光二極體，常見到的顏色有紅色、綠色、黃色與白色等 LED。

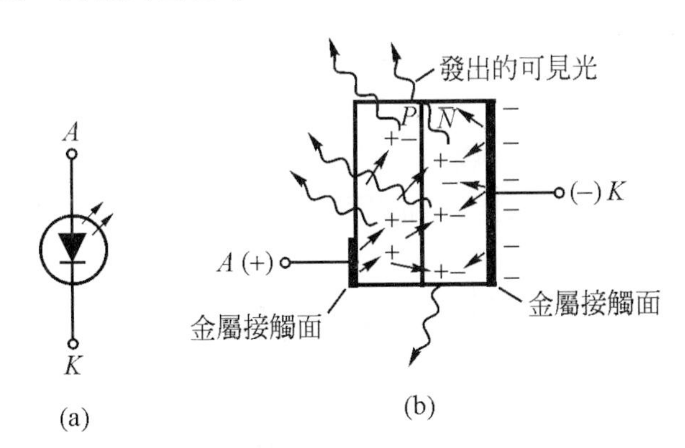

圖 2-6　(a)電路符號；(b)LED 光電轉換過程

LED 的動作原理是鍺或矽半導體中的電子與電洞復合時，由於電子能階的不同而能階差異的能量被釋放出來，亦就是當電子從傳導帶掉進價電帶時的能量以輻射形式釋放，這種 *PN* 半導體裝置稱為發光二極體。LED 的順向 *V-I* 特性曲線與一般二極體特性相似，由於材料不同而具有較大的導通切入電壓，工作電壓準位約在 1.0V 到 2.0V 之間，圖 2-6 所示爲電路符號與光電轉換過程。

2-2-4 光電二極體(Photo Diode)

如果在一個反向偏壓的 *PN* 二極體上照射光時，那麼傳導電流幾乎是與光通量的變化呈線性關係，利用此特性功能所製造的半導體裝置稱爲光電二極體。動作原理是光照射元件表面時會產生額外的電子－電洞對，產生新的電子－電洞對數目是與入射光子數目成正比，圖 2-7 所示爲光電二極體的電路符號與基本構造。

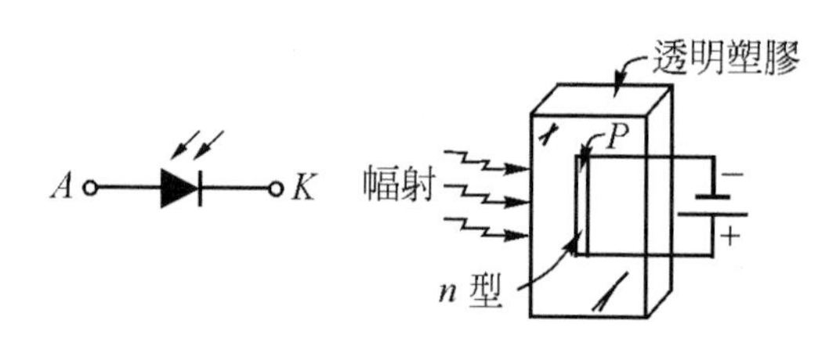

圖 2-7　光電二極體的電路符號與構造

光電二極體的用途很廣泛，例如打好的計算機卡片或帶子高速閱讀機、光探測系統儀、光操作式開關與物件計數等。

2-3 二極體的應用－電源供應電路

二極體的應用非常廣泛，例如：

1. 整流器電路
2. 穩壓電路
3. 截波與定位器電路
4. 補償偏壓與保護電路

在本章中僅作電源供應電路的整流、濾波與穩壓部分作討論。

2-3-1　半波整流

參考圖 2-8 所示電路爲最基本的半波整流器(Half-Wave Rectification)，其中應用一個二極體而將交流的正負半波轉換成同一極性的脈動直流則稱爲整流器(Rectifier)，能將交流變成直流的過程是稱爲整流。當變壓器次線圈的電壓 v_{ab} 爲正半週時，二極體是順偏壓而導通，若忽略二極體的導通電壓，那麼所有次線圈電壓幾乎都降在負載電阻上。當 v_{ab} 是負半週時，輸出電壓是零，這是因爲二極體逆向偏壓而具有很大的電阻；通常視爲斷路狀態。

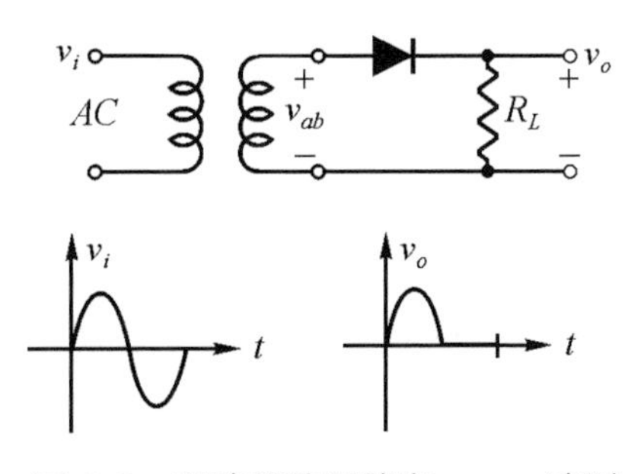

圖 2-8　半波整流電路與 v_i、v_o 波形

整流過後的半波在週期 2π 的情況下之平均直流電壓 V_{dc} 是等於峰值電壓除以 π 或 $0.318V_p$，在許多的電壓表都是採用半波整流電路來記錄此平均讀值。如果計算功率轉換時則是以均方根值(RMS)來計算，經計算分析出均方根值正好爲峰值的一半且由下式表示：

$$V_{dc} = V_{\text{ave}} = \frac{V_p}{\pi} = 0.318V_p \tag{2.1}$$

$$V_{\text{RMS}} = 0.5V_p \tag{2.2}$$

流經負載的電流直流是 V_{dc} 除以負載，所以

$$I_L = I_{\text{ave}} = \frac{V_{\text{ave}}}{R_L} \tag{2.3}$$

在逆向偏壓時的輸入電壓完全降在二極體上，這就是峰值反向電壓(Peak Reverse Voltage：PRV)，每個二極體都有一可容許的最大 PRV 值，亦即使用二極體的反向電壓值不可大於此值。

例題 2.2

參考上面的半波整流電路，其中資料如下：

$V_{irms} = 110\text{V}/60\text{Hz}$ ，圈數比 $T = 10$

二極體順偏壓降 $V_{\text{ON}} = 1\,\text{V}$ 且逆向偏壓電阻 $R_r = 1\,\text{M}\Omega$

負載 $R_L = 10\,\Omega$

試求下列各問題：

(1) v_{ab} 之峰值電壓。

(2) 負載上之峰值、平均值與均方根值。

(3) 二極體之 PRV 值。

(4) 負載上的功率消耗值。

(5) 流經二極體之峰值電流與平均電流。

(6) v_{ab} 負半週時的負載上峰值電壓。

解 次線圈電壓有效值爲 $v_{abrms} = V_{irms}/T = 110\text{V}/10 = 11\,\text{V}$

(1) v_{ab} 峰值電壓 $v_{abp} = \sqrt{2}v_{abrms} = \sqrt{2}\times 11\text{V} \cong 15.6\,\text{V}$

(2) 負載上峰值 $v_{LP} = v_{abp} - V_{\text{ON}} = 15.6\text{V} - 1\text{V} = 14.6\,\text{V}$

負載上平均值 $v_{Lave} = 0.318v_{abp} = 0.318\times 15.6\text{V} = 4.96\,\text{V}$

負載上均方根值 $v_{Lrms} = 0.5v_{abp} = 0.5\times 15.6\text{V} = 7.8\,\text{V}$

(3) 二極體之 PRV 值 $V_{\text{PRV}} = v_{abp} = 15.6\,\text{V}$

(4) 負載上功率消耗 $P_{DRL} = \dfrac{v_{Lrms}^2}{R_L} = \dfrac{(7.8\text{V})^2}{10\Omega} \cong 6.1\,\text{W}$

(5) 流經二極體之峰值電流 $i_{Dp} = \dfrac{v_{Lp}}{R_L} = \dfrac{14.6\text{V}}{10\Omega} = 1.46\,\text{A}$

流經二極體的平均電流 $i_{\text{Dave}} = \dfrac{v_{\text{Lave}}}{R_L} = \dfrac{4.96\text{V}}{10\Omega} = 0.496\text{ A}$

(6)　v_{ab} 負半週時(利用分壓定律)

$$v_{Lp} = -15.6\text{V}\frac{10\Omega}{1\text{M}\Omega + 10\Omega} = -0.000156\text{V} = -0.156\text{ mV}$$

2-3-2　全波整流

若要有更好的整流效率與用途則改用全波整流電路(Full-Wave Rectification)，因爲它可以使交流信號的正與負半週都有整流作用，圖 2-9 所示爲兩種的全波整流電路。在(a)圖中有次線圈取中心點作爲參考點的中間抽頭型，在圖示之電壓極性時，二極體 D_1 順偏壓導通而 D_2 逆偏壓不導通，電流經由 D_1 供應到負載上。同樣情形的另一半週極性，D_1 爲逆偏壓不導通而 D_2 爲順偏壓導通，電流經由 D_2 供應到負載上，因此每個二極體僅在其順向半週時才會導通，所以負載電流是兩個二極體導通電流之和，導通之信號波形如(b)圖。

注意到輸出的頻率是原輸入頻率的兩倍，同時每個二極體的 PRV 是 $2V_m$。比較兩種全波整流電路的二極體所承受的 PRV 值是不同，整流效益與經濟考量也稍有不同。現在分析(c)圖橋式全波整流電路的動作，當次線圈電壓 v_{AB} 爲正半週時的實線箭號進行方向係 D_1 與 D_3 因順偏壓導通的電流流向，若 v_{AB} 爲負半週時的電流則流經 D_2 與 D_4，因爲每組二極體僅在半波的時間導通，所以輸出平均電流爲每組二極體平均電流的兩倍。由於反向電壓時的峰對峰值是降在兩個串聯二極體上，因此每個二極體的額定 PRV 值就是 v_{AB} 的峰值 V_m。

全波整流之輸出電壓的均方根值與平均值對峰值電壓關係分別以公式表示如下：

$$V_{dc} = V_{\text{ave}} = \frac{2}{\pi} V_p = 0.636 V_p \tag{2.4}$$

$$V_{\text{RMS}} = V_p / \sqrt{2} = 0.707 V_p \tag{2.5}$$

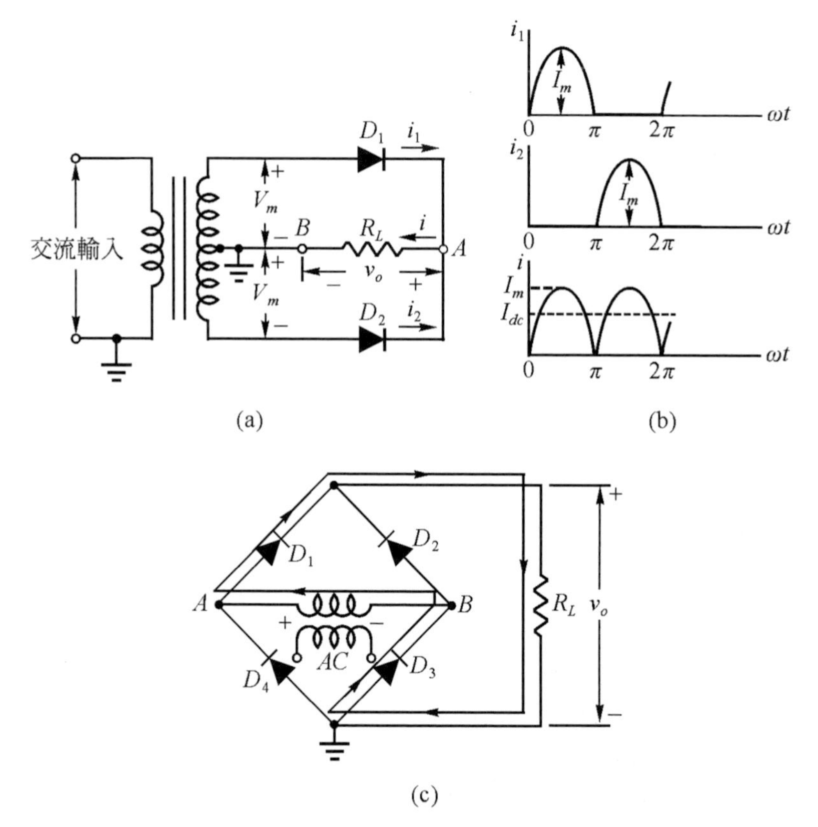

圖 2-9　(a)全波整流器電路；(b)個別二極體電流及負載電流 i，輸出電壓為 $v_o = iR_L$；(c)全波橋式整流電路

例題 2.3

若某全波整流電路中如圖 2-9(c)所示，已知次線圈電壓 $V_p = 24\ \text{V}$ 與負載 $R_L = 10\ \Omega$。試求下列各問題：

⑴　負載上直流電壓 V_{LDC}、均方根值電壓 V_{RMS}、功率消耗 P_D 與平均電流 I_L。

⑵　二極體的額定電流 I_D 與額定 PRV 值。

解 分別利用式(2.4)與(2.5)來求出

⑴　負載上直流電壓 $V_{LDC} = 0.636V_p = 0.636 \times 24\text{V} \cong 15.3\,\text{V}$

均方根值電壓 $V_{\text{RMS}} = 0.707V_p = 0.707 \times 24\text{V} \cong 17\,\text{V}$

功率消耗 $P_D = \dfrac{V_{\text{RMS}}^2}{R_L} = \dfrac{(17\text{V})^2}{10\Omega} = 28.9\,\text{W}$

平均電流 $I_L = \dfrac{V_{LDC}}{R_L} = \dfrac{15.3\text{V}}{10\Omega} = 1.53\,\text{A}$

⑵　二極體的額定 PRV 值就是峰值電壓，因此

$\text{PRV} = 24\,\text{V}$

至於二極體的額定電流值大多採用負載電流的一半，所以

$I_D = \dfrac{1.53\text{A}}{2} = 0.765\,\text{A}$

但在實際的應用中，二極體的眞正額定電流必須是計算值的二倍以上，因此 I_D 應選用大於 1.53A 爲宜。

2-3-3　濾波器

在上面討論的整流電路之輸出電壓並不是純直流值，而是由參考接地點的零上升到最大值又返回到零的週期性變化，這種波形稱爲脈動性波形。脈動電壓可適用於直流馬達卻不適用於複雜的電子電路，因此必須再把脈動的直流經過所謂的濾波器(Filters)電路才能轉變成稍具有如電池的平穩直流電壓，濾波器的輸出波形如圖 2-10 所示。

濾波器的主要構成元件電阻、電容與電感等三者之不同的組合型式而接於整流電路之後面，但是較少使電感器之組合係因爲電感較電容體

積大、價位高與重量大，所以廣泛使用爲電阻與電容組合之濾波器。在圖示的負載上電壓波形可看到漣波(Ripple)是直流電壓中包含的交流成分且該漣波電壓是愈小愈佳，在實際應用中的漣波電壓是以峰對峰或均方根值來計算，有時候也以輸出的交流成分百分率多寡來表示。漣波百分率定義如下：

$$漣波\% = \frac{漣波電壓均方根值}{輸出的直流電壓} \times 100\% \tag{2.6}$$

濾波器的主要功能是儲存整流器之輸出峰值電壓而在較低的輸入電壓時放出電能，如此使輸出直流電壓具有平滑性。電容器的電容量與負載電阻大小是決定負載電壓的放電速度，若時間常數 RC 大就可減少漣波電壓。經過分析知道全波整流電路在 60Hz 的線電壓(110V)的適當漣波因數應小於 5%，下面公式是求出漣波%的近似法：

$$漣波\% \cong \frac{2.4 \times 10^{-3}}{R_L C} \% \tag{2.7}$$

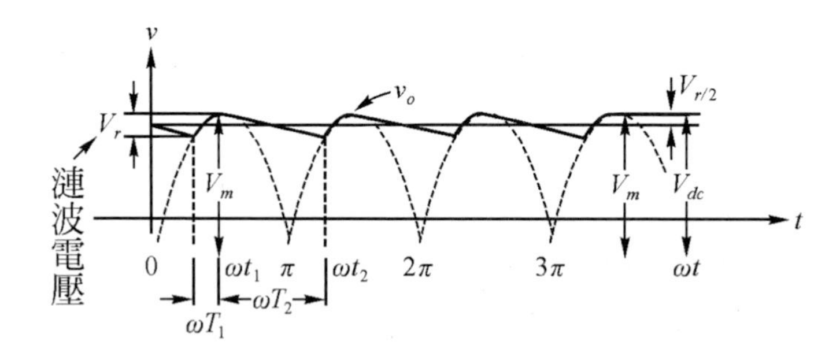

圖 2-10　全波電容－濾波整流器之近似負載電壓波形

例題 2.4

某橋式整流與濾波電路需要直流電壓 12V 與平均電流 200mA 到負載上，而容許 $0.1V_{\text{RMS}}$ 的漣波電壓，其中電源頻率 60Hz。試求所需之濾波電容器之電容量。

解 先求出等效負載值

$$R_L = \frac{12\text{V}}{200\text{mA}} = 60\,\Omega$$

$$\text{漣波\%} = \frac{0.1\text{V}}{12\text{V}} \times 100\% = 0.833\%$$

利用式(2.7)求出電容量為

$$C = \frac{2.4 \times 10^{-3}}{\text{漣波\%} \times R_L} = \frac{2.4 \times 10^{-3}}{0.833\% \times 60} = 0.48 \times 10^{-4}\,\text{F} = 48\,\mu\text{F}$$

對於全波整流器而言，具有較大且合適的濾波電容會使直流輸出電壓 V_{DC} 接近於輸入峰值電壓，因此漣波電壓效值 V_r 與直流電壓 V_{dc} 關係可由下列公式表示：

$$V_{dc} = \left(1 - \frac{4.17 \times 10^{-3}}{R_L C}\right) V_P \quad (V_P = V_m) \tag{2.8}$$

$$V_r = \frac{2.4 \times 10^{-3}}{R_L C} V_P \tag{2.9}$$

例題 2.5

某橋式全波整流器的次線圈輸入電壓峰值 $V_P = 16.3\text{ V}$，濾波電容器 $5\mu\text{F}$ 與負載 $22\text{k}\Omega$。試求輸出直流電壓 V_{dc}、漣波電壓有效值 V_r 與漣波百分率。

解 先求出橋式整流器輸出之 $V_P' = V_P - 2V_D$

$$V_P' = 16.3\text{V} - 1.4\text{V} = 14.9\text{ V}$$

輸出 V_{dc} 爲

$$V_{dc} = \left(1 - \frac{4.17\times10^{-3}}{22\times10^{3}\times5\times10^{-6}}\right)\times14.9\text{V} = 14.3\text{ V}$$

漣波電壓 V_r 爲

$$V_r = \frac{2.4\times10^{-3}}{22\times10^{3}\times5\times10^{-6}}\times14.9\text{V} = 0.324\text{ V}$$

漣波百分率

$$\text{漣波}\% = \frac{0.324\text{V}}{14.3\text{V}}\times100\% = 2.27\%$$

2-3-4 電壓調節率

我們知道整流濾波電路所供應的電壓是未經過調整而不穩定的，尤其是在變壓器的輸入交流電壓改變時或是負載改變時更會造成輸出電壓的起伏而不穩定，某些時候更會造成負載電路的不正常動作，因此電源供應電路尚需要有電壓調節(Voltage Regulation)的穩壓電路(在下單元會介紹)。本單元是先說明電壓調節的一些電路特性：

負載變動百分率(Percentage Load Regulation)

這是表示負載的變動而造成輸出電壓的變動率且公式定義如下：

$$\text{負載變動率}\% = \frac{V_{NL} - V_{FL}}{V_{FL}}\times100\% \tag{2.10}$$

其中　V_{NL}：無負載時之輸出直流電壓

　　　V_{FL}：有負載時之輸出直流電壓

電源變動百分率(Percentage Line Regulation)

這是表示電源供應器的輸入線電壓改變而造成輸出電壓的變動率且公式定義如下：

$$\text{電源變動率}\% = \frac{V_H - V_L}{V_L} \times 100\% \tag{2.11}$$

其中　V_H：在某一特定的輸入電壓而使輸出直流電壓有最大值

V_L：在滿載電流時的輸入電壓而使輸出直流電壓有最小值

變動率或變動百分率(Percentage Regulation)

這是表示電源供應器受到電源與負載的雙重改變下而造成輸出電壓的變動率且其公式定義如下：

$$\text{變動率}\% = \frac{V_{\max} - V_{\min}}{V_{\min}} \times 100\% \tag{2.12}$$

其中　$V_{\max}$：在正常情況下能使輸入交流電壓與負載都在最大值時所量取的輸出直流電壓最大值。

$V_{\min}$：在正常情況下能使輸入交流電壓與負載都在最小值時所量取的輸出直流電壓最小值。

所謂電源供應器的高變動率是指直流輸出電壓變化極小(變動百分率很小)，對於表示該變動率的方法隨著不同設計廠商有差別。例如說某一變動率爲 0.005%。自然是較變動率 $\pm 0.5\,\text{mV}$ 來得方便，因此對一個輸出 20V 的直流電源供應器而言：變動率 0.005%是指 $20\text{V} \times \frac{0.005}{100} = 1\,\text{mV}$ 之電壓改變量而這 1mV 自然地就包括了有電源與負載的改變，所以就改成 $\pm 0.5\,\text{mV}$ 的表示。

例題 2.6

某廠商之製造電源供應器的輸入電壓變化是 $105V \sim 125V_{\text{RMS}}$ 且負載電流是 3A，經過品檢實驗測試有下列資料，試求電源、負載與總變動率。

$v_i = 105\text{ V}$，$I_L = 3\text{ A}$，$V_o = 9.75V_{dc}$　　$I_L = 0\text{ A}$ 係表示無負載時

$v_i = 125\text{ V}$，$I_L = 0\text{ A}$，$V_o = 10.05V_{dc}$

$v_i = 125\text{ V}$，$I_L = 3\text{ A}$，$V_o = 9.93V_{dc}$

$v_i = 105\text{ V}$，$I_L = 0\text{ A}$，$V_o = 10.01V_{dc}$

解 分別利用式(2.10)、(2.11)與(2.12)求出

電源變動率(3A)

$$\text{電源變動率}\% = \frac{V_H - V_L}{V_L} \times 100\% = \frac{9.93\text{V} - 9.75\text{V}}{9.75\text{V}} \times 100\% = 1.85\%$$

負載變動率(125V)

$$\text{負載變動率}\% = \frac{V_{NL} - V_{FL}}{V_{FL}} \times 100\% = \frac{10.05\text{V} - 9.93\text{V}}{9.93\text{V}} \times 100\% = 1.21\%$$

總變動率

$$\text{變動率}\% = \frac{V_{\max} - V_{\min}}{V_{\min}} \times 100\% = \frac{10.05\text{V} - 9.75\text{V}}{9.75\text{V}} \times 100\% = 3.08\%$$

對於一理想的電源供應器之輸出電壓是不因爲負載改變而改變的，但是電源供應器本身電路是具有內在電阻(理想上內在電阻是零)而使輸出電壓會略小於眞正之輸出值。譬如電源供應器之內阻是 10Ω，在輸出電壓 10V 時之負載爲 100Ω 與 1000Ω 的輸出電壓是不同的：

$$R_L = 100\,\Omega \quad V'_{dc} = 10\text{V} \times \frac{100\Omega}{10\Omega + 100\Omega} \cong 9.1\text{ V}$$

$$R_L = 1000\,\Omega \quad V'_{dc} = 10\text{V} \times \frac{1000\Omega}{10\Omega + 1000\Omega} \cong 9.9\text{ V}$$

例題 2.7

某電源供應器的內阻是 0.5Ω，無載時的輸出電壓$V_{dc}=30\text{ V}$。試求輸出$I_{dc}=1\text{ A}$時的輸出電壓與負載是多少？

解 在輸出電流 1A 時的內阻電壓降爲

$$V_R = 1\text{A} \times 0.5\Omega = 0.5\text{ V}$$

在負載上的電壓爲

$$V_L = V_O - V_R = 30\text{V} - 0.5\text{V} = 29.5\text{ V}$$

負載阻抗爲

$$R_L = \frac{V_L}{I_{dc}} = \frac{29.5\text{V}}{1\text{A}} = 29.5\,\Omega$$

2-3-5 曾納二極體穩壓器

電源供應電路中最簡易的是利用曾納二極體穩壓器(Zener Diode Regulation)，曾納二極體的實際應用是限制在它的逆向偏壓與崩潰電壓之間的特性，圖 2-11 所示電路爲一簡易的曾納二極體穩壓電路。現在說明電路的穩壓原理：如果未經調整的直流電壓 V 在 25V 到 30V 之間，該電壓極性對二極體是反向電壓，爲了使曾納二極體能進入調節區則必須提供足夠的逆向電流且超過 I_{ZK}(參考曾納二極體的 V-I 特性曲線)，那麼輸出電壓就能夠維持穩定值。由於曾納二極體與輸出端的電壓是並聯型式，亦即$V_L = V_Z$，因此這種電路稱爲並聯調節器(Shunt Regulator)。在電路中除了要愼選 R_S值外，且必須維持有足夠的電流在崩潰區以及供應足夠的負載電流。如果負載電流 I_L 是從 0 到 100mA 的變化範圍且$I_{ZK}=10\text{ mA}$，現在考慮最小輸入電壓的最小 R_S 值且必須足夠提供最大的負載電流 100mA，因此電阻 R_S公式爲

$$R_S = \frac{V_{RS\min}}{I_{L\max} + I_{ZK}} = \frac{V_{\min} - V_Z}{I_{L\max} + I_{ZK}} \tag{2.13}$$

由上知 R_S 值爲

$$R_S = \frac{25\text{V} - 20\text{V}}{100\text{mA} + 10\text{mA}} = \frac{5\text{V}}{110\text{mA}} = 45.5\,\Omega$$

接下來考慮輸入電壓從最小値 25V 增加起，由於 V_Z 固定且在 R_L 固定情況下，使得 R_S 壓降增加而 I_Z 增加且維持 I_L 固定，其中要注意 I_Z 不可超過 $I_{Z\max}$。如果負載改變，而使得 I_L 少於 100mA，那麼必須驅使多餘的電流流向曾納二極體，這時候也要注意不可超過 $I_{Z\max}$，因爲曾納二極體功率消耗 $I_Z V_Z$ 値不可大於額定功率 $P_{Z\max}$ 値。因此最大的曾納二極體電流計算如下：

$$I_{\max} = \frac{V_{R\max}}{R_S} - I_{L\min} = \frac{V_{\max} - V_Z}{R_S} - I_{L\min} \tag{2.14}$$

在上文中知

$$I_{Z\max} = \frac{30\text{V} - 20\text{V}}{45.5\Omega} - 0\text{mA} \cong 220\,\text{mA}$$

曾納二極體的最大消耗功 $P_{Z\max} = V_Z I_{Z\max} = 20\text{V} \times 220\text{mA} = 4.4\,\text{W}$。

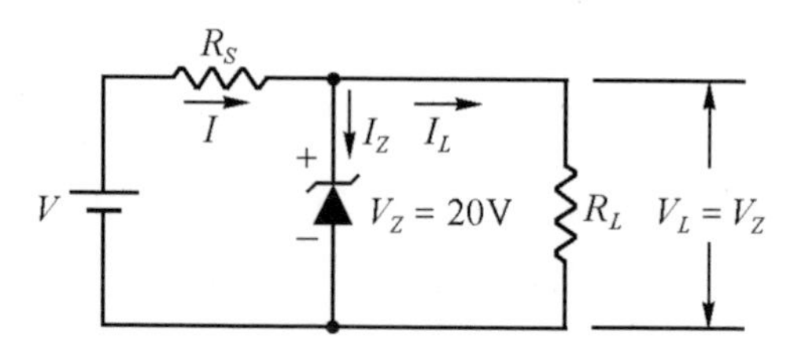

圖 2-11　曾納二極體電壓調節器

例題 2.8

對圖示電路的曾納二極體要維持電壓調節作用，其中 $V_Z = 12\text{ V}$、$I_{ZK} = 3\text{ mA}$ 與 $I_{Z\max} = 90\text{ mA}$，試求 I_L 的最大與最小值以及 R_L 的最小值。

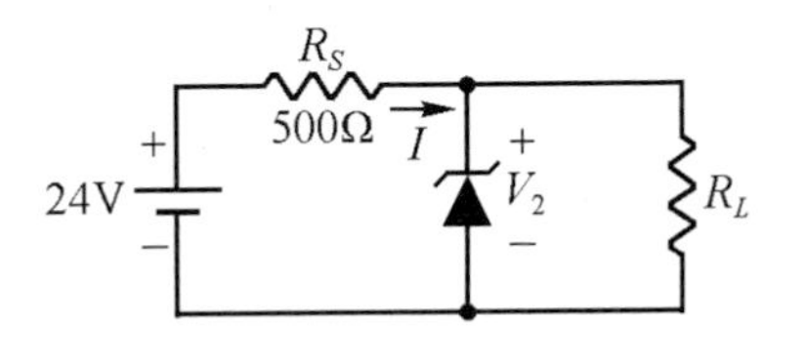

解 R_L 開路之 $I_L = 0$，此時 I_Z 等於總電流 I 且爲最大值，

$$I_Z = \frac{V - V_Z}{R_S} = \frac{24\text{V} - 12\text{V}}{500\Omega} = 24\text{ mA}$$

由於 $I_Z = 24\text{ mA}$ 遠小於 $I_{Z\max}$，故 $I_{L\min} = 0\text{ A}$ 是可接受的。

當 $I_Z = 3\text{ mA}$ 最小時的 I_L 是最大，故

$$I_{L\max} = I - I_{Z\min} = 24\text{mA} - 3\text{mA} = 21\text{ mA}$$

負載最小值即是 $I_{L\max}$ 存在時求出

$$R_{L\min} = \frac{V_Z}{I_{L\max}} = \frac{12\text{V}}{21\text{mA}} = 571\,\Omega$$

2-3-6　串聯式調節穩壓器

串聯式是指控制元件與負載以串聯方式組成，由圖 2-12 所示方塊來幫助我們分析電路的動作原理。V_I 爲未經調節的電壓而 V_O 是經過穩壓調節後的電壓，串聯的傳送裝置(功率電晶體)是一種控制元件來完成增加或減少因負載改變的輸出以及補償輸入電壓變化而使輸出維持電壓穩定。參考電壓是一個固定電壓的裝置(通常是使用曾納二極體)而與輸出電壓取自取樣電壓(通常利用分壓電路或其它元件組成)作比較來產生誤差信號，誤差信號經過放大器後輸出到控制元件來控制傳輸電晶體的導通程度而達到穩壓作用。如果負載電壓是正常時，那麼誤差信號是零而電路功能維持一定。

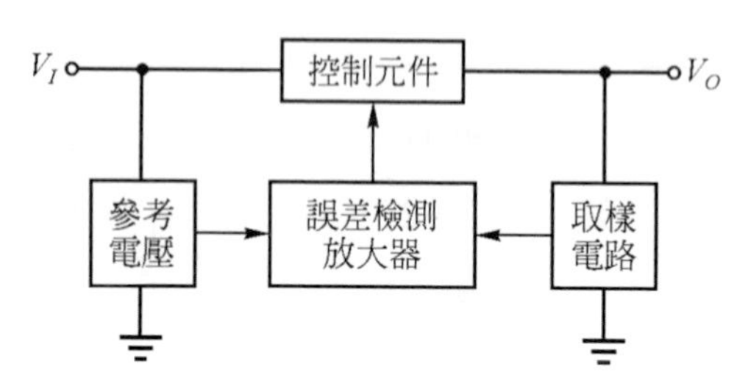

圖 2-12　串聯式穩壓器電路方塊

在目前而言的穩壓電路的組成大部分是以積體電路(Integrated Circuit：IC)的製造技術來製造，它是把一大量的電子電路設計製作而包裝在一小體積的晶片內。積體電路具有多功能、可靠性與價廉之優點，穩壓 IC 在使用上非常方便且典型的正電壓 78××系列之應用如圖 2-13 示，至於負電壓則改用 79××系列即可。

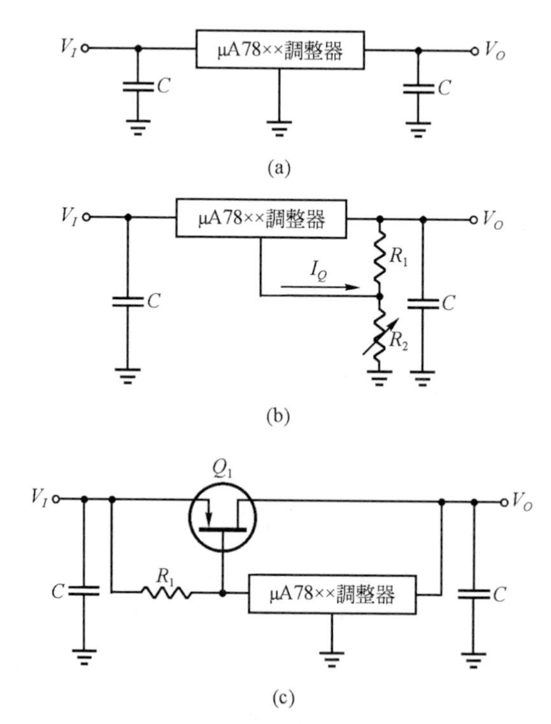

圖 2-13　穩壓 IC78××的使用法(a)基本定電壓調整器；(b)可變輸出電壓調整器；(c)外接旁路電晶體之三端點電壓調整器

例題 2.9

對圖示電路之穩壓電路，試求輸出電壓 V_O。

解 圖中有 Op-Amp 元件知特性是

$$V_- = V_+ = V_Z = 6\,\text{V}，$$

又

$$V_- = V_O \frac{10\text{k}\Omega}{10\text{k}\Omega + 10\text{k}\Omega} = \frac{V_O}{2}$$

所以 $V_O = 2V_- = 2V_Z = 2 \times 6\text{V} = 12\,\text{V}$

2-3-7　矽控整流器

如果在大功率的電源供應器(數百伏特與數百安培以上者)上之整流部分通常是使用矽控整流器(Silicon Controlled Rectifier：SCR)，我們可以想像 SCR 有如一個控制導通程度大小的整流器裝置，它是一種四層的 *PNPN* 半導體裝置且如圖 2-14 所示爲電路符號與構造。若加在閘極的控制信號可決定陽極到陰極的導通情形。

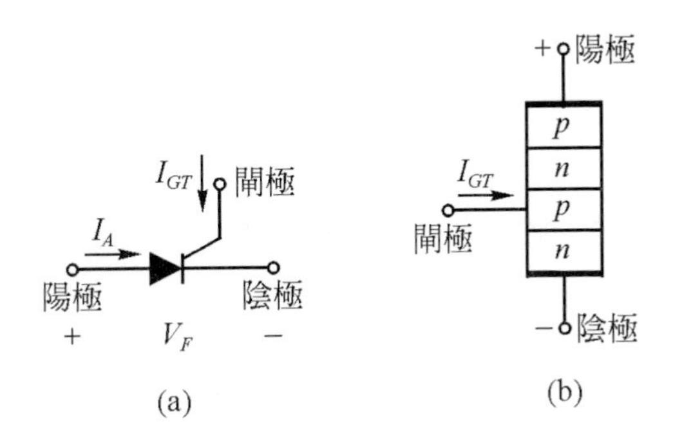

圖 2-14　(a)SCR 的符號；(b)基本構造

矽控整流器的特性是利用一小功率的控制閘信號來控制與傳送一大功率到負載上，通常閘極到陰極的觸控電壓是 1～2V 與電流在 10～20mA 之間就可以控制負載上的功率。在圖 2-15 示電路爲 SCR 控制範例，負載可以是燈光亮度調整、直流馬達轉速、控制開關與發熱體之溫度控制等。本電路在機電工業應用很廣，所以必須說明其動作原理如下：

當交流正半週輸入時的 D_1 導通而得到脈動直流，經過 CR 電路可得脈波且脈波電流 I_g 大小由 R_1 與 R_2 串聯組合來決定，又此 I_g 流進閘極觸發陽極到陰極而成導通，所以在 V_ℓ 波形上 a 點是開啓時間而 b 點爲閉合時間。當 SCR 截止，則不論何時的輸入到陽極與陰極的電壓與電流皆接近於零或負值，激發或轉換 SCR 導通所需的閘極電流 I_{GT} 約在 10mA 且此電流可由電位器 R_1 以及 RC 時間常數大小來調控，對於較大的 R_1 與 RC 值則會延後激發 SCR 的時間，因此傳送到負載的功率自然就減少了。

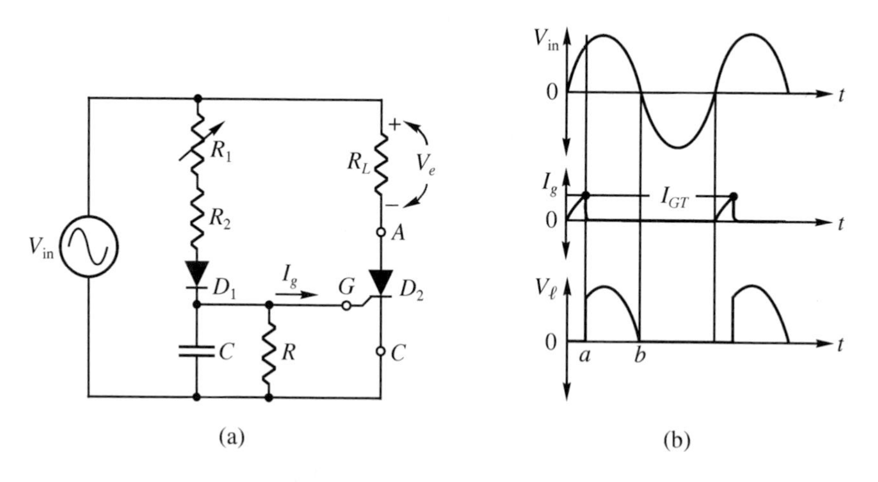

圖 2-15　SCR 的(a)應用電路；(b)輸入與輸出波形

習題

一、選擇題

( ) 1. 某電子元件標註 ZD 是爲何種元件？ (1)整流 (2)發光 (3)透納 (4)齊納 二極體。

( ) 2. 何者二極體具有負電阻特性？ (1)整流二極體 (2)檢波二極體 (3)發光二極體 (4)透納二極體。

( ) 3. 發光二極體(LED)導通時順向電壓降約爲 (1)0.3V (2)0.7V (3)1.6V (4)5V。

( ) 4. 若裝置一電源電路之輸出是使用穩壓 IC 編號 7815，欲測量輸出電壓所使用之三用電表應置於何檔？ (1)DC12V (2)AC12V (3)DC30V (4)AC30V。

( ) 5. 熱敏電阻經常作爲控制元件，安裝時應 (1)貼緊印刷電路板 (2)遠離控制點 (3)靠近控制點 (4)隨意擺置。

( ) 6. 使用電容器當濾波器時，負載取用電流愈大，漣波愈 (1)小 (2)大 (3)不變 (4)不一定。

( ) 7. 如圖 1 所示用之電解電容器 C 其耐壓最小要多少伏特以上？ (1)6V (2)10V (3)16V (4)25V。

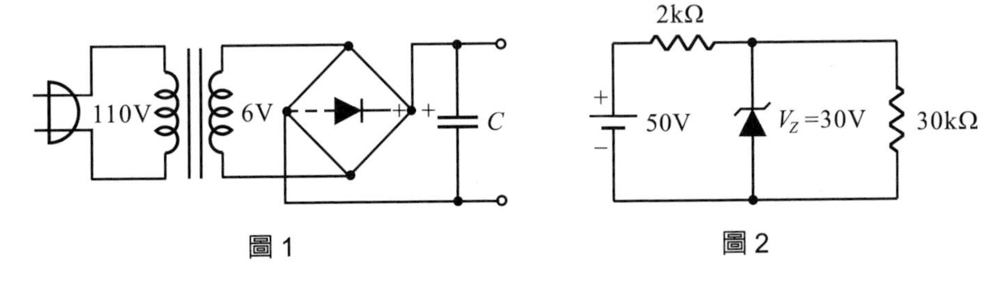

圖 1　　圖 2

( ) 8. 如圖 2 所示電路，求通過齊納二極體之電流是 (1)4mA (2)5mA (3)9mA (4)10mA。

( ) 9. 如圖 3 所示，V 輸出波形近似於 (1)正弦波 (2)三角波 (3)階梯波 (4)方波。

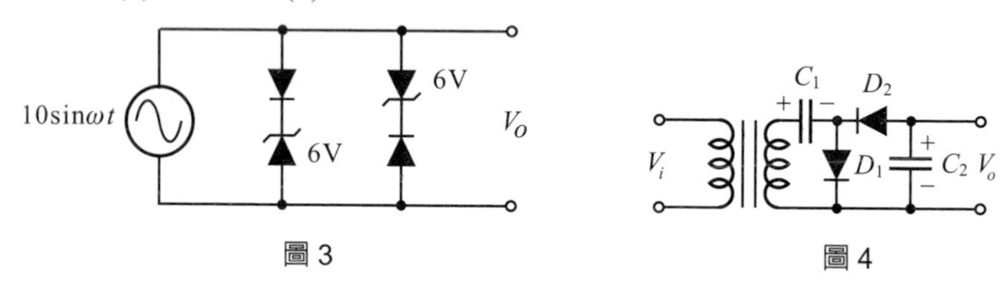

圖 3　　圖 4

( ) 10. 如圖 4 所示，電路爲 (1)倍壓整流電路 (2)截波電路 (3)檢波電路 (4)濾波電路。

( ) 11. 如圖 5 所示整流電路，何者可得全波整流輸出？ (1)A 與 B (2)B 與 C (3)C 與 D (4)A 與 D。

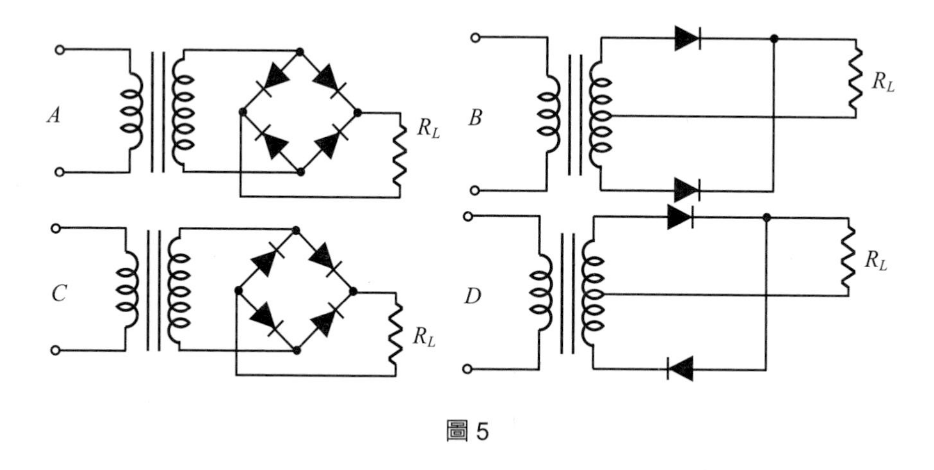

圖 5

( ) 12. 二極體反向偏壓時，空乏區寬度 (1)不變 (2)變大 (3)變小 (4)不一定。

( ) 13. 在 N 型矽或鍺半導體 (1)爲絕緣體 (2)含有多量電洞 (3)是不良的導電體 (4)含有多量電子。

( ) 14. 在 N 型半導體裡，電洞的濃度將隨溫度的升高而 (1)增加 (2)減少 (3)對數關係增加 (4)無關。

(　) 15. 橋式整流電路中的二極體 PIV 值為峰值電壓的 (1)0.5 倍 (2)1 倍 (3)2 倍 (4)4 倍。

(　) 16. 二極體串連使用可增加 (1)最大電流 (2)最大逆向電壓 (3)交換時間 (4)恢復時間。

(　) 17. 當輸入相同時，理想橋式整流輸出之直流電壓為半波整流之 (1)2 倍 (2)$\sqrt{2}$ 倍 (3)1/2 倍 (4)$1/\sqrt{2}$ 倍。

(　) 18. 矽二極體之切入電壓(V_T)在溫室下約為 0.7V，當溫度增加時，V_T 將 (1)下降 (2)上升 (3)不變 (4)不一定。

(　) 19. LED 發光顏色與下列何者有關 (1)外加電壓大小 (2)外加電壓頻率 (3)材料能帶間隙 (4)通過電流大小。

(　) 20. 如圖 6 所示為一濾波器電路，它是屬於一種 (1)高通濾波器 (2)低通濾波器 (3)帶通濾波器 (4)積分器。

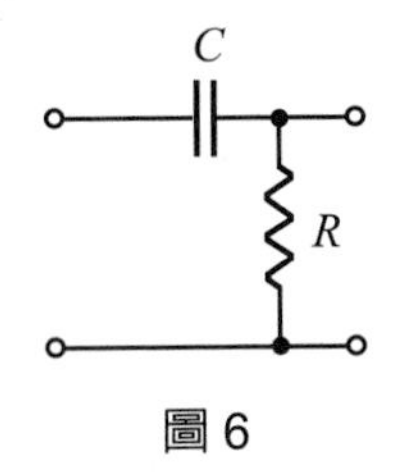

圖 6

(　) 21. 把直流電力變成交流電力的裝置為 (1)整流器 (2)倍壓器 (3)濾波器 (4)變流器。

(　) 22. 半波整流電中(含一個二極體及電容)二極體之最大反向電壓約為電源峰值的 (1)1 倍 (2)1.414 倍 (3)2 倍 (4)3 倍。

(　) 23. 一個工作電壓為 2V，工作最大電流為 20mA 的 LED 若工作於 12V 直流電壓源，則串接的電阻 R 應選用 (1)100Ω (2)200Ω (3)390Ω (4)510Ω。

(　) 24. 檢波用二極體都使用何種材料製作？ (1)矽 (2)砷 (3)鍺 (4)鎵。

( ) 25. 二極體不能做下列那一項工作？ (1)整流 (2)檢波 (3)放大 (4)偏壓。

( ) 26. 橋式整流的漣波頻率為電源頻率的 (1)2 倍 (2)3 倍 (3)4 倍 (4)1 倍。

( ) 27. 半波整流電路，若輸入為正弦波 120 伏特有效值，負載為純電阻，則輸出為 (1)54 伏特 (2)70 伏特 (3)108 伏特 (4)162 伏特。

( ) 28. 中心抽頭式全波整流電路中，每個二極體之逆向峰值電壓(PIV)，至少是鋒值電壓的 (1)1 倍 (2)2 倍 (3)3 倍 (4)4 倍。

( ) 29. 一直流電源供應器，無載時輸出電壓為 30V，滿載時輸出電壓為 25V，則電壓調整率為 (1)16.6% (2)20% (3)60% (4)83.3%。

( ) 30. 若理想電源供應器之滿負載為 4Ω，若負載電流降為滿載之一半時，則負載電阻為 (1)2Ω (2)8Ω (3)視電壓大小而定 (4)視電流大小而定。

( ) 31. 有一電源電路之輸出端，利用直流電壓表測得 25V，利用交流電壓表串聯一電容器測得 2.5V，則其漣波百分比(r%)為 (1)1% (2)10% (3)9% (4)90%。

( ) 32. 如圖 7 所示倍壓整流電路應為多少倍？ (1)二倍 (2)三倍 (3)四倍 (4)六倍。

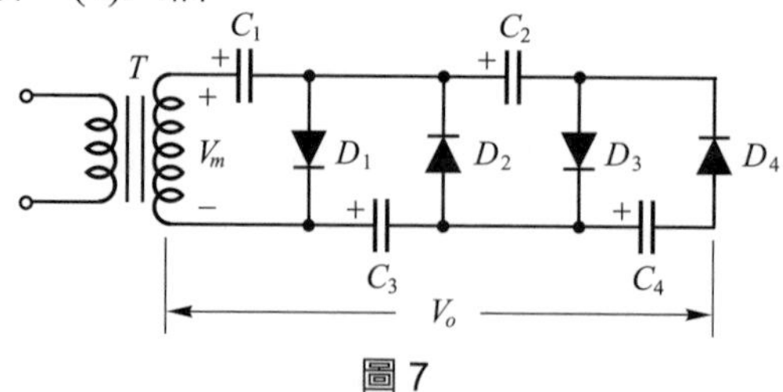

圖 7

二、計算題

1. 請解釋下列各名詞：
   (1)施體　(2)受體　(3)障壁電位　(4)順向偏壓　(5)崩潰電壓　(6)本體電阻　(7)峰值反向電壓(PRV)。
2. 某二極體的最大消耗功率 $P_{D\max} = 500\ \text{mW}$，若二極體兩端壓降是 0.7V 且流過電流是 400mA。請問二極體的功率是多少？是否會燒毀？最大承受電流是多少？
3. 某半波整流電路次線圈電壓是 $18V_{\text{rms}}$，二極體順向導通壓降是 0.7V 且反向電阻是 900kΩ 以及負載電阻是 100Ω。試計算下列各問題：
   (1) 負載電壓 V_L 的峰值、平均值、有效值。
   (2) 二極體的 PRV 值。
   (3) 負載 R_L 上的功率。
   (4) 流經二極體的峰值、平均值、有效值電流。
   (5) 當二極體反向偏壓時的負載電壓。
4. 某全波整流電路的負載 1kΩ 上之電壓爲 $20V_P$，試計算下列各問題：
   (1) 在負載上電壓的有效值與平均值。
   (2) 在負載上電流的有效值、平均值與峰值。
   (3) 在負載上的功率與二極體的 PRV 值。
5. 請定義漣波、漣波百分率、負載變動率、電源變動率與變動率。
6. 某調節的電源供應器輸出電壓自滿載的電壓是 4.97V 到無載的電壓是 5.03V，試求負載變動率。
7. 試繪出曾納二極體的並聯式穩壓電路，並且說明其穩壓之原理。
8. 請說明例題 2.9 之電路，何者爲控制元件，取樣電路，誤差檢驗放大器與參考電壓？
9. 請說明圖 2-15 電路的工作情形。

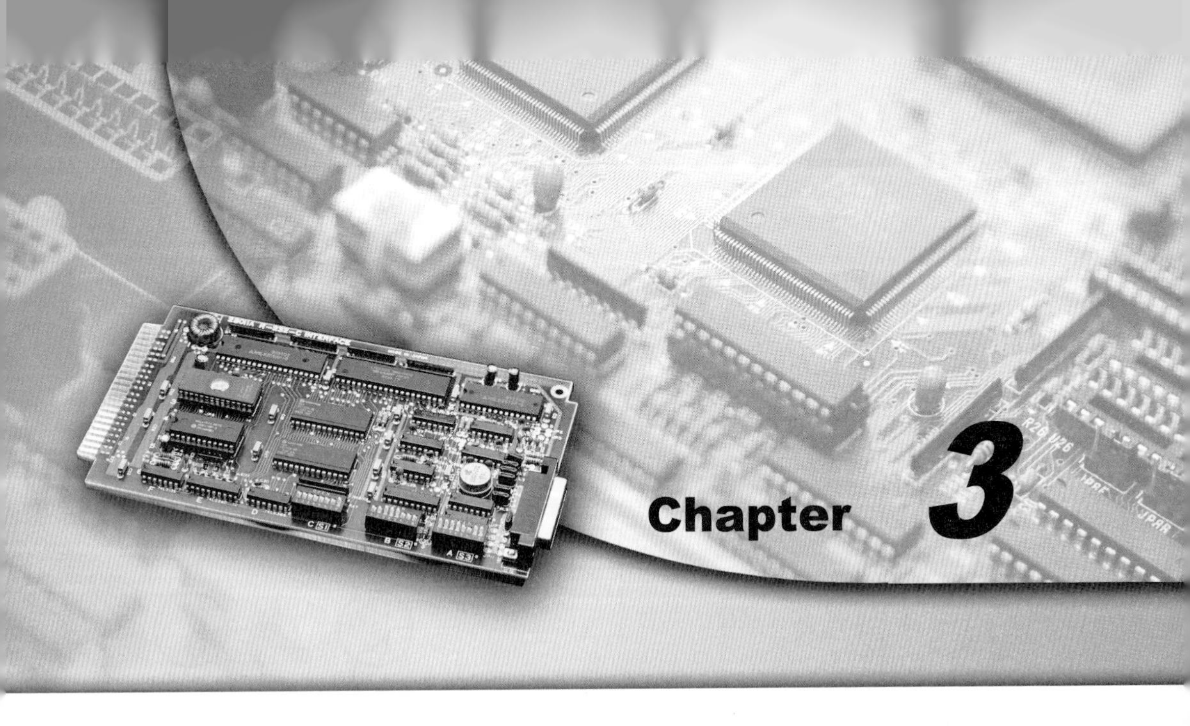

雙極性接面電晶體與放大電路

在西元 1948 年發展研製出的雙極性接合電晶體(Bipolar Junction Transistor：BJT)取代原本的三極眞空管之後，直到今天仍然持續著電子工業的改革。由於電晶體的體積小巧與低的功率消耗以及低的製造成本與較佳特性，使得眞空管在 1960 年代就漸漸消失於電子工業的舞台。這些新的裝置(包含二極體、FET 與 Op-Amp)稱爲固態(Solid State)而眞空管是以電子行進於眞空傳送來區別固態的半導體。

3-1 BJT 的構造與動作原理

雙極性電晶體是以兩種半導體(*P* 與 *N* 型)彼此相接製成，例如 *NPN* 電晶體是以 *P* 型半導體介於兩片 *N* 型半導體之間形成的，若是 *PNP* 電晶體則是 *N* 型半導體介於兩片 *P* 型半導體之間，BJT 的結構與電路符號如圖 3-1 所示。電晶體是一種三端的裝置，所以每端子(電極引線)之名稱分別是中間夾層區爲基極(Base：B)；上端區爲集極(Collector：C)而另一端區爲射極(Emitter：E)，注意到箭頭是在射極端且方向是看電晶體極性爲 *NPN* 或 *PNP* 而定，同時電流方向即是箭頭方向。

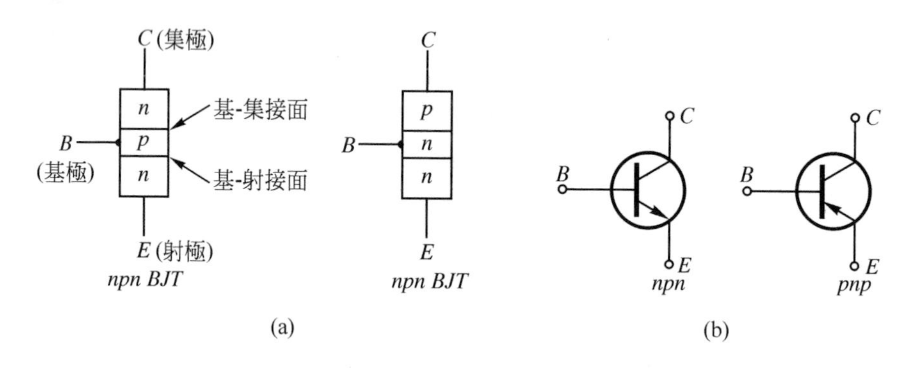

圖 3-1　電晶體的(a)基本結構圖；(b)電路符號

3-1-1　動作原理

回憶二極體的動作原理基本上順偏壓導通與反偏壓截止，如果基極－射極接合(本質上是一個 *PN* 二極體)加上順偏壓，而基極－集極接合爲逆偏壓，電晶體就能夠執行很有用的功能。對於 *NPN* 與 *PNP* 電晶體的正確偏壓方式如圖 3-2 所示，順向與逆向偏壓的作用使得 *B-E* 接面空乏區變窄與 *B-C* 接面的空乏區則變寬之效應，使得載子由射極之載子(電子或電洞)傳導到集極的情形亦如圖所示。

參考圖 3-2(a)的 *NPN* 電晶體電路，如果 $R_E = 1\,\text{k}\Omega$ 且 $V_{EE} = -2\,\text{V}$，那麼在電壓 V_{EE}、基－射極與電阻 R_E 的回路中根據 KVL 知道

$$\because V_{BE} + I_E R_E - V_{EE} = 0$$

$$0.7\text{V} + I_E \times 1\text{k}\Omega - 2\text{V} = 0$$

$$\therefore I_E = \frac{2\text{V} - 0.7\text{V}}{1\text{k}\Omega} = 1.3\,\text{mA}$$

如果 $V_{CC} = 5\,\text{V}$ 時，此即表示基極與集極之間的反向電壓是小於 5V。

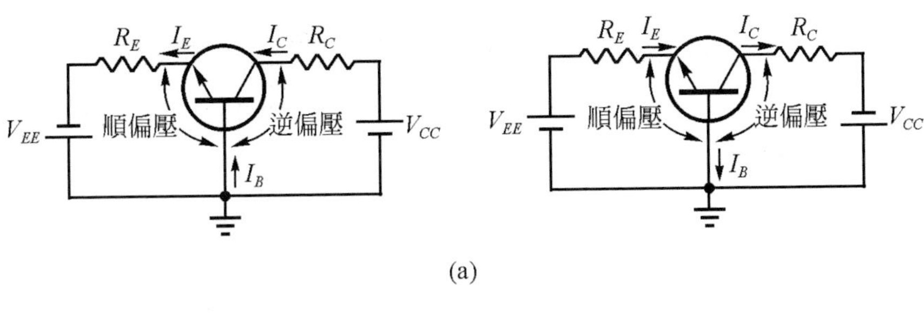

(a)

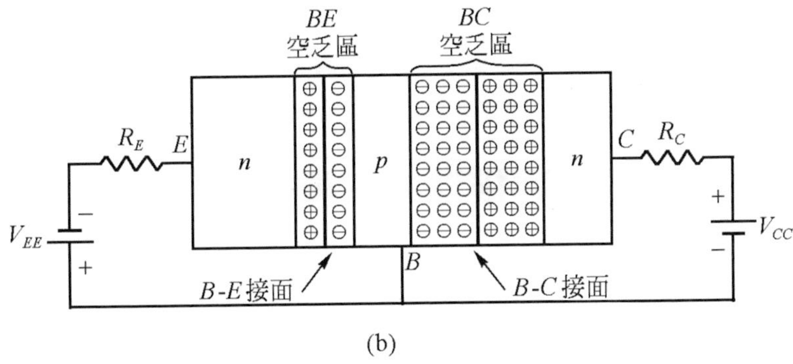

(b)

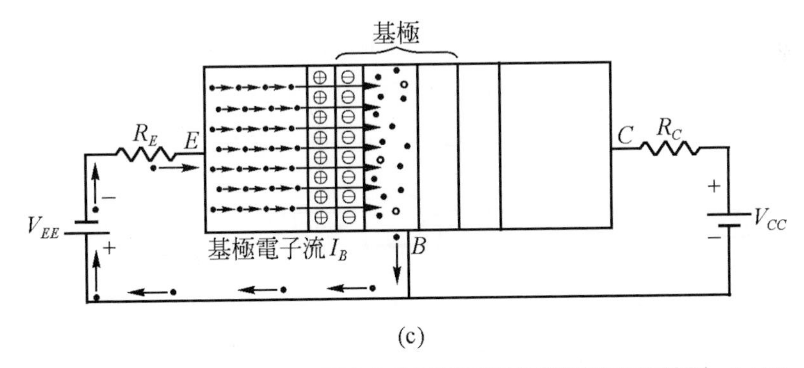

(c)

圖 3-2　(a)*NPN* 與 *PNP* 電晶體的外加電壓極性與電流方向情形；(b)*BE* 順偏壓與 *BC* 逆偏壓的空乏區效應；(c)電子容易越過 *BE* 接面的情形(形成低電阻)

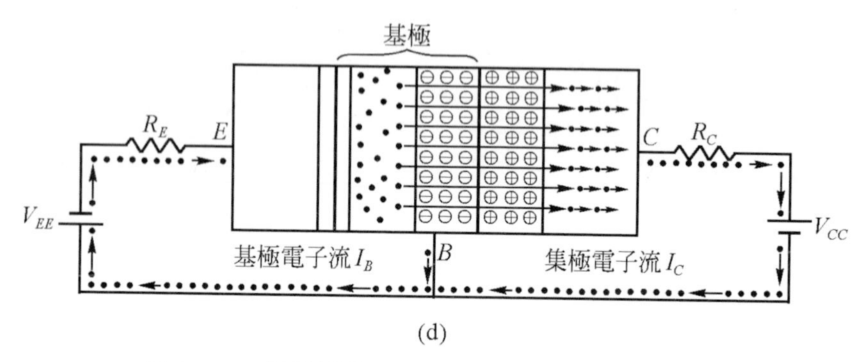

(d)

圖 3-2　(d)電子越過 *BC* 接面的情形(形成高電阻)(續)

3-2　電晶體的連接法－三種組態電路

若考慮電晶體爲電路元件時，可依照其它電子控制元件組成等效電路的相同程序，因此先選擇一端點作爲參考點或共端點(Common Terminal)。對於電晶體而言，三個端點的任一點都可以使用爲參考點，同時最多只有兩個獨立的端電壓與兩個獨立的端電流。在圖 3-3 示爲 *NPN* 與 *PNP* 電晶體電路連接法，其中每一電路皆標示瞬時電壓極性與瞬時電流的流向，注意到三個電極電流之關係爲 $i_E = i_C + i_B$ 。

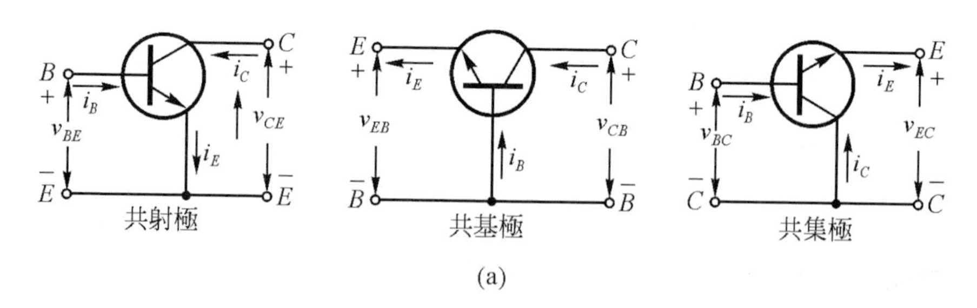

(a)

圖 3-3　(a)*NPN* 電晶體電路連接法

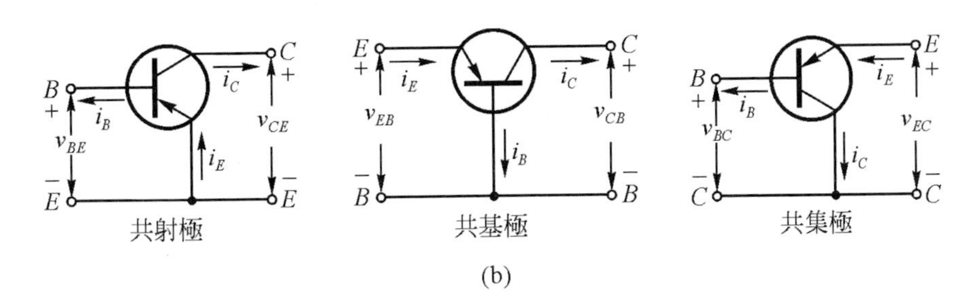

(b)

圖 3-3　(b)*PNP* 電晶體電路連接法(續)

3-2-1　共基極組態 (Common Base Configuration：CB)

參考上圖示的共基極組態，這種以基極作爲輸入與輸出電路所共用。由於射極電流 I_E 爲輸入電流而集極電流 I_C 爲輸出電流，因而共基極電路的重要關係式就是直流共基極順向電流增益 I_C / I_E，通常以 α_{dc}、α 或 h_{FB} 表示：

$$h_{FB} = \alpha = \frac{I_C}{I_E} \tag{3.1}$$

對於實際電晶體而言，因爲 $I_C \cong I_E$ 而使得 α 值接近於 1，但一般值約在 0.95～0.995 之間。

例題 3.1

某共基極放大電路，經過測試知 $I_E = 1.3\,\text{mA}$ 與 $I_C = 1.25\,\text{mA}$。試求 I_B 與 α 值。

解　利用 $I_E = I_C + I_B$ 知

$$I_B = I_E - I_C = 1.3\text{mA} - 1.25\text{mA} = 0.05\,\text{mA}$$

直流電流增益為

$$\alpha = \frac{I_C}{I_E} = \frac{1.25\text{mA}}{1.3\text{mA}} = 0.962$$

如果將交流加在輸入端射極的直流偏壓上且如圖 3-4 所示，在這情況下的電路就有所謂的交流共基極順向電流增益 h_{fb} 且其定義如下：

$$h_{fb} = \left.\frac{\Delta I_C}{\Delta I_E}\right|_{V_{CB}\text{為定值}} \tag{3.2}$$

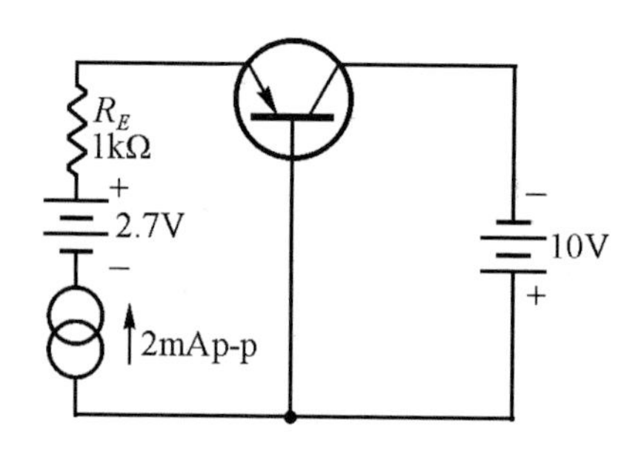

圖 3-4 具有交流輸入信號的 *CB* 組態

我們在該電路上計算出 $I_E = \dfrac{2.7\text{V} - 0.7\text{V}}{1\text{k}\Omega} = 2\text{ mA}$，此亦即外加的交流輸入 2mA 峰對峰值(峰值是 1mA 會在射極的直流電流 2mA 準位上下變化於 $2\text{mA} + 1\text{mA} = 3\text{ mA}$ 與 $2\text{mA} - 1\text{mA} = 1\text{ mA}$ 之間)。我們稱此偏壓水平為靜態電流(Quiescent Current)2mA 為 Q 點且示於圖 3-5 中的 *CB* 組態特性曲線上，從圖上可計算出交流電流增益為

$$h_{fb} = \left.\frac{\Delta I_C}{\Delta I_E}\right|_{V_{CB}\text{為定值}} = \left.\frac{2.7\text{mA} - 1.8\text{mA}}{3\text{mA} - 2\text{mA}}\right|_{V_{CB}\cong 10\text{V}} = 0.9$$

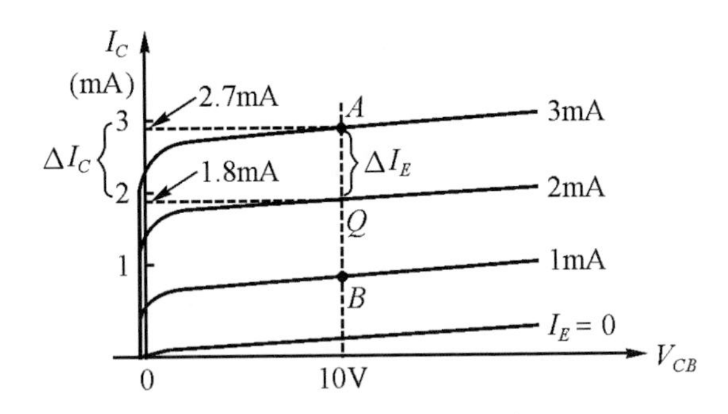

圖 3-5　*CB* 組態的輸入特性曲線

3-2-2　共射極組態 (Common Emitter Configuration：CE)

在大多數的電晶體電路是以射極而不以基極作爲輸入與輸出的共同點，因此稱爲共射極電路。共射極的順向電流增益是以 β_{dc} 或 h_{FE} 表示且定義如下：

$$h_{FE} = \beta_{dc} = \frac{I_C}{I_B} \tag{3.3}$$

參考圖 3-6 所示的共射極的放大電路與特性曲線，在圖中的 Q-點是選取 $I_B = 20\,\mu\text{A}$ 而 $I_C = 2.2\,\text{mA}$，因此直流電流增益爲

$$h_{FE} = \frac{I_C}{I_B} = \frac{2.2\text{mA}}{20\mu\text{A}} = 110$$

對於交流而言，交流的電流增益定義爲

$$h_{fe} = \beta = \left.\frac{\Delta I_C}{\Delta I_B}\right|_{V_{CE}\text{爲定值}} \tag{3.4}$$

再利用圖 3-6 之特性曲線可求得 h_{fe} 爲

$$h_{fe} = \beta = \left.\frac{\Delta I_C}{\Delta I_B}\right|_{V_{CE}\text{爲定值}} = \frac{2.2\text{mA} - 1.5\text{mA}}{20\mu\text{A} - 10\mu\text{A}} = 70$$

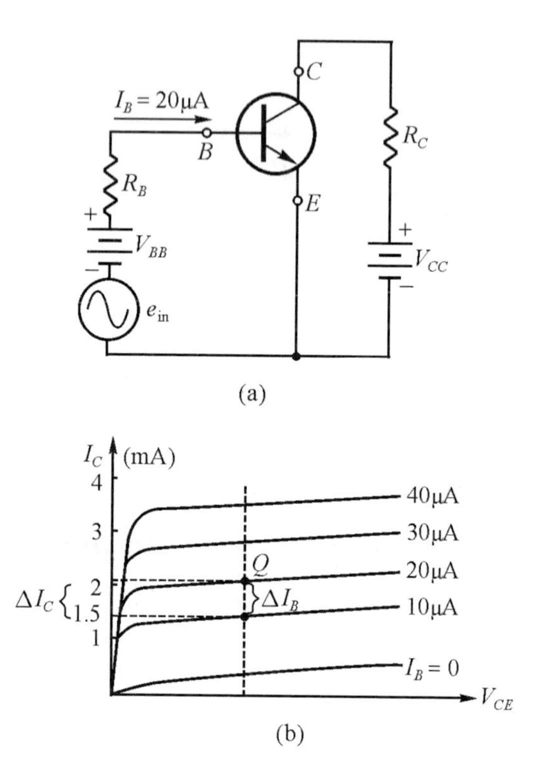

圖 3-6 (a)共射極電路；(b)輸出特性曲線

從上面的分析可明顯看到 h_{fe} 不等於 h_{FE}，有些時候兩者值接近。接下來說明 h_{fb} 與 h_{fe}(或 α 與 β)的關係：

$$\because I_E = I_C + I_B$$

$$\frac{I_E}{I_C} = 1 + \frac{I_B}{I_C}$$

$$\frac{1}{h_{fb}} = 1 + \frac{1}{h_{fe}}$$

$$\frac{1}{h_{fb}} = \frac{1 + h_{fe}}{h_{fe}}$$

$$\therefore h_{fb} = \frac{h_{fe}}{1 + h_{fe}} \tag{3.5}$$

又 $h_{fb}(1+h_{fe})=h_{fe}$

$$h_{fb}=h_{fe}-h_{fb}h_{fe}=h_{fe}(1-h_{fb})$$

$$\therefore h_{fe}=\frac{h_{fb}}{1-h_{fb}} \tag{3.6}$$

上兩式亦適用於直流形式。

例題 3.2

某電晶體電路的基極電流 0.5mA 與射極電流是 100mA，試求集極電流與 h_{FB} 以及 h_{FE} 值。

解 利用 $I_E=I_C+I_B$ 知

$$I_C=I_E-I_B=100\text{mA}-0.5\text{mA}=99.5\text{ mA}$$

$$h_{FE}=\frac{I_C}{I_B}=\frac{99.5\text{mA}}{0.5\text{mA}}=199$$

$$h_{FB}=\frac{I_C}{I_E}=\frac{99.5\text{mA}}{100\text{mA}}=0.995$$

3-2-3　共集極組態 (Common Collector Configuration：CC)

第三種電晶體電路之接法是以集極作爲輸入與輸出回路所共用點而稱爲共集極組態。在實用的立場來說，CC 組態的輸出特性是與 CE 組態相同，祇是輸出電流 i_C 改成 i_E 與輸出電壓 v_{CE} 改成 v_{EC}。參考圖 3-7 所示的共集極電路知直流電流增益爲

$$A_I=\frac{I_E}{I_B}=\frac{I_C+I_B}{I_B}=1+\beta_{dc} \tag{3.7}$$

共集極組態又常稱爲射極隨耦器，這是指在射極的輸出電壓是跟隨著輸入電壓大小改變而改變，這種組態的電流增益最大。

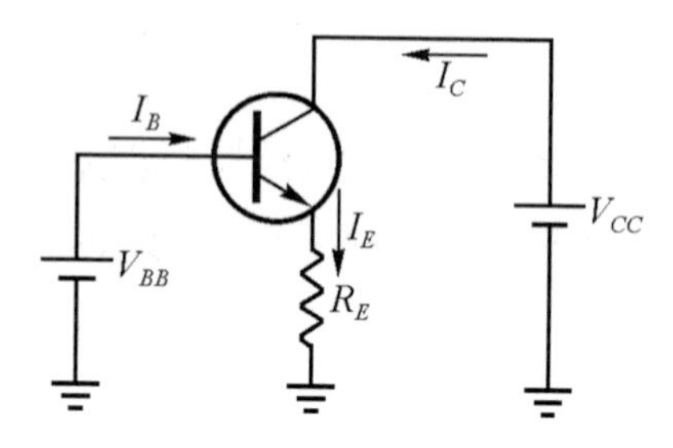

圖 3-7　共集極電路

例題 3.3

在圖 3-7 的 CC 組態中，若 $R_E = 1\,\text{k}\Omega$、$I_B = 10\,\mu\text{A}$ 與 $I_E = 1\,\text{mA}$，試求射極電壓 V_E 與電流增益以及 β_{dc} 值。

解 射極電壓爲

$$V_E = I_E R_E = 1\text{mA} \times 1\text{k}\Omega = 1\,\text{V}$$

電流增益爲

$$A_I = \frac{I_E}{I_B} = \frac{1\text{mA}}{10\mu\text{A}} = 100$$

β_{dc} 爲

$$\beta_{dc} = 100 - 1 = 99$$

3-3 放大

所謂放大(Amplification)或增益就是定義輸入信號經過放大器被增大(Enlargement)的情況，也就是電晶體放大電路對輸入信號振幅增大的作用。如果電路在放大的過程中，輸出不再與原來輸入波形相同時，那麼我們說輸出是失眞的，在圖 3-8 所示的各波形中之現象是不同的。

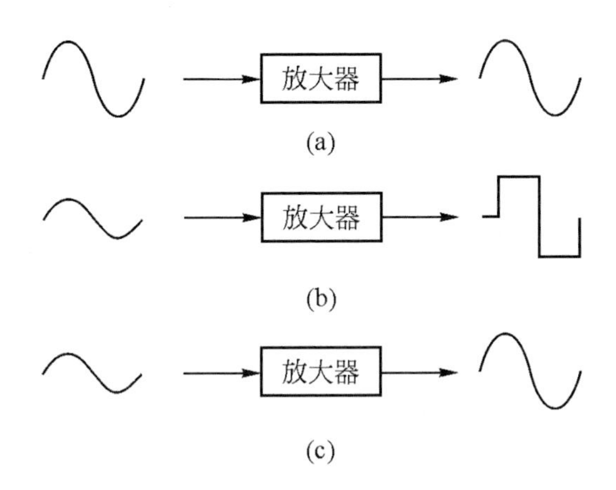

圖 3-8　放大與失真(a)信號重製(無失真無放大)；
(b)信號放大卻失真；(c)信號重製且放大

放大器是一種可能提供電壓或電流與功率增益的放大裝置，而電晶體就是可以使用來放大的主動元件，由於所需要的是大量的集極電流且是由微小的基極電流來控制，所以我們參考圖 3-9 所示的 *CE* 組態的放大電路，同時在其輸出的轉移曲線上有兩個非線性區部分是不可以作爲放大的，因爲會造成失真的信號輸出。如果要避免信號失眞則必須在直線部分，因此電晶體放大電路是工作在線性區。當然會受到溫度的變化、電路元件的老化或更換而使工作在非線時，必然也會有失眞的輸出。

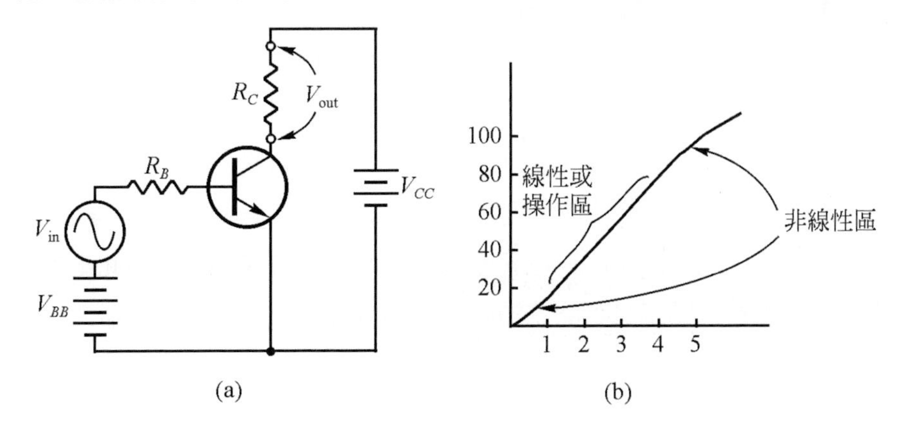

圖 3-9　(a)*CE* 放大器電路；(b)I_C 對 I_B 的轉移曲線

如果輸入不失眞的眞實正弦波信號電流且使基極電流在 1～3mA 之間變化；又在轉移曲線上的集極電流 20～60mA 之間是線性且如圖 3-10 所示，因此集極電流必然也是正弦波，同時基極與集極電流都是在某一直流水平上作正負交流變化，所謂直流水平是依據直流偏壓所設計的適當工作點(Operating Point)形成的。

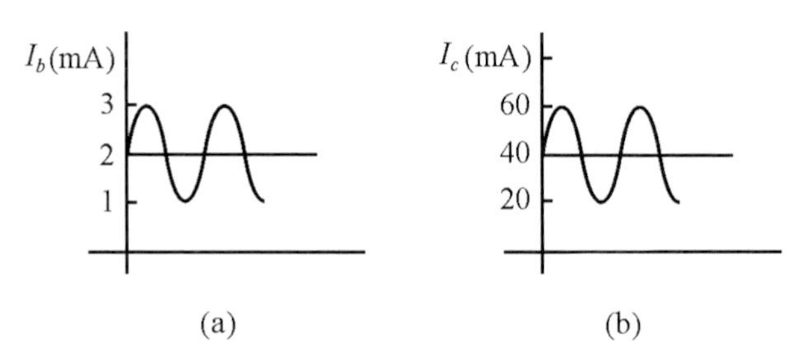

圖 3-10 (a)輸入基極電流波形；(b)輸出集極電流

放大器是一種雙埠四端點的裝置，輸入信號於輸入埠以及輸出信號於輸出埠共四端。雖然電晶體是三端裝置，但可以將某一端作爲輸入與輸出的共同接點，這些就是上面單元所研討的 *CB*、*CE* 與 *CC* 三種組態電路之推廣。

3-3-1 共射極放大器

共射極放大器是電晶體放大電路最廣泛使用的，參考圖 3-11 所示的電路是一種稱爲分壓器或四個電阻器偏壓法的共射極放大器。工作情況是交流輸入信號經由交連電容 C_B 把交流信號送到放大器的基極，電容器 C_B 之目的是阻隔直流成分而防止前一級電路或信號源影響本級之放大器的正常直流工作電壓。電容器對直流而言是看成開路，因此電容量的選擇是以較低頻率且可看成短路即是其條件。至於 C_C 電容器大小值亦是如此，它的主要功能是防止本級與下一級的直流互爲影響且輸出放大的交流信號。

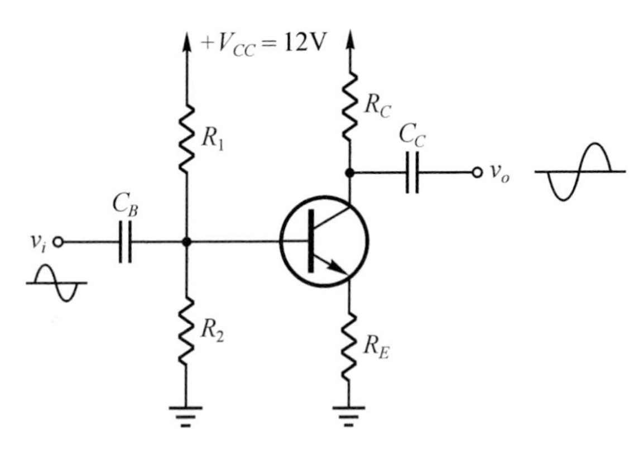

圖 3-11　*CE* 放大電路

在電路中的四個電阻器是作爲電路的直流偏壓大小，大致上是允許電晶體的直流輸出電壓爲直流供應電壓的一半左右，這樣可以使交流輸出電壓值在直流準位上下盡可能的放大而不可以到達 0V 與所供應電壓 V_{CC}。

例題 3.4

在上圖 *CE* 放大電路之供應電壓是在 $V_{CC}=12\text{ V}$，電晶體是矽質且 $h_{FE}=100$，若 $R_E=1\text{ k}\Omega$、$R_C=3\text{ k}\Omega$、$R_1=9\text{ k}\Omega$ 與 $R_2=3\text{ k}\Omega$。試求 I_B、I_C、I_E、V_C、V_E、V_C與 V_B。

解　本題目僅就直流偏壓作一分析，在分析中利用第一章電學中的直流電路分析法而得到如圖所示

在(b)圖中寫出 KVL 方程式

$$V_{BB}=I_BR_{BB}+V_{BE}+I_ER_E$$

其中　$$V_{BB}=\frac{V_{CC}R_2}{R_1+R_2}=\frac{12\text{V}\times3\text{k}\Omega}{9\text{k}\Omega+3\text{k}\Omega}=3\text{ V}$$

$$I_E=(1+h_{FE})I_B=101I_B\text{，}R_{BB}=R_1\,\|\,R_2=3\text{k}\Omega\,\|\,9\text{k}\Omega=2.25\text{k}\Omega$$

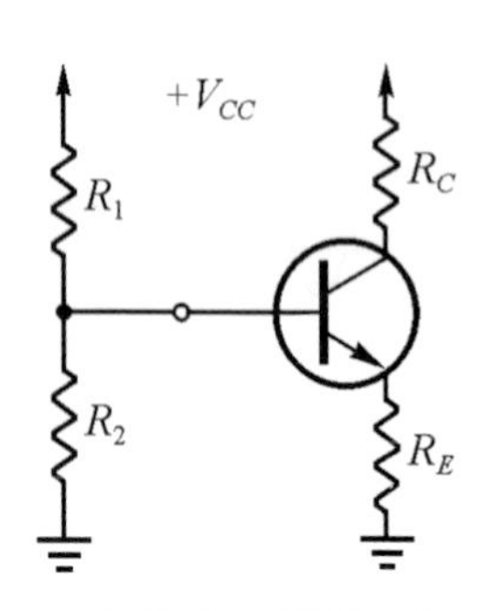

(a) 分壓器直流偏壓電路

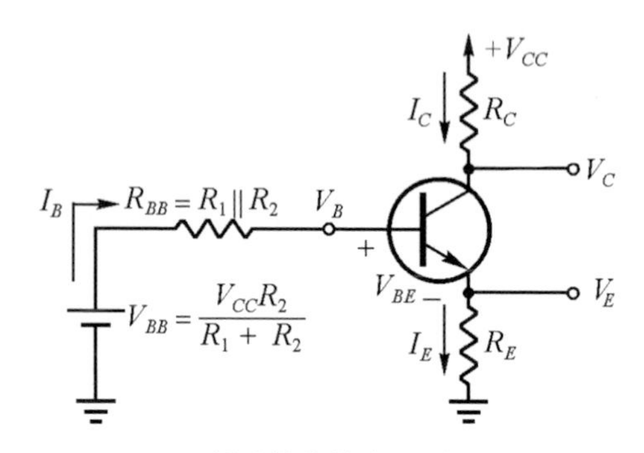

(b) 部分簡化的直流電路

所以 $3\text{V} = 2.25\text{k}\Omega \times I_B + 0.7\text{V} + 101 \times 1\text{k}\Omega \times I_B$

$$I_B = \frac{3\text{V} - 0.7\text{V}}{2.25\text{k}\Omega + 101\text{k}\Omega} = \frac{2.3\text{V}}{103.25\text{k}\Omega} = 0.022\,\text{mA}$$

$$I_C = h_{FE} I_B = 100 \times 0.022\text{mA} = 2.2\,\text{mA}$$

$$I_E = (1 + h_{FE}) I_B = 101 \times 0.022\text{mA} = 2.22\,\text{mA}$$

$$V_E = I_E R_E = 2.22\text{mA} \times 1\text{k}\Omega = 2.22\,\text{V}$$

$$V_B = V_{BE} + V_E = 0.7\text{V} + 2.22\text{V} = 2.92\,\text{V}$$

$$V_C = V_{CC} - I_C R_C = 12\text{V} - 2.2\text{mA} \times 3\text{k}\Omega = 5.4\,\text{V}$$

$$V_{CE} = V_C - V_E = 5.4\text{V} - 2.22\text{V} = 3.18\,\text{V}$$

工作點是在 $(V_{CE}, I_C) = (3.18\text{V}, 2.2\text{mA})$ 上。

放大器的最主要目的是放大交流信號，因此現在來討論交流的特性問題。在例題中圖示的 *CE* 放大電路經分析證明該電路近似的交流電壓增益(Gain of Voltage)以 G_V 表示爲

$$G_V \cong \frac{-R_C}{R_E} \tag{3.8}$$

其中負號“–”係表示輸出信號相位相差於輸入信號 180°。若從電晶體的基極看進去之交流輸入電阻 R_{in} 經由分析證明大概等於

$$R_{\text{in}} \cong (1+h_{fe})R_E \tag{3.9}$$

因此整個電路的輸入阻抗 Z_{in} 爲

$$Z_{\text{in}} \cong R_1 \parallel R_2 \parallel R_{\text{in}} \tag{3.10}$$

輸出阻抗 Z_{out} 爲

$$Z_{\text{out}} = R_C \tag{3.11}$$

電路之電流增益爲 G_i 爲

$$G_i = |G_v| \frac{Z_{\text{in}}}{Z_{\text{out}}} \tag{3.12}$$

注意本電路無負載，所以 $Z_{\text{out}} = R_C$，若有負載 R_L 時則 Z_{out} 要改爲 R_L。

例題 3.5

在上面的例題中，若 $h_{fe} = 99$ 與輸入交流信號電壓 $0.3V_{P\text{-}P}$。試求 CE 放大電路之 Z_{in}、Z_{out}、G_i、G_v、G_p、R_{in} 與 v_o。

解　從基極看進去的電阻 R_{in} 爲

$$R_{\text{in}} \cong (1+h_{fe})R_E = 100 \times 1\text{k}\Omega = 100\ \text{k}\Omega$$

輸入阻抗 Z_{in} 爲

$$Z_{\text{in}} \cong R_1 \parallel R_2 \parallel R_{\text{in}} = 9\text{k}\Omega \parallel 3\text{k}\Omega \parallel 100\text{k}\Omega \cong 2.2\ \text{k}\Omega$$

輸出阻抗 Z_{out} 爲

$$Z_{\text{out}} \cong R_C = 3\ \text{k}\Omega$$

交流電壓增益 G_v 爲

$$G_v = \frac{-R_C}{R_E} = -\frac{3\text{k}\Omega}{1\text{k}\Omega} = -3$$

交流電流增益 G_i 爲

$$G_i \cong |G_v| \frac{Z_{\text{in}}}{Z_{\text{out}}} = 3 \times \frac{2.2\text{k}\Omega}{3\text{k}\Omega} = 2.2$$

交流功率增益 G_p 爲

$$G_p = \frac{P_o}{P_i} = \left|\frac{V_o i_o}{V_i i_i}\right| = |A_v||A_i| = 3 \times 2.2 = 6.6 \qquad (3.13)$$

輸出信號 v_o 爲

$$v_o = A_v v_i = -3 \times 0.3V_{p-p} = -0.9V_{p-p}$$ (相位與 v_i 相差 180°)

從上面例題之 v_o 與 v_i 爲何會反相呢？首先考慮電晶體在輸入電壓與基極電流往正方向增加時，輸出集極電流亦同時增加且電阻 R_C 上的電壓降亦增加而集極到地的電壓 V_C 則相對減少，因此當輸入增加時的輸出是減少的。至於 *PNP* 電晶體放大電路分析亦如同 *NPN* 電晶體一樣，唯一不同的是直流供應電壓的極性相反而已。

3-3-2 共集極放大器

共集極放大器如圖 3-12 所示，輸入信號是從基極進入而輸出信號是取自射極，若直接由電路來看似乎不易看出電路爲 *CC* 放大電路，但可倒轉電路與交流觀點來看則較爲清楚。共集極放大電路也稱爲射極隨耦器(Emitter Follower)，R_L 是外加在輸出端的交流負載且輸出電容 C_E 是阻止直流經過 R_L，因此 R_L 並不會影響電晶體的直流偏壓。

對於圖 3-12 所示電路而言，$V_C = V_{CC}$ 且 $V_E = \frac{1}{2}V_{CC}$ 會有較佳的電流放大，但是電壓增益略小於 1(典型值在 0.9～0.99)。根據電路的分析證明可知

電壓增益	$G_v \cong 1$	(3.14)
從基極看進去的電阻	$R_{\text{in}} \cong (1+h_{fe})(R_E \parallel R_L)$	(3.15)
輸入阻抗	$Z_{\text{in}} \cong R_B \parallel R_{\text{in}}$	(3.16)
輸出阻抗	$Z_{\text{out}} \cong R_E \parallel r_e$	(3.17)
電流增益	$G_i \cong \dfrac{Z_{\text{in}}}{R_L}$	(3.18)

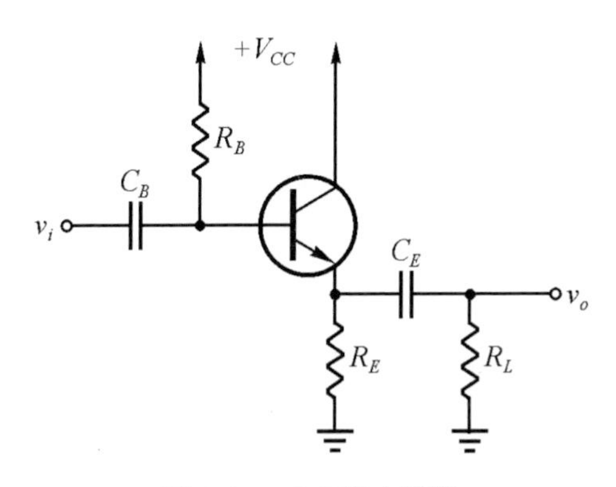

圖 3-12　CC 放大電路

注意式(3.17)的電阻 r_e 是在 CB 組態時從射極看到基極的交流小信號電阻。

例題 3.6

在上面的共集極放大電路中，若 $R_B = 93\ \text{k}\Omega$、$R_E = 1\ \text{k}\Omega$、$R_L = 0.5\,\text{k}\Omega$、$h_{fe} = 199$ 與 $V_{CC} = 20\ \text{V}$。試求某信號源內阻 600Ω 與 $6V_{p\text{-}p}$ 輸入，

(1)　直接交連(不經過電晶體)的輸出電壓。

(2)　經過 C_B 電容交連的隨耦器輸出電壓。

(3)　求出(2)題的電流增益。

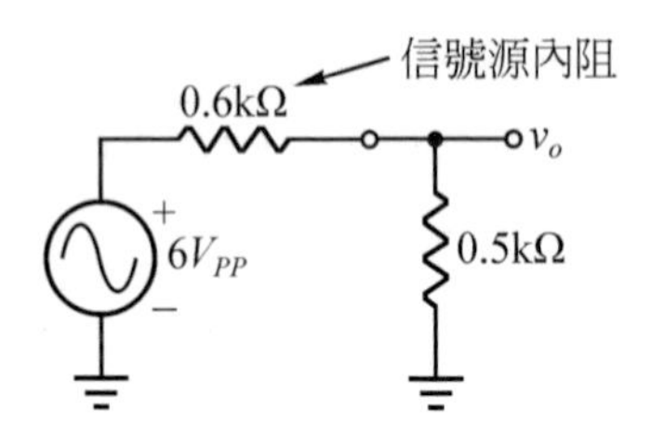

解 (1) 直接交連方式如上圖所示，由分壓定律知

$$v_o = 6V_{P-P}\frac{0.5\text{k}\Omega}{0.5\text{k}\Omega + 0.6\text{k}\Omega} \cong 2.73V_{P-P}$$

(2) 經過隨耦器時：

$$R_{\text{in}} = (1+h_{fe})(R_E \parallel R_L) = 200(1\text{k}\Omega \parallel 0.5\text{k}\Omega) = 66.7\ \text{k}\Omega$$

$$Z_{\text{in}} \cong R_B \parallel R_{\text{in}} = 93\text{k}\Omega \parallel 66.7\text{k}\Omega \cong 38.8\ \text{k}\Omega$$

輸入到電晶體基極電壓 v_b 爲

$$v_b = v_i\frac{Z_{\text{in}}}{Z_{\text{in}} + R_s} = 6V_{P-P} \times \frac{38.8\text{k}\Omega}{38.8\text{k}\Omega + 0.6\text{k}\Omega} = 4.92V_{P-P}$$

因 $G_v \cong 1$，故輸出電壓 v_o 爲

$$v_o \cong v_b = 4.92V_{P-P}$$

(3) 電流增益 G_i 爲

$$G_i \cong \frac{Z_{\text{in}}}{R_L} = \frac{38.8\text{k}\Omega}{0.5\text{k}\Omega} = 77.6$$

3-3-3 共基極放大器

在圖 3-13 所示的共基極放大電路之直流偏壓方式相同於 *CE* 放大電路，差異之處在輸入端爲射極且電容 C_B 係交連交流信號到接地端，因此爲一 *CB* 放大器。經由分析證明出 *CB* 放大電路的交流特性爲：

輸入阻抗 $Z_{\text{in}} = R_E \parallel r_e$ (3.19)

輸出阻抗 $Z_{\text{out}} \cong R_C$ (3.20)

電壓增益　$G_v \cong \dfrac{R_C}{r_c}$　(3.21)

電流增益　$G_i \cong \dfrac{h_{FE}}{1+h_{FE}} \cong 1$　(3.22)

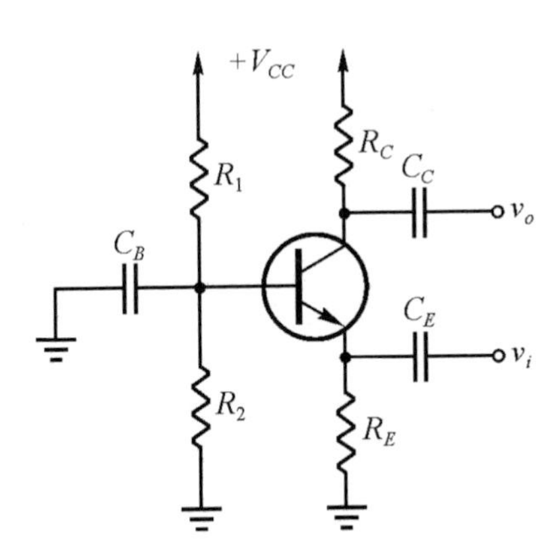

圖 3-13　*CB* 放大電路

例題 3.7

對圖 3-13 *CB* 放大電路而言，若 $R_C = 2R_E = 2\,\text{k}\Omega$，$R_1 = 4R_2 = 20\,\text{k}\Omega$ 與 $h_{FE} = 199$ 而 $V_{CC} = 10\text{ V}$。試求 Z_{in}、Z_{out}、G_v 與 G_i。

解　因爲 $R_2 = 5\,\text{k}\Omega$ 且有一條件是 $h_{FE}R_E \geq 10R_2$ 成立時可用近似的直流分析法，因此參考圖示電路的圖解直流分析法：

$$r_e = \left.\frac{V_T}{I_E}\right|_{25°\text{C}} = \frac{26\text{mV}}{1.3\text{mV}} = 20\,\Omega$$

輸入阻抗 $Z_{\text{in}} = R_E \parallel r_e = 1\text{k}\Omega \parallel 20\Omega \cong 20\,\Omega$

輸出阻抗 $Z_{\text{out}} \cong R_C = 2\,\text{k}\Omega$

電壓增益 $G_v \cong \dfrac{R_C}{r_c} = \dfrac{2\text{k}\Omega}{20\Omega} = 100$

電流增益 $G_i \cong \dfrac{h_{FE}}{1+h_{FE}} = \dfrac{199}{1+199} \cong 1$

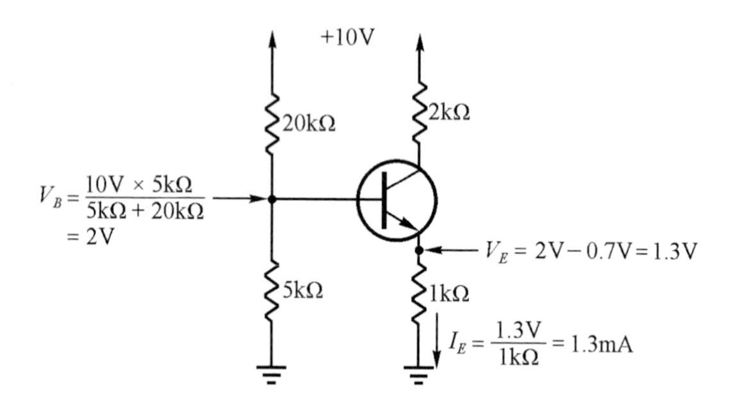

3-3-4　三種放大器組態之摘要

從 3-3-1 到 3-3-3 節的電路特性分析，我們將其整理成表 3-1 提供大致應用之參考。注意到，若要較準確與精密之較實用性，應該參考更詳細之解析。

表 3-1　BJT 三種放大組態特性比較表

電路特性＼組態	共射極放大	共集極放大	共基極放大
電壓增益 G_v	R_C / r_c 高	略小於 1 或更小	R_C / r_c 高
最大電流增益 $G_{i\,\max}$	h_{fe} 高	h_{fe} 高	略小於 1 或更小
功率增益 G_p	G_iG_v 很高	G_i 高	G_v 高
輸入阻抗 Z_{in}	h_{ie} 低	$h_{fe}R_E$ 高	r_e 很低
輸出阻抗 Z_{out}	R_C 高	$R_E \parallel r_e$ 很低	R_C 高
備註：上列各特性皆忽略去偏壓電阻影響			

習 題

一、選擇題

(　) 1.　若電晶體之 $\beta = 99$ ，則其共基極之順向電流轉換率 α 等於 (1)0.01　(2)9.9　(3)1.01　(4)0.99。

(　) 2.　如圖 1 所示，電路之交流電壓增益約為　(1)−2　(2)−4　(3)+100　(4)−100。

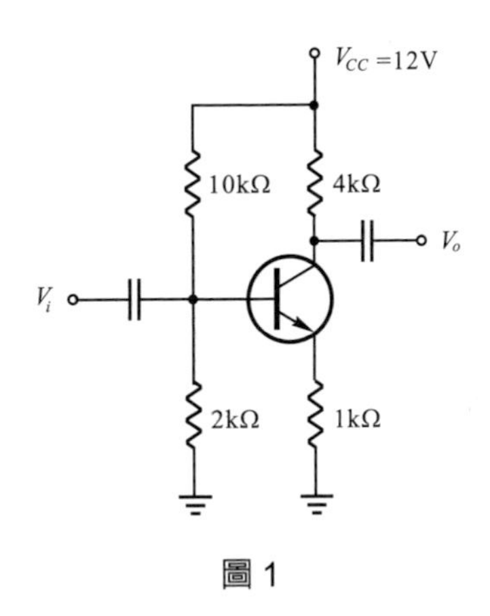

圖 1

(　) 3.　電晶體共射極放大器，加入射極電阻器而不加旁路電容器可 (1)提高輸入阻抗　(2)降低輸出阻抗　(3)降低輸入阻抗　(4)增加非線性失真。

(　) 4.　共集極電路結構是

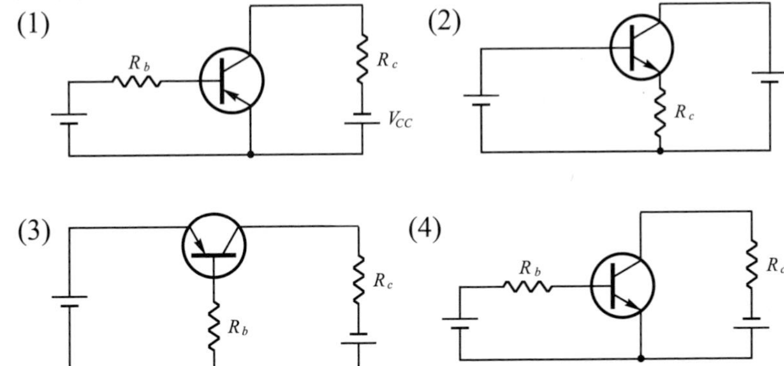

(　) 5.　射極隨耦器屬於　(1)電流串聯回授　(2)電壓串聯回授　(3)電壓並聯回授　(4)電流並聯回授。

( ) 6. 在電晶體參數中 $h_{11}=\left.\dfrac{\Delta V_1}{\Delta I_1}\right|_{V_2=0}$，其代表意義為 (1)輸入阻抗 (2)輸出導納 (3)逆向電壓轉換比 (4)順向電流轉換比。

( ) 7. 在射極放大器上所使用的射極傍路電容器，其作用是 (1)提高電壓增益 (2)濾去電源漣波 (3)防止短路 (4)提高耐電壓。

( ) 8. 共射極放大器輸入信號與輸出信號各位於何極之間？
(1)B-C，C-E (2)B-E，C-B (3)B-E，C-E (4)C-B，C-E。

( ) 9. 電晶體截止時電壓等於 (1)0V (2)0.2V (3)0.8V (4)V_{CC} 。

( ) 10. 在各種交連電路中，何種交連之頻率響應最差？ (1)變壓器交連 (2)RC 交連 (3)電感交連 (4)直接交連。

( ) 11. 當電晶體 $\beta=100$，若輸入電流 $I_b=10\mu\text{A}$，$I_c=800\mu\text{A}$ 時，此電晶體工作於 (1)截止區 (2)飽和區 (3)線性工作區 (4)空乏區。

( ) 12. 如圖 2 所示，二極體 D 用來作為 (1)半波整流 (2)保護電晶體 (3)防止雜音 (4)溫度補償。

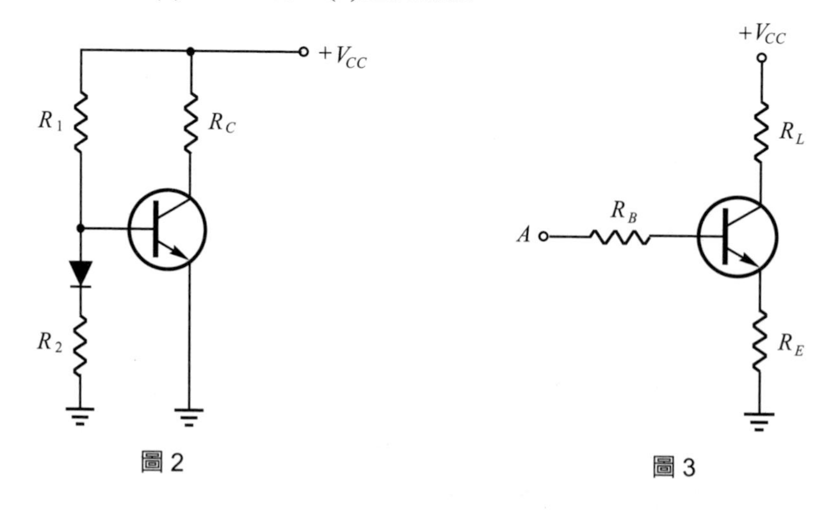

圖 2　　圖 3

( ) 13. 如圖 3 所示，A 點與接地點間之輸入阻抗約等於 (1) R_B (2) R_B+R_E (3) $R_B+R_E(1+\beta)$ (4) $R_B+\alpha R_E$ 。

(　) 14. 電晶體工作於 *CE* 放大時，集極對射極電壓應　(1)*NPN* 及 *PNP* 爲正　(2)*NPN* 爲正，*PNP* 爲負　(3)*NPN* 及 *PNP* 爲負　(4)*NPN* 爲負，*PNP* 爲正。

(　) 15. 電晶體飽和時，V_{CE} 電壓約爲　(1)0.2V　(2)0.8V　(3)1.0V　(4) V_{CC} 。

(　) 16. 如圖 4 所示之敘述，下列何者爲眞？　(1)R_1 短路，則 V_C＝12V　(2)R_1 斷路，則 V_C＝12V　(3)R_1 斷路，則 V_C＝0V　(4)R_1 短路，則 V_C＝0V。

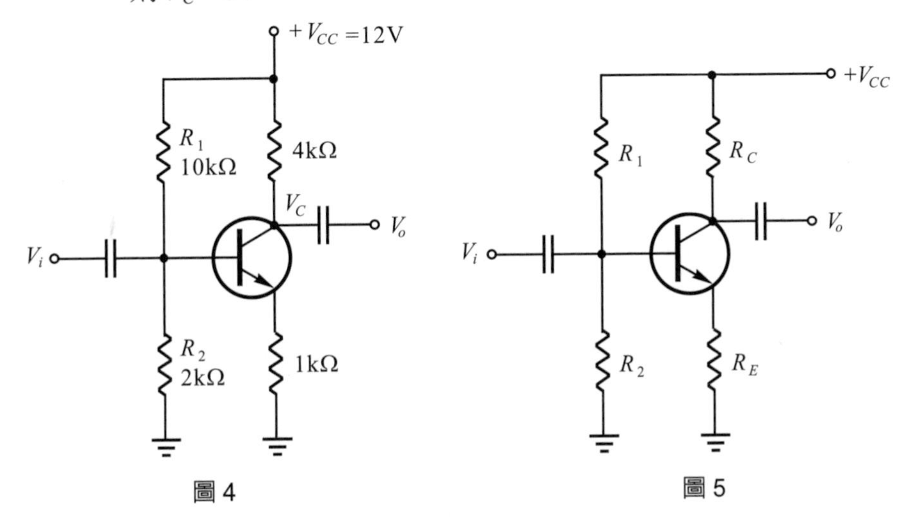

圖 4　　　　圖 5

(　) 17. 在電晶體各組態中，若 *I* 爲固定，則電壓增益與電流增益乘積最高的是　(1)共基極　(2)共射極　(3)共集極　(4)共閘極。

(　) 18. 在共射極電路中，其電晶體的 β 值相當於那一參數　(1) h_{ie}　(2) h_{fe}　(3) h_{re}　(4) h_{ce} 。

(　) 19. 如圖 5 所示之電路，其輸入與輸出相位　(1)相差180°　(2)相同　(3)相差90°　(4)接近於 0°。

( ) 20. 如圖 6 所示，V_i =10V，而 V_o 為 (1)5V (2)5.6V (3)6.2V (4)10V。

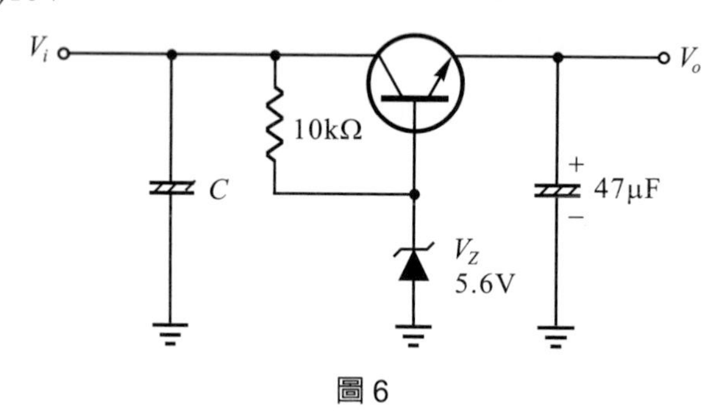

圖 6

( ) 21. 電晶體的共基極短路電流增益 α 與共射極短路電流增益 β 兩者之間的關係為： (1) $\beta=\dfrac{\alpha}{1+\beta}$ (2) $\beta=\dfrac{1+\alpha}{\alpha}$ (3) $\beta=\dfrac{\alpha}{\alpha-1}$ (4) $\beta=\dfrac{\alpha}{1-\alpha}$。

二、計算題

1. 請說明雙極性接面電晶體的基本構造以及電晶體在正常工作時兩個 *PN* 接面的適當偏壓情形。
2. 請依你的意思正確定義 h_{FE}、h_{fe}、h_{FB}與 h_{fb}。
3. 某電晶體適當偏壓後的射極電流 $I_E=4$ mA 而基極電流 $I_B=0.04$ mA，試求 I_C、h_{FB}與 h_{FE}。
4. 某電晶體放大器的輸入交流基極電流是 1mA$_{p\text{-}p}$ 而輸出的集極電流是 100mA$_{p\text{-}p}$，試求 h_{fe}與 h_{fb}。
5. 請繪出 BJT 的三種基本放大電路結構(*NPN* 或 *PNP* 均可以)。

6. 請分析圖 7 所示 CE 放大電路的 G_v、R_{in}、Z_{in}、Z_{out} 與 G_i，其中 $h_{FE}=100$。

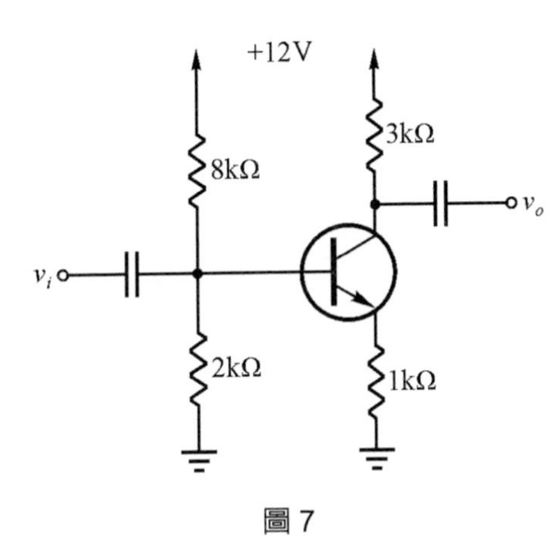

圖 7

7. 請分析圖 8 所示共集極放大電路的 R_{in}、Z_{in}、G_i 與 v_o。

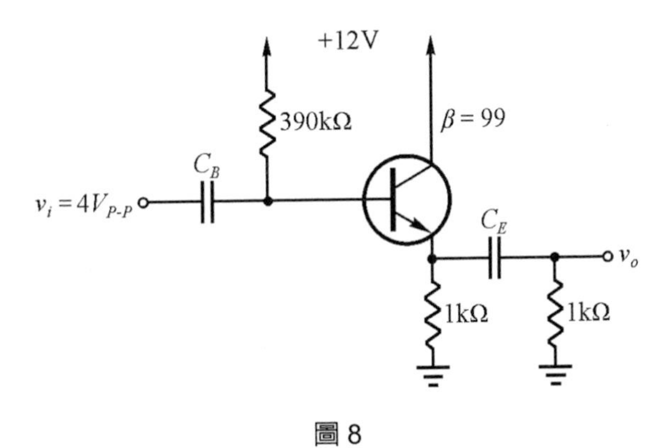

圖 8

8. 試分析圖 9 所示共基極放大電路的 Z_{in}、Z_{out}、G_v 與 G_i。

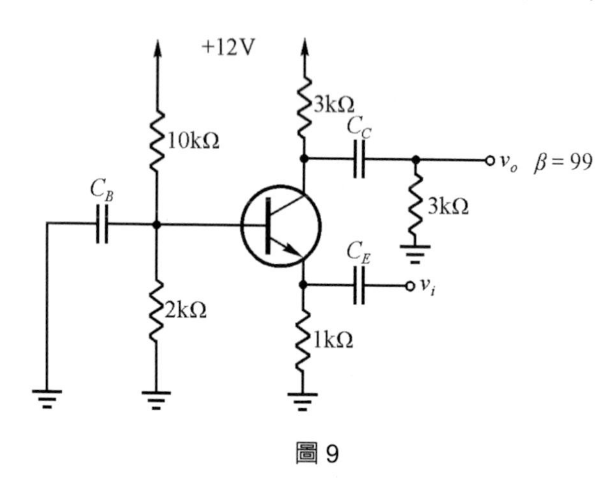

圖 9

提示：可用近似分析法較簡易。

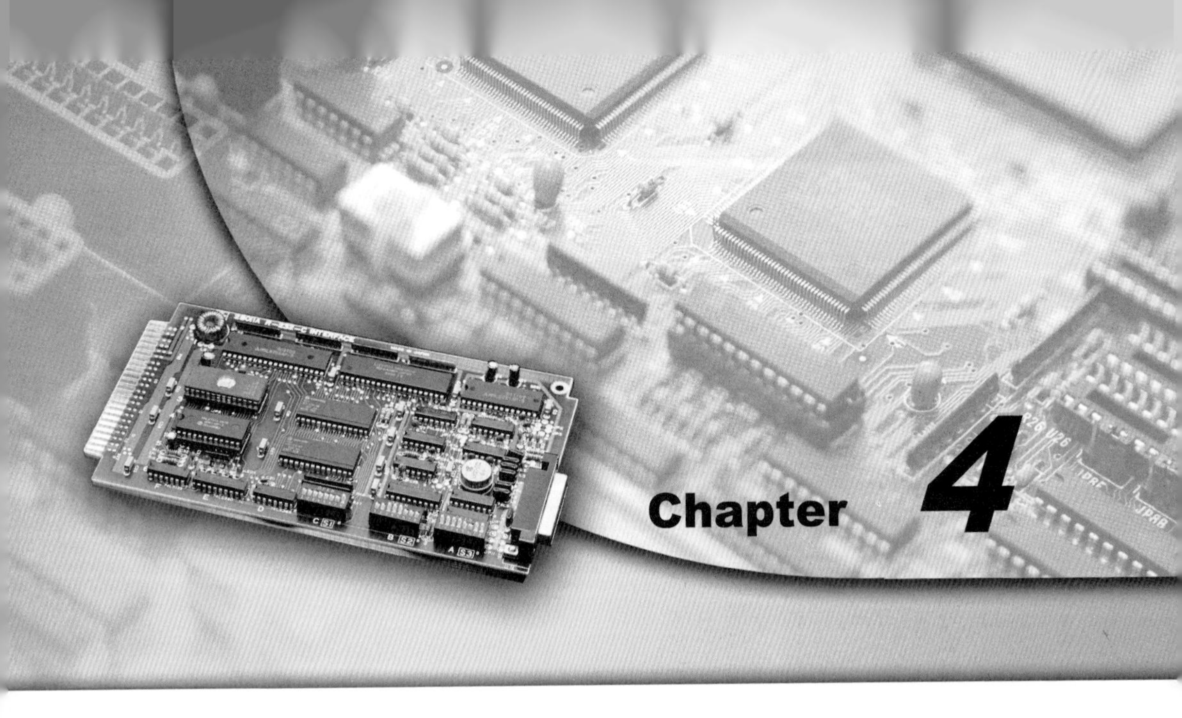

場效電晶體與放大電路

場效電晶體(Field-Effect Transistor：FET)是一種半導體裝置且動作原理爲外加電壓產生電場來控制傳導電流，場效電晶體分成常用的兩大類：接合場效電晶體(Junction Field-Effect Transistor：JFET)與金屬氧化物半導體場效電晶體(Metal Oxide Semiconductor Field-Effect Transistor：MOSFET)。場效電晶體有別於雙極性接合電晶體而自成電子電路的一體系，下列是 FET 與 BJT 這兩種主動元件之特性比較：

1. FET 操作只隨多數載子流而定，故爲一種單極性(Unipolar)元件。
2. FET 製作簡易且佔用積體電路較小空間，尤其 MOSFET 之封裝密度特別高，因而成爲目前記憶體電路之主流。
3. 在數位系統中可由 MOS 元件組成一個電阻器負載而 BJT 則不可。
4. FET 具有很高的輸入電阻(典型值在 $10^{10}\Omega$ 以上)，亦有較高的扇出量。

5. FET 可作爲對稱的雙向開關裝置。
6. FET 在數位系統中廣用爲記憶元件。
7. FET 的雜訊干擾比 BJT 要小。
8. FET 有極小的抵補電壓(Offset-Voltage)，適用於信號斬波器(Chopper)。
9. FET 較不受輻射與熱變動的影響。
10. FET 的頻率響應較差於 BJT。
11. FET 的線性較差於 BJT。
12. FET 的靜電性強易受搬動攜帶之損害。
13. FET 的操作速率較慢於 BJT。
14. FET 是電壓控制型元件而 BJT 是電流控制型元件。

4-1 接合場效電晶體的構造與動作原理

FET 也是一種有三個電極端子元件且分別稱爲源極(Source：S)、汲極(Drain：D)與閘極(Gate：G)，其中汲極與源極通常是可互換使用。JFET 的型式有 *N*-通道與 *P*-通道，基本上 JFET 祇有一個 *PN* 接面是介於閘極與汲極到源極之間的通道而不是 BJT 的兩個接面。

4-1-1 JFET 的構造

典型的物理結構如圖 4-1 所示，(a)圖爲 *N* 通道的 JFET 且其結構是使用一條塊狀的 *N* 型材料配合以兩個 *P* 型材料擴散進入條塊內的每一邊，而 *P* 通道正如 *N* 通道所述之相反且示於(b)圖中。

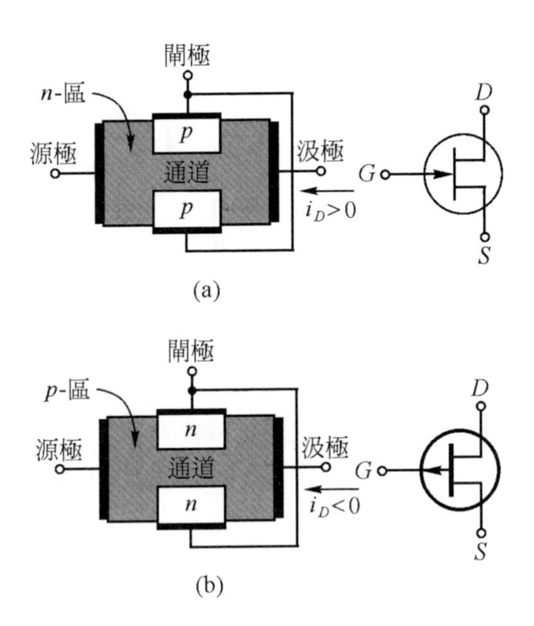

圖 4-1　JFET 的物理構造與電路符號(a)*N*-通道；(b)*P*-通道

4-1-2　JFET 的動作原理

JFET 的動作原理有些類似於 BJT，例如我們常把閘極比喻為基極、汲極比喻為集極與源極比喻為射極，但是 JFET 的導通控制是在閘－源極之間加上逆向偏壓所產生的電場來控制，而 BJT 的導通則是加在基－射極之間順向偏壓所產生的基極電流來控制。

為了知道 JFET 的內部操作情況，可將一 N 通道外加偏壓與電路連接成如圖 4-2(a)所示，其中供應直流電壓 V_{DD} 接到汲極而源極接到共同點以及直流電壓 V_{GG} 接到閘極。注意到閘極至源極的電壓 v_{GS} 是等於負的 V_{GG}，因此產生通道內的空乏區且減少通道寬廣而使汲－源極之間電阻增加，同時由於閘－源極間的逆偏壓而使閘極電流為零。

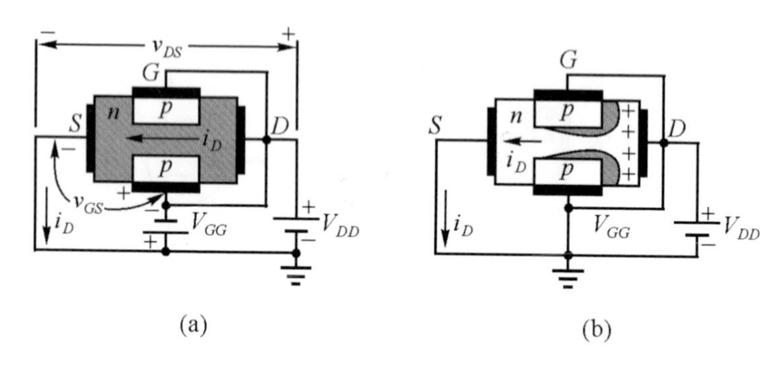

圖 4-2　JFET 的動作(a) $v_{GS}=-V_{GG}$；(b) $v_{GS}=0$

現在考慮圖 4-2(b)之 JFET 在 $v_{GS}=0$ 時動作情形，由於正電壓 V_{DD} 使汲閘極接面呈現逆偏壓而產生空乏區，同時電流 i_D 自汲極經過 N 通道到源極且沿著通道產生電壓降，所以靠近汲極端的空乏區較寬。當 v_{DS} 增加時的 i_D 亦會增加，祗要 v_{DS} 再增加到在汲極邊緣的空乏區夾塞爲止且該 i_D 就達到飽和值(I_{DSS})，即使 v_{DS} 再增加而 i_D 亦維持該定值。不過要注意到 v_{DS} 並非無限制增加，否則到崩潰區時的 i_D 突然迅速增加而燒燬 FET，圖 4-3 所示爲 i_D-v_{DS} 之典型特性。

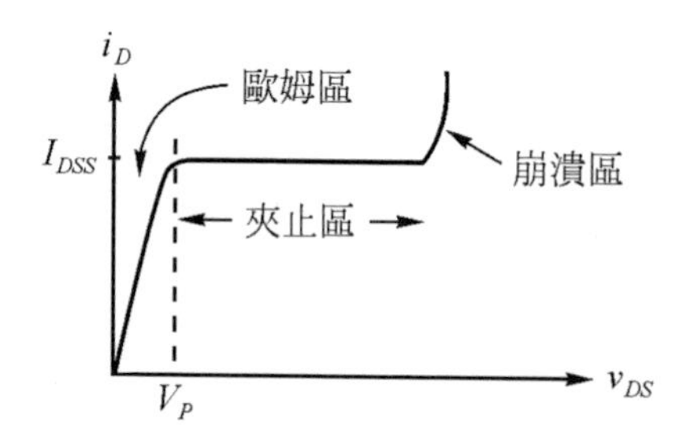

圖 4-3　N 通道 JFET 的 i_D-v_{DS} 特性

FET 是以 v_{GS} 作爲電壓控制的元件，因此對 N 通道而言的 v_{GS} 往負的電壓增加，通道的空乏區會往源極端漸增寬而使 i_D 減少，因此 v_{GS} 增加到通道完全夾止的電壓稱爲 v_{DSOFF} 或夾止電壓(Pinch-Off Voltage：V_P)，此時 i_D 爲零。圖 4-4 所示爲 N 通道與 P 通道的 JFET i_D-v_{DS} 特性。

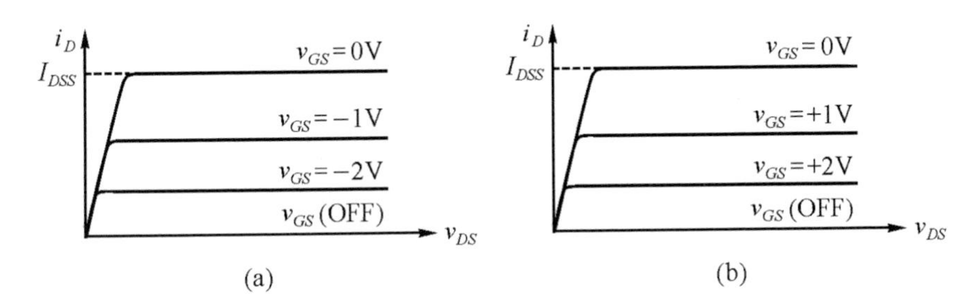

圖 4-4　JFET 的 $i_D - v_{DS}$ 特性曲線(a)N-通道；(b)P-通道

4-2　金氧半場效電晶體的構造與動作原理

金屬氧化物半導體場效電晶體(MOSFET)係其閘極端與通道之間以矽氧化物(SiO_2)爲隔絕的介質，故其絕緣性極高，通常 MOSFET 製造成空乏式(Depletoipn-Mode)與增強式(Enhancement-Mode)兩種。

4-2-1　空乏式 MOSFET 的構造

空乏式 MOSFET 有 *N* 通道與 *P* 通道之兩類型且分別示於圖 4-5(a)與(b)中，空乏式 MOSFET 的通道是實際製造介於汲極與源極之間，若在汲源極間加上電壓 v_{DS}後則 i_D 會存在於汲極與源極之間。摻雜成 *N* 型的源極與汲極會形成低電阻而連接於 *N* 型通道兩端且以鋁金屬接觸源極與汲極成 *S* 與 *D* 的引線端，生長在 *N* 通道表面的 SiO_2是做爲絕緣體且又以鋁金屬層沈澱在 SiO_2 上形成閘極的 *G* 引線端。

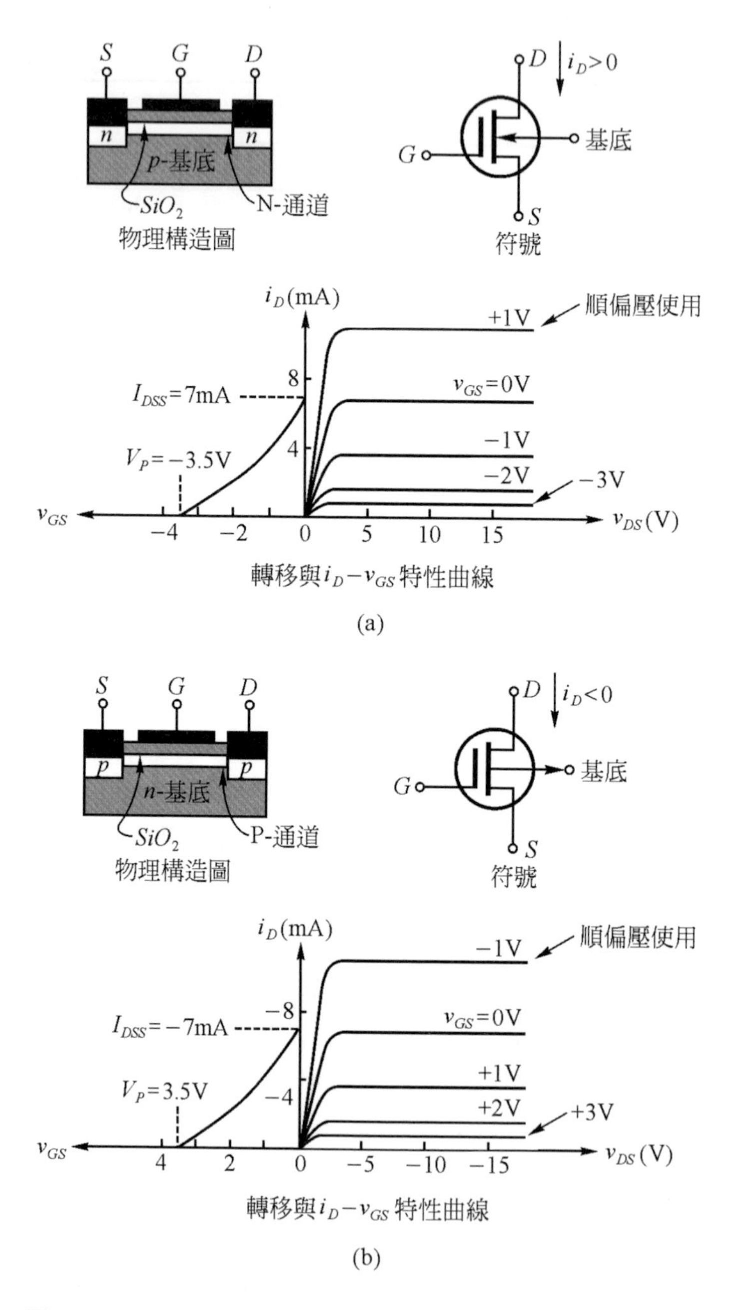

圖 4-5 (a)*N* 通道之空乏 MOSFET；(b)*P* 通道之空乏 MOSFET

4-2-2　空乏式 MOSFET 的動作原理

空乏式 MOSFET 的特性相似於 JFET，對於 N 通道 MOSFET 之負的 v_{GS} 會推動電子流出通道區域而使通道空乏且缺乏之電子則由外加電壓的負端繼續供應，但若逆偏壓的 v_{GS} 增加到夾止電壓 V_P 亦會使通道空乏區佔滿通道且 i_D 為零。唯一與 JFET 不同的是，若 v_{GS} 變成順偏壓時，則通道增寬且 i_D 亦增加，這種情形我們稱為空乏式 MOSFET 的增強型使用法。注意參考圖 4-5 的特性曲線在 v_{GS} 為順偏壓的 i_D 與電路符號繪法。

4-2-3　增強式 MOSFET 的構造

增強式 MOSFET 的構造相似於空乏式 MOSFET，其中僅在通道是未事先製造出來，因此增強式 MOSFET 必需外加 v_{GS} 順偏壓且足夠大到該元件的臨限電壓 V_{th}(感應通道的最小需要電壓)時才能導通。參考圖 4-6 所示的 N 通道與 P 通道的增強式 MOSFET 之構造、電路符號與 i_D-v_{DS} 特性。

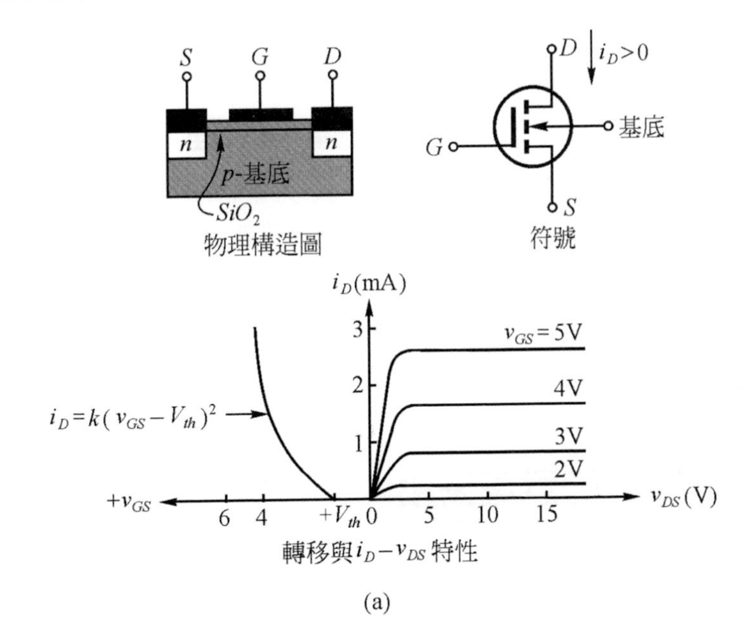

圖 4-6　(a)N 通道的增強 MOSFET；(b)P 通道的增強 MOSFET

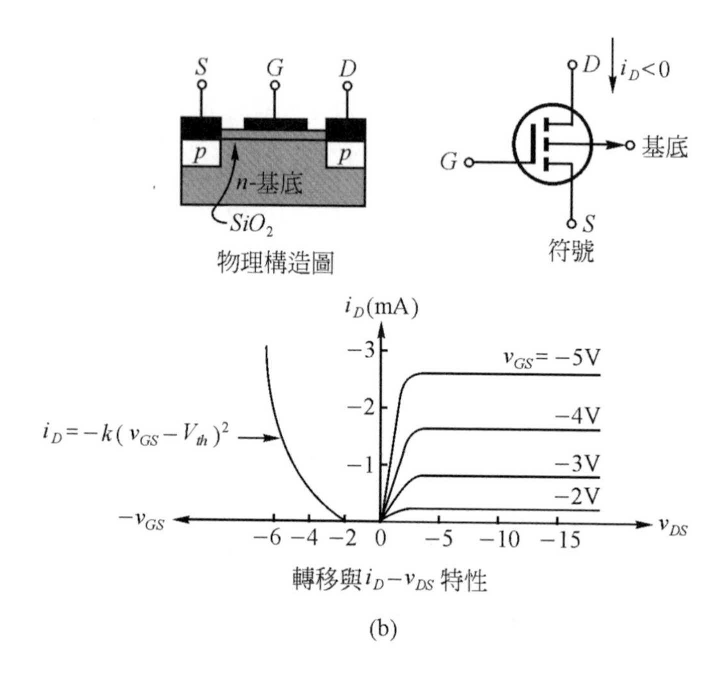

圖 4-6 (a)*N* 通道的增強 MOSFET；(b)*P* 通道的增強 MOSFET(續)

4-2-4 增強式 MOSFET 的動作原理

由於本元件沒有實際製造出通道，就以圖 4-6(a)的 N 通道而言，當正的閘極電壓($v_{GS}>0$)高於臨限電壓值(V_{th})時就會在緊鄰二氧化矽絕緣層下面建立一電子薄層而感應出 N 通道。通道電子層厚薄就是傳導性大小，當然閘－源極電壓順偏壓亦有關係，因此在低於臨限電壓的任何閘極電壓是沒有通道存在的。

4-3 FET 的直流偏壓

在未探討 FET 元件直流偏壓分析之前先要瞭解 FET 的一些重要特性參數分列如下：

JFET：

蕭特萊方程式 $I_D = I_{DSS}\left(1-\frac{V_{GS}}{V_P}\right)^2$ 單位 mA　(4.1)

互導 $g_m = \left.\frac{\Delta I_D}{\Delta V_{GS}}\right|_{v_{GS}\text{為定值}} = \frac{2I_{DSS}}{|V_P|}\left(1-\frac{V_{GS}}{V_P}\right)$ 單位 mA/V　(4.2)

$v_{GS}=0$ 時的最大互導 $g_{mo} = \frac{2I_{DSS}}{|V_P|}$ 單位 mA/V　(4.3)

輸入電阻 $R_{\text{in}} = \left|\frac{V_{GS}}{I_{GSS}}\right|$ 單位 Ω　(4.4)

汲－源極動態電阻 $r_{ds} = \left.\frac{\Delta V_{DS}}{\Delta I_D}\right|_{v_{GS}\text{為定值}}$　(4.5)

MOSFET：

空乏式 MOSFET 完全與 JFET 相同。

增強式 MOSFET：

蕭特萊方程式 $I_D = k(V_{GS}-V_{th})^2$ 單位 mA　(4.6)

裝置材料常數 $k = \frac{1}{2}\mu C_{\text{ox}}\left|\frac{W}{L}\right| = \frac{I_{\text{DON}}}{(V_{GS}-V_P)^2}$ 單位 mA/V^2　(4.7)

互導 $g_m = \left.\frac{\Delta I_D}{\Delta V_{GS}}\right|_{V_{GS}\text{為定值}} = 2k(V_{GS}-V_{th})$ 單位 mA/V　(4.8)

注意：k 值中的 μ 是載子移動率、C_{ox} 是氧化層下通道之寄生電容、W 為通道寬度與 L 為通道長度。

例題 4.1

某 JFET 的 $I_{DSS}=15\,\text{mA}$、$V_P=-5\,\text{V}$，試求下列各問題：

(1)　$V_{GS}=0\,\text{V}$、$-1\,\text{V}$、$-4\,\text{V}$ 與 $-6\,\text{V}$ 的 I_D 值。

(2)　g_{mo} 值與 $V_{GS}=-1\,\text{V}$ 與 $-4\,\text{V}$ 時的 g_m 值。

(3) 若$V_{GS}=-2.0\text{ V}$時之閘極逆向電流$I_{GSS}=1\text{nA}$的輸入電阻。

解 (1) 本題分別利用式(4.1)與(4.2)可求出分別爲

$V_{GS}=0\text{ V}$時 $I_D=I_{DSS}\left(1-\dfrac{0\text{V}}{-5\text{V}}\right)^2=I_{DSS}=15\text{ mA}$

$V_{GS}=-1\text{ V}$時 $I_D=15\text{mA}\left(1-\dfrac{-1\text{V}}{-5\text{V}}\right)^2=15\text{mA}(1-0.2)^2$

$=15\text{mA}(0.8)^2=9.6\text{ mA}$

$V_{GS}=-4\text{ V}$時 $I_D=15\text{mA}\left(1-\dfrac{-4\text{V}}{-5\text{V}}\right)^2=15\text{mA}(1-0.8)^2$

$=15\text{mA}(0.2)^2=0.6\text{ mA}$

$V_{GS}=-6\text{ V}$時 $I_D=0\text{ mA}$，因爲$V_{GS}=V_P=-5\text{ V}$時的$I_D=0$

(2) 利用式(4.3)求出g_{mo}

$$g_{mo}=\frac{2I_{DSS}}{|V_P|}=\frac{2\times15\text{mA}}{|-5\text{V}|}=30\text{mA}/5\text{V}=6\text{ mS}$$

$V_{GS}=-1\text{ V}$的g_m爲

$$g_m=\frac{2I_{DSS}}{|V_P|}\left(1-\frac{V_{GS}}{V_P}\right)=\frac{2\times15\text{mA}}{|-5\text{V}|}\left(1-\frac{-1\text{V}}{-5\text{V}}\right)=6\text{mS}\times0.8=4.8\text{ mS}$$

$V_{GS}=-4\text{ V}$的g_m爲

$$g_m=\frac{2I_{DSS}}{|V_P|}\left(1-\frac{V_{GS}}{V_P}\right)=\frac{2\times15\text{mA}}{|-5\text{V}|}\left(1-\frac{-4\text{V}}{-5\text{V}}\right)=6\text{mS}\times0.2=1.2\text{ mS}$$

(3) 利用式(4.4)求得

$$R_{\text{in}}=\left|\frac{V_{GS}}{I_{GSS}}\right|=\frac{2.0\text{V}}{1\text{nA}}=2000\text{ M}\Omega$$

例題 4.2

某增強式 MOSFET 的$V_{th}=3\text{V}$且$V_{GS}=6\text{ V}$時的$I_{DON}=3\text{ mA}$。

(1) 試求k值。

(2)　求出 $V_{GS}=5\,\text{V}$ 時的 I_D 與 g_m 值。

解 (1)　k 值可利用式(4.7)求得為

$$k=\frac{I_{DON}}{(V_{GS}-V_{th})^2}=\frac{3\text{mA}}{(6\text{V}-3\text{V})^2}=\frac{3\text{mA}}{9V^2}=\frac{1}{3}\text{mA}/V^2$$

(2)　$V_{GS}=5\,\text{V}$ 的 I_D 值與 g_m 值分別利用式(4.6)與(4.8)來求得

$$I_D=k(V_{GS}-V_{th})^2=\frac{1}{3}\text{mA}/V^2(5\text{V}-3\text{V})^2=\frac{4}{3}\text{mA}=1.33\text{ mA}$$

$$g_m=2k(V_{GS}-V_{th})=2\times\frac{1}{3}\text{mA}/V^2(5\text{V}-3\text{V})=\frac{4}{3}\text{mA/V}=1.33\text{ mS}$$

4-3-1　JFET 的偏壓

FET 元件的放大電路需要良好的直流偏壓，因此偏壓就是正確的選擇閘－源極電壓(V_{GS})以得到所需要的 I_D 與 V_{DS}，亦即工作點(V_{DS}, I_D)。在下面介紹的 JFET 或 MOSFET 電路偏壓皆以 N 通道來說明，至於 P 通道則記得供應電壓極性要相反。

4-3-2　自偏壓法

由於 JFET 的閘－源極接面間必須加上逆偏壓才能控制傳導動作，因此 N 通道之 V_{GS} 為負電壓且該電壓係由電路導通時自給完成的。參考圖 4-7 的自偏壓電路，I_D 經由 R_S 產生一電壓降 I_DR_S 且使源極對地而言是正電位，又 $V_G=I_GR_G=0$，因此閘－源極電壓為

$$V_{GS}=V_G-V_S=0-I_DR_S=-I_DR_S$$

汲極對地電壓為

$$V_D=V_{DD}-I_DR_D$$

汲－源極電壓為

$$V_{DS}=V_D-V_S=V_{DD}-I_DR_D-I_DR_S=V_{DD}-I_D(R_D+R_S)$$

工作點 Q 點位置為(V_{DS}, I_D)。

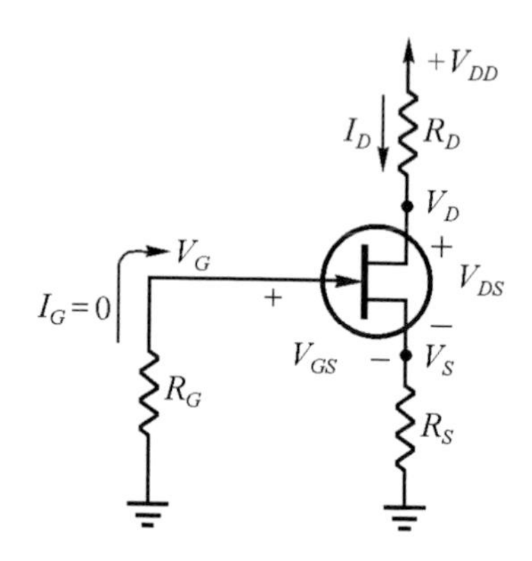

圖 4-7　*N* 通道 JFET 自偏壓電路

例題 4.3

在圖 4-7 的電路中，若$V_{DD}=12\text{ V}$、$R_D=1\text{k}\Omega$ 與 $R_S=0.5\text{ k}\Omega$。試求 $I_D=4\text{ mA}$ 時的 V_{DS}、V_{GS}與 Q 點位置。

解 V_{DS}電壓為

$$V_{DS}=V_D-V_S=V_{DD}-I_D(R_S+R_D)=12\text{V}-4\text{mA}(0.5\text{k}\Omega+1\text{k}\Omega)$$
$$=12\text{V}-4\text{mA}\times 1.5\text{k}\Omega=6\text{ V}$$

V_{GS}電壓為

$$V_{GS}=V_G-V_S=0\text{V}-I_DR_S=-4\text{mA}\times 0.5\text{k}\Omega=-2\text{ V}$$

Q 點位置為(6V，4mA)

4-3-3　分壓器偏壓法

本偏壓方式亦適用於 MOSFET 電路。參考圖 4-8 所示電路為一 N 通道 JFET 的偏壓電路，此閘極電壓 V_G係取自 V_{DD}的分壓而 V_S仍是 I_D 流經 R_S的電壓降，因此

$$V_{GS}=V_G-V_S=\frac{V_{DD}R_2}{R_1+R_2}-I_DR_S$$

$$V_D=V_{DD}-I_DR_D$$

$$V_{DS}=V_D-V_S=V_{DD}-I_DR_D-I_DR_S=V_{DD}-I_D(R_D+R_S)$$

例題 4.4

若圖 4-8 電路中的 $V_{DD}=15\,\text{V}$、$R_D=2R_S=2\,\text{k}\Omega$、$R_1=4R_2=100\,\text{k}\Omega$ 與電路導通電流 $I_D=4\,\text{mA}$。試求 V_{GS}、V_{DS} 與 Q 點位置。

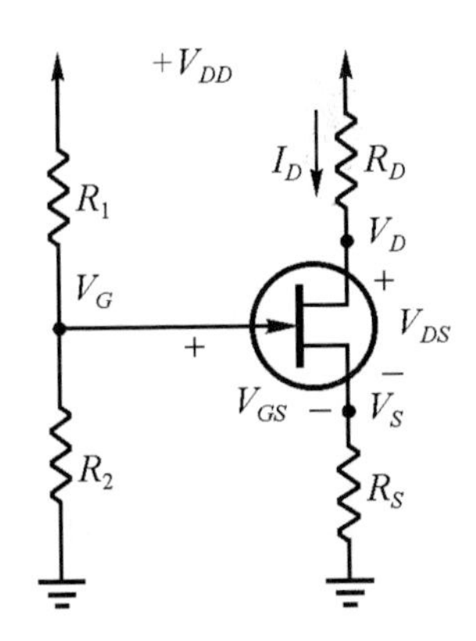

圖 4-8　JFET 的分壓器偏壓電路

解 V_{GS} 電壓為

$$V_{GS}=V_G-V_S=\frac{V_{DD}R_2}{R_1+R_2}-I_DR_S=\frac{15\text{V}\times 25\text{k}\Omega}{100\text{k}\Omega+25\text{k}\Omega}-4\text{mA}\times 1\text{k}\Omega$$

$$=3\text{V}-4\text{V}=-1\,\text{V}$$

V_{DS} 電壓為

$$V_{DS}=V_{DD}-I_D(R_D+R_S)=15\text{V}-4\text{mA}(2\text{k}\Omega+1\text{k}\Omega)$$

$$=15\text{V}-12\text{V}=3\,\text{V}$$

Q 點位置為(3V，4mA)

4-3-4 增強式 MOSFET 的偏壓

空乏式 MOSFET 的直流偏壓完全相同於 JFET 的偏壓方式，至於增強式 MOSFET 的直流偏壓除了自偏壓法不能使用之外而分壓器偏壓法則相同，另外常用的就是汲極回授偏壓法了。

參考圖 4-9 所示的 N 通道增加式 MOSFET 之汲極回授偏壓電路，由於 $I_G = 0$ 故 $V_D = V_G$，因此

$$V_D = V_{DD} - I_D R_D$$

$$V_S = I_D R_S$$

$$V_{GS} = V_G - V_S = V_D - V_S = V_{DS} = V_{DD} - I_D(R_D + R_S)$$

Q 點位置為(V_{DS}，I_D)

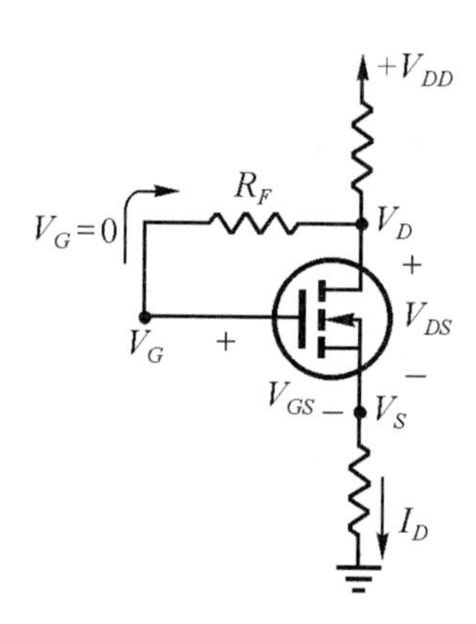

圖 4-9　N 通道增強式 MOSFET 的汲極回授偏壓電路

4-4 FET 放大電路操作

場效電晶體可用來作為交流信號放大的電路，由於輸入電阻很高而通常 FET 放大器都是作為放大系統的輸入級且可用來與具有高阻抗的信號源相匹配。

FET 放大器分爲三種類型是共源極(Common Source：CS)組態、共汲極(Common Drain：CD)組態與共閘極(Common Gate：CG)組態，由於 JFET 與 MOSFET 的交流小信號等效電路一樣，所以在交流分析放大特性亦是相同的。

4-4-1　共源極放大器

參考圖 4-10 所示電路爲自偏壓法的 JFET 共源極放大電路，其中電容 C_G 與 C_D 皆爲交連交流信號而阻隔直流之用。經過分析與證明交流放大電路之特性分別如下：

輸入阻抗 $Z_{\text{in}} = R_G$ (4.9)

輸出阻抗 $Z_{\text{out}} = R_D$ (4.10)

電壓增益 $G_V = -\dfrac{g_m R_D}{1 + g_m R_S}$ (4.11)

電流增益 $G_i = \dfrac{g_m R_G}{1 + g_m R_S}$ (4.12)

如果源極電阻 R_S 有並聯電容器 C_S 時，則上列公式(4.9)與(4.10)相同而式(4.11)與(4.12)分別改爲

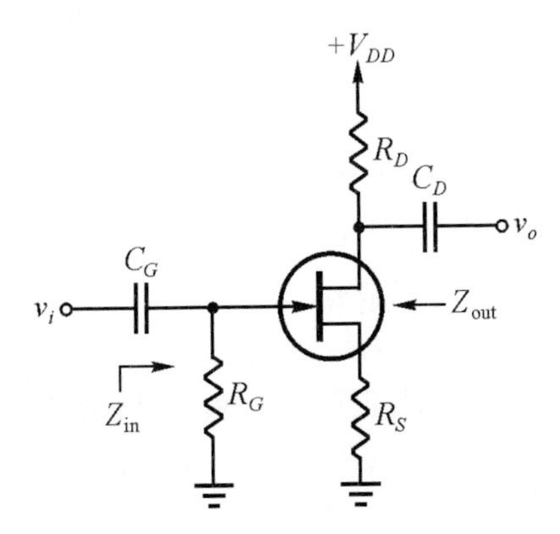

圖 4-10　*CS* 放大電路

$$G_v = -g_m R_D \tag{4.13}$$

$$G_i = g_m R_G \tag{4.14}$$

例題 4.5

參考圖 4-10 的 *CS* 放大電路，若 $R_D = 3R_S = 1.8\,\text{k}\Omega$、$R_G = 1\,\text{M}\Omega$，若電路導通時的互導 g_m 值為 2mS。試求該電路 Z_{in}、Z_{out}、G_v 與 G_i。

解 我們分別利用公式(4.9)到(4.12)依序求出

$$Z_{\text{in}} = R_G = 1\,\text{M}\Omega$$

$$Z_{\text{out}} = R_D = 1.8\,\text{k}\Omega$$

$$G_v = -\frac{g_m R_D}{1+g_m R_S} = -\frac{2\text{mS}\times 1.8\text{k}\Omega}{1+2\text{mS}\times 0.6\text{k}\Omega} = -\frac{3.6}{2.2} \cong -1.64$$

$$G_i = \frac{g_m R_G}{1+g_m R_S} = \frac{2\text{mS}\times 1\text{M}\Omega}{1+2\text{mS}\times 0.6\text{k}\Omega} = \frac{2\times 10^3}{2.2} \cong 909.1$$

4-4-2 共汲極放大器

共汲極放大器又稱源極隨耦器(Source Follower)，分析中是以增強式 MOSFET 的分壓器偏壓法作說明，參考圖 4-11 所示的 *CD* 放大電路。經過分析證明出電路特性如下：

$$\text{輸入阻抗 } Z_{\text{in}} = R_1 \parallel R_2 \tag{4.15}$$

$$\text{輸出阻抗 } Z_{\text{out}} = R_S \left\| \frac{1}{g_m} \right. \tag{4.16}$$

$$\text{電壓增益 } G_v = \frac{(R_S \parallel R_L)}{(R_S \parallel R_L) + 1/g_m} = \frac{g_m (R_S \parallel R_L)}{1+g_m (R_S \parallel R_L)} \tag{4.17}$$

$$\text{電流增益 } G_i = \frac{g_m (R_S \parallel R_L)}{1+g_m (R_S \parallel R_L)} \frac{R_1 \parallel R_2}{R_L} \tag{4.18}$$

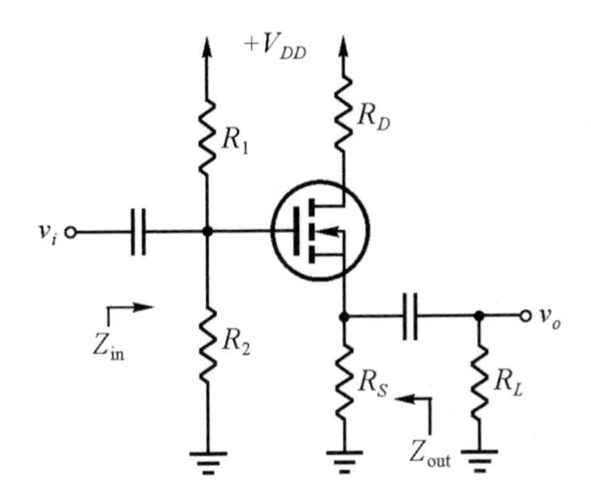

圖 4-11　*CD* 放大電路

4-4-3　共閘極放大電路

共閘極放大電路如圖 4-12 所示，在電路中仍然以分壓器偏壓法來分析電路之特性：

$$\text{輸入阻抗 } Z_{in} = R_S \left\| \frac{1}{g_m} \right. \tag{4.19}$$

$$\text{輸出阻抗 } Z_{out} = R_D \tag{4.20}$$

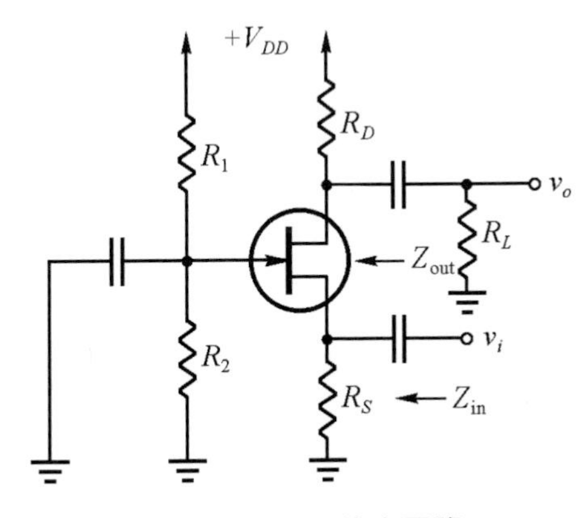

圖 4-12　*CG* 放大電路

$$電壓增益\ G_v = g_m(R_D \parallel R_L) \tag{4.21}$$

$$電流增益\ G_i = g_m(R_D \parallel R_L)\left[\frac{R_S \left\| \frac{1}{g_m} \right.}{R_L}\right] \tag{4.22}$$

例題 4.6

試求上圖 *CG* 放大電路中的 R_D 值，其中 $I_D = 4\,\text{mA}$、$V_{DD} = 16\,\text{V}$ 與 $V_D = 7.6\,\text{V}$。若 $g_m = 2\,\text{mS}$，$R_S = 0.1\,\text{k}\Omega$，請計算 G_v 與 Z_{in} 值。

解 由於汲極電壓 $V_D = 7.6\,\text{V}$，故 R_D 上的電壓降為

$$V_{R_D} = V_{DD} - V_D = 16\text{V} - 7.6\text{V} = 8.4\,\text{V}$$

又由題目知 $I_{DQ} = 4\,\text{mA}$，因此

$$R_D = \frac{V_{R_D}}{I_{DQ}} = \frac{8.4\text{V}}{4\text{mA}} = 2.1\,\text{k}\Omega$$

電壓增益 $G_v = g_m R_D = 2\text{mS} \times 2.1\text{k}\Omega = 4.2$ (注意：在本題中 R_L 是無限大)輸入阻抗 $Z_{\text{in}} = R_S \left\| \frac{1}{g_m} \right. = 0.1\text{k}\Omega \left\| \frac{1}{2\text{mS}} \right. = 0.1\text{k}\Omega \parallel 0.5\text{k}\Omega = 83.3\,\Omega$

習 題

一、選擇題

(　) 1.　場效電晶體(FET)工作時靠　(1)電壓　(2)電流　(3)電阻　(4)電容　來控制其電流大小。

(　) 2.　FET 三個參數(g_m，r_d，μ)之關係是　(1)$g_m = \mu \times r_d$　(2)$\mu = g_m \times r_d$　(3)$r_d = g_m \times \mu$　(4)$r_d = g_m / \mu$。

(　) 3.　下列何者具有最大的輸入阻抗？　(1)JFET　(2)MOSFET　(3)射極隨耦器　(4)達靈頓放大器。

(　) 4.　若將共源級放大器之源極旁路電容器移走時　(1)電壓增益降低　(2)電壓增益增加　(3)互導降低　(4)互導增加。

(　) 5.　要使 N 通道增強型 MOSFET 導通其閘極偏壓應爲　(1)負電壓　(2)正電壓　(3)正負電壓均可　(4)零電壓。

(　) 6.　場效電晶體(FET)是屬於　(1)單極性電流控制　(2)雙極性電流控制　(3)單極性電壓控制　(4)雙極性電壓控制　元件。

(　) 7.　如圖 1 所示場效電晶體 $r_d = 30\text{k}\Omega$，$g_m = 2\text{mS}$，則此電路在低頻時電壓增益爲　(1)−60　(2)60×1000　(3)−15　(4)−15×1000。

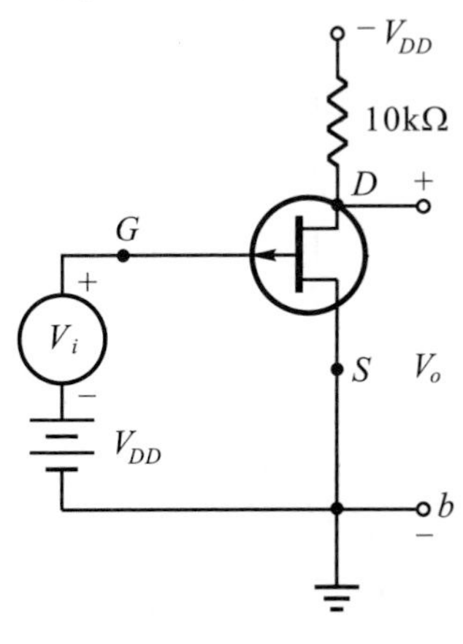

圖 1

二、計算題

1 試比較 BJT 與 FET 元件之差異。

2. 請說明 JFET 元件的 I_{DSS} 與 V_P。

3. 請繪出 JFET 與 MOSFET(空乏型與增強型)的 P 與 N 通道之電路符號。

4. 請說明空乏式與增強式 MOSFET 在構造上與外加電壓的差異。

5. 某 JFET 的 $I_{DSS} = 8\,\text{mA}$ 與 $V_P = -4\,\text{V}$，試求下列各問題：

 (1) 在 $V_{GS} = 0\,\text{V}$，-1V，$-2\,\text{V}$ 與 $-3\,\text{V}$ 時的 I_D 值。

 (2) g_{mo} 值與 $V_{GS} = 0\,\text{V}$，$-1\,\text{V}$，$-2\,\text{V}$，$-3\,\text{V}$ 時的 g_m 值。

6. 某增強式 MOSFET 的 k 值是 $0.4\text{mA}/V^2$ 與 $V_{th} = 2.5\,\text{V}$，試求下列各問題：

 (1) 在 $V_{GS} = 3\,\text{V}$、4V、5V 時的 I_D 值。

 (2) 在 $V_{GS} = 3\,\text{V}$、4V、5V 時的 g_m 值。

7. 試求如圖 2 所示電路的各問題，其中 $g_m = 4\,\text{mS}$，$I_D = 4\,\text{mA}$。

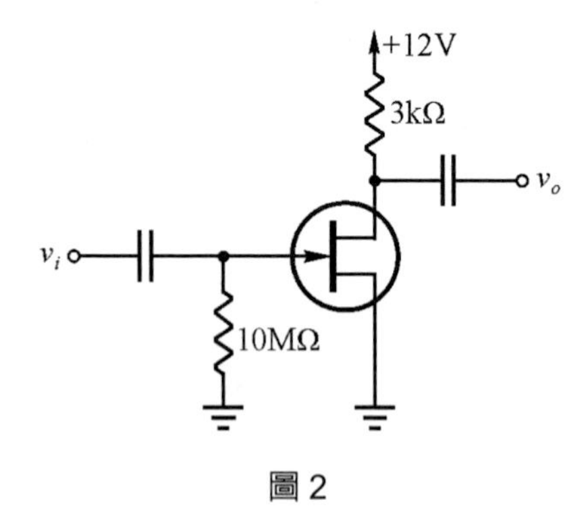

圖 2

 (1) 汲極電壓 V_D 值。

 (2) 分別求出 Z_{in}、Z_{out}、G_v 與 G_i 值。

 (3) 若有負載 $R_L = 3\,\text{k}\Omega$ 時的 G_v 是多少？

8. 試求如圖 3 所示電路的各問題：

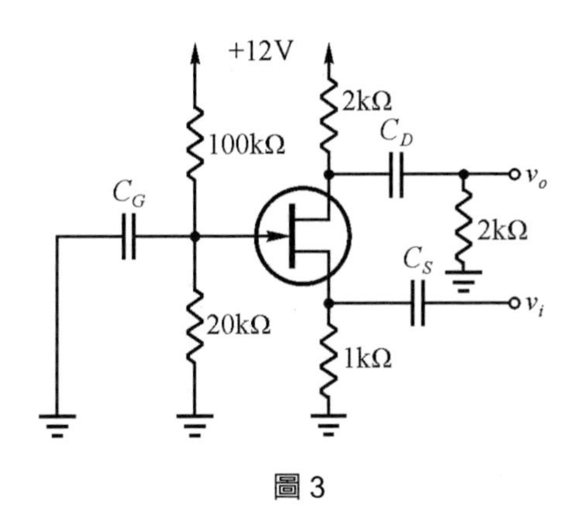

圖 3

(1) 求出 g_{mo} 與 g_m 值。

(2) Q 點位置。

(3) 求出 Z_{in}、Z_{out}、G_v 與 G_i。

其中 $I_{DSS} = 9\text{ mA}$、$V_P = -3\text{ V}$ 與 $I_D = 2.3\text{ mA}$。

9. 請回答如圖 4 所示電路之各問題：

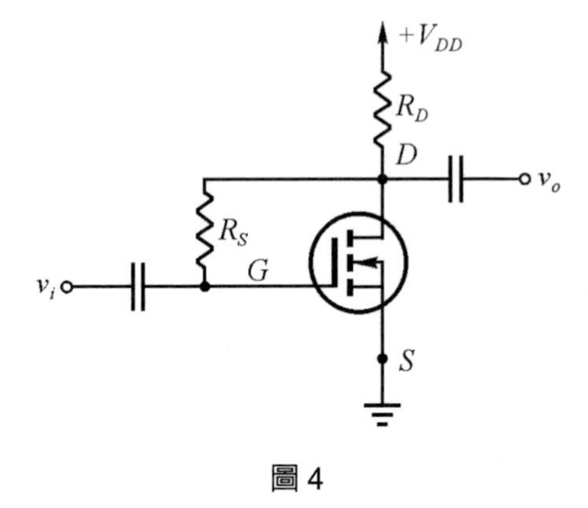

圖 4

(1) FET 元件的名稱？

(2) 放大電路組態的名稱？

(3) 若 $V_{DD} = 16\text{ V}$ 與 $I_D = 4\text{ mA}$ 以及 $R_D = 1.5\text{ k}\Omega$，請問 V_D 與 V_{GS} 電壓是多少？

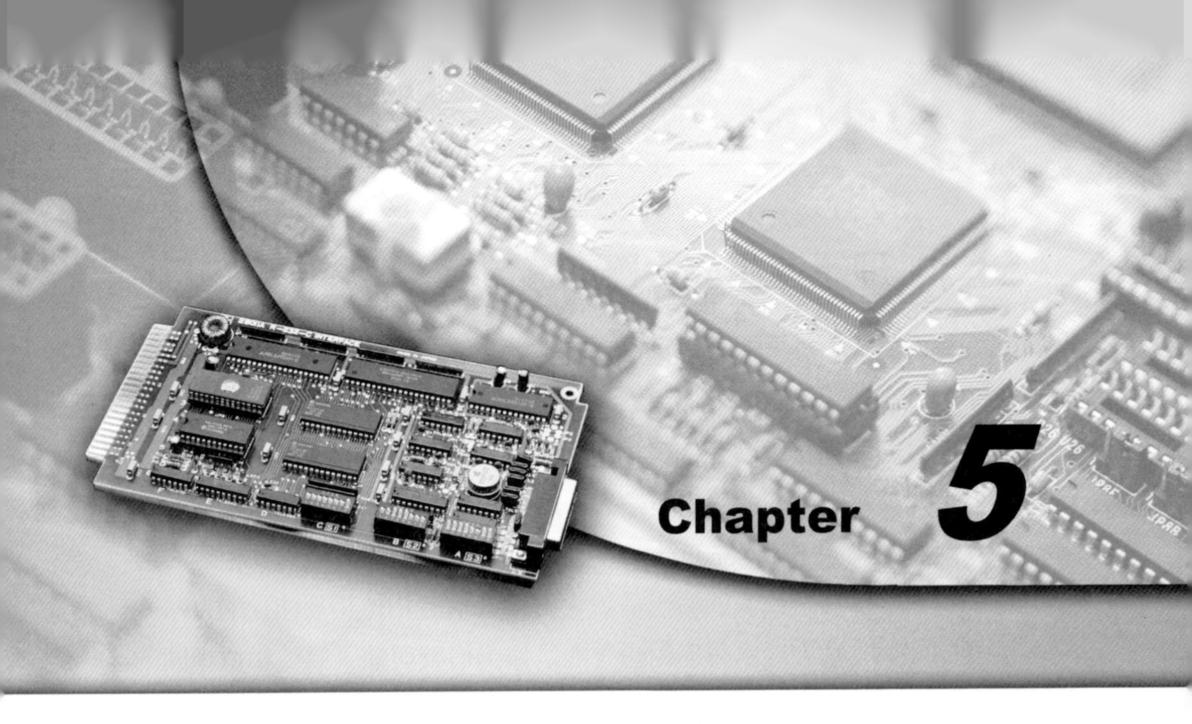

運算放大器

運算放大器(Operational Amplifiers：Op Amp)是利用近代的積體製造技術將一完整的電路(其中包括了所有電子元件)在一矽結晶片上所研製成的裝置，因此稱爲單晶積體電路(Monolithic Integrated Circuit)或俗稱IC，通常我們都將運算放大器看成一元件恰如雙極性接面電晶體一樣。

運算放大器是最初使用在類比計算機中的數學運算而得名，由於它是利用單晶製造技術而使成本降低與可轉換的特性且使用方便，所以能夠廣泛使用在電子工業上。運算放大器是一種具有很高增益的直接交連放大器，同時可以外加回授電路來控制增益與阻抗特性，倘若增益的需要亦可串接多級的 Op Amp 或接成隨耦器的方式來組成極低的輸出阻抗。

5-1 理想運算放大器

參考圖 5-1 所示為典型的 Op Amp 之電路符號，它是具有反相(−)輸入 V_1 與非反相(+)輸入 V_2 的雙輸入端與單輸出端 V_o。其中略去直流供應電壓、回授連接電路和補償相位之各端。在使用 Op Amp 組成電路中若沒有回授電阻，亦即輸出與輸入一端或兩端不用電子元件連接而稱為開路狀態(Open Loop Condition)。至於標示“−”的輸入端為反相輸入端是因為信號從該端輸入的輸出信號會與輸入信號相位相反(相差 180°)，同樣的“+”輸入端為非反相輸入則是輸出信號與輸入信號相位相同。一般的應用中之輸入信號可以分別從“−”與“+”端輸入，也可以雙輸入端為輸入。

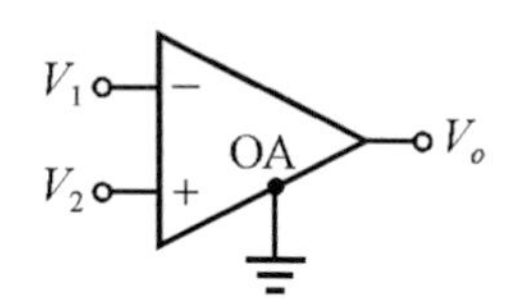

圖 5-1　運算放大器電路符號

5-1-1 理想運算放大器的特性

理想運算放大器具有下列之特性：

1. 輸入阻抗無限大($Z_{in} \to \infty$)。
2. 輸出阻抗為零($Z_{out} \to 0$)。
3. 開路的電壓增益無限大($G_{vo} \to \infty$)。
4. 頻寬無限大($BW \to \infty$)。
5. 電路穩定性不受溫度變化而影響。

顯然的，上述之特性是不可能，但在電路分析時可利用上述 1.與 3.特性來作近似的分析，既使是實際的 Op Amp 應用電路分析皆是假設增益與輸入阻抗是無限大。

實際的 Op Amp 之電路特性：電壓增益、輸入阻抗都很高，輸出阻抗很低而頻寬亦較窄。爲了方便於 Op Amp 電路的分析，下圖 5-2 是表示理想與實際 Op Amp 的等效電路。

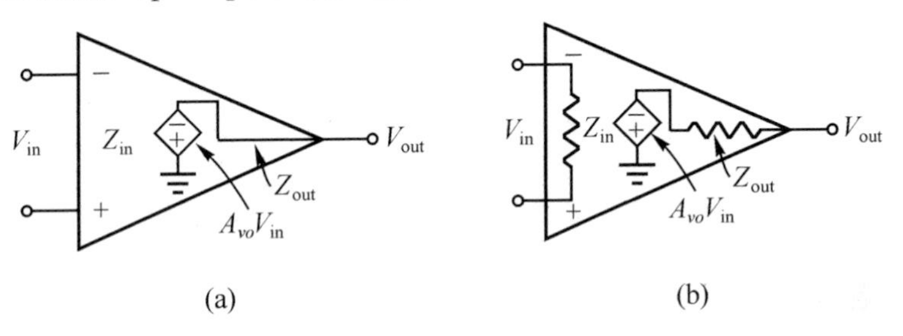

圖 5-2　Op Amp 的等效電路(a)理想的；(b)實際的

5-2　運算放大器的應用

祇要是稍具有電子方面知識的工程人員在其工作中都有使用 Op Amp 的經驗，若我們不去研析電路之證明而祇著重在應用電路的基本範例，將會有十幾種應用電路的介紹。

1.　反相放大器

參考圖 5-3 所示電路，注意到 R_C 是補償電阻且 $R_C = R_1 \| R_2$，如果改變 R_2 或 R_1 即可變化增益，但是輸出電壓之最高飽和値應小於供應電壓約 1V 左右。

$$\text{電路增益爲 } G_v = -\frac{R_2}{R_1} \tag{5.1}$$

2.　非反相放大器

在圖 5-4 所示的爲基本非反相放大電路，其中電路增益爲

$$G_v = \left(\frac{R_1 + R_2}{R_1}\right) = 1 + \left(\frac{R_2}{R_1}\right) \tag{5.2}$$

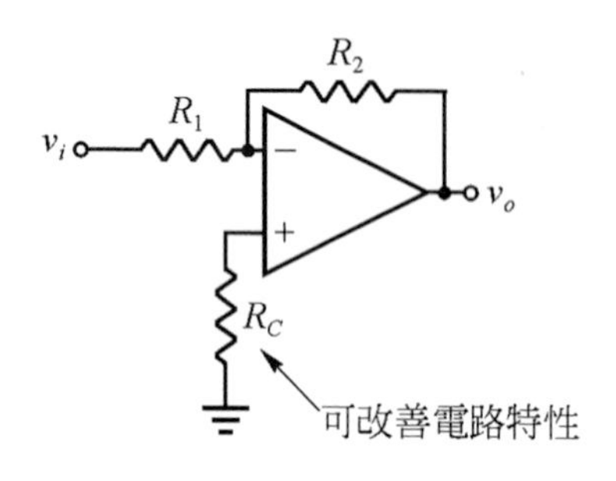

圖 5-3　反相放大實用電路

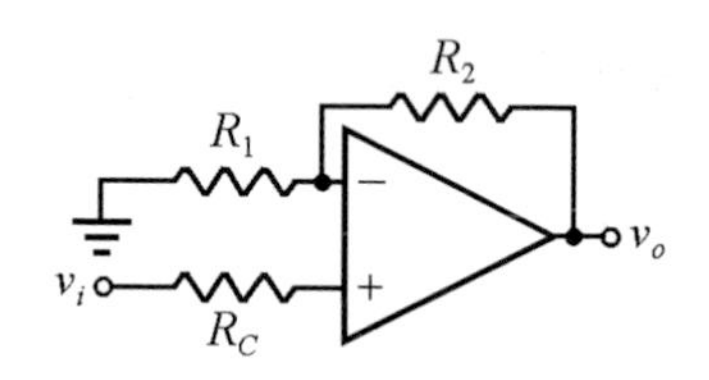

圖 5-4　非反相放大實用電路

3.　反相加法放大器

當輸入信號有兩個以上時，但實用上不要多於四個以上較宜。參考圖 5-5 所示即為反相加法放大電路。

$$\text{電壓增益為 } G_v = -R_F\left(\frac{V_1}{R_1}+\frac{V_2}{R_2}+\frac{V_3}{R_3}\right) \tag{5.3}$$

若 $R_1 = R_2 = R_3 = R$ 時，則

$$G_v = -\frac{R_F}{R}(V_1+V_2+V_3)$$

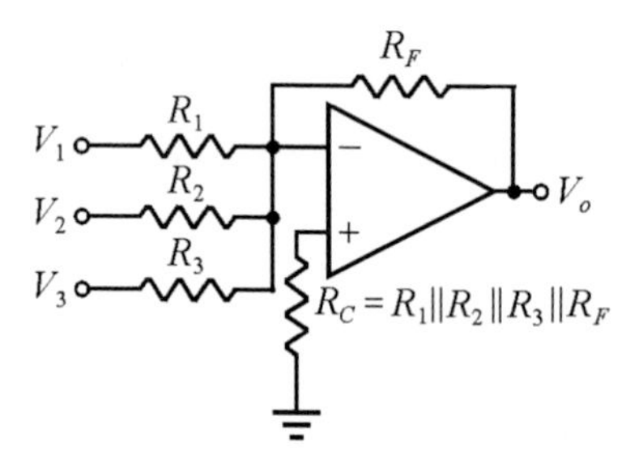

圖 5-5　反相加法放大電路

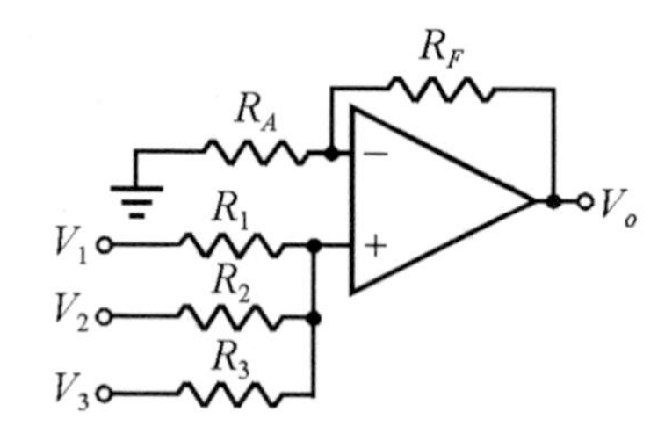

圖 5-6　非反相加法放大電路

4.　非反相加法的放大器

非反相加法放大器在分析較複雜些，參考圖 5-6 所示電路可得電壓增益為

$$G_v = \left(1+\frac{R_F}{R_A}\right)\left[\frac{V_1(R_2 \parallel R_3)}{R_1+(R_2 \parallel R_3)}+\frac{V_2(R_3 \parallel R_1)}{R_2+(R_3 \parallel R_1)}+\frac{V_3(R_1 \parallel R_2)}{R_3+(R_1 \parallel R_2)}\right] \tag{5.4}$$

5.　加法放大器

這種加法放大器或第 3.與 4.皆可統稱為和放大器(Sum Amplifieier)或是加法器(Adder)，因此我們將第 3.與 4.組合成較多之輸入時即是圖 5-7 所示的加法放大器，經由分析證明其電壓增益為

$$G_v = \left[-R_F\left(\frac{V_1}{R_1}+\frac{V_2}{R_2}\right)\right]+\left(1+\frac{R_F}{R_1 \parallel R_2}\right)$$

$$\left[\frac{V_3(R_4 \parallel R_5)}{R_3+(R_4 \parallel R_5)}+\frac{V_4(R_5 \parallel R_3)}{R_4+(R_5 \parallel R_3)}+\frac{V_5(R_3 \parallel R_4)}{R_5+(R_3 \parallel R_4)}\right] \tag{5.5}$$

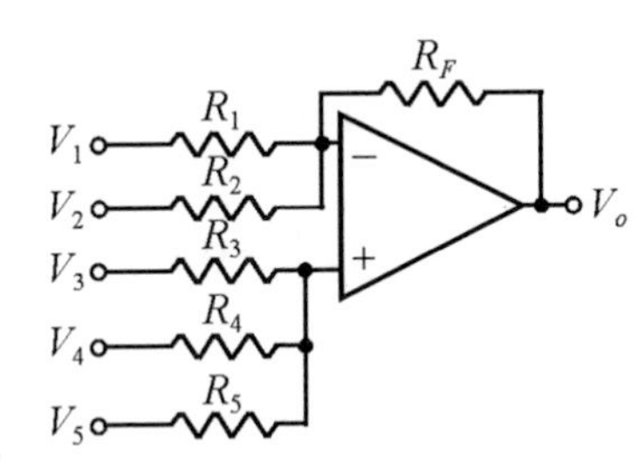

圖 5-7　加法器電路

6.　電壓隨耦器

Op Amp 可組成一電壓隨耦器藉以緩衝高低阻抗差異過大之電路作匹配之用，由於電壓相位不同而分成反相與非反相的電壓隨耦器且如圖 5-8 所示。

反相：　$G_v = \dfrac{V_o}{V_1} = -\dfrac{R}{R} = -1$

非反相：$G_v = \dfrac{V_o}{V_1} = 1$

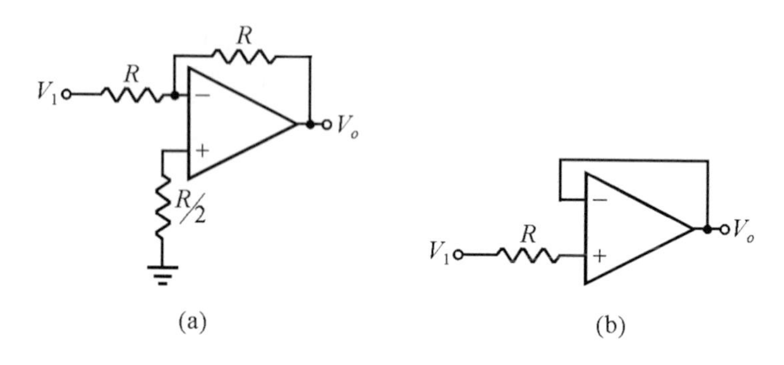

圖 5-8　電壓隨耦器(a)反相式；(b)非反相式

7.　積分器

這是一種產生線性斜波良好的實用電路(輸入為直流信號)，通常稱為米勒積分器(Miller Intetrator)，參考圖 5-9 所示的積分電路(a)，若是相位相同者則是圖(b)的電路。經過分析與證明得知：

$$\text{反相積分器 } v_o(t) = -\frac{1}{RC}\int_0^t v_i(t)dt \tag{5.6}$$

$$\text{非反相積分器 } v_o(t) = -\frac{2}{RC}\int_0^t v_i(t)dt \tag{5.7}$$

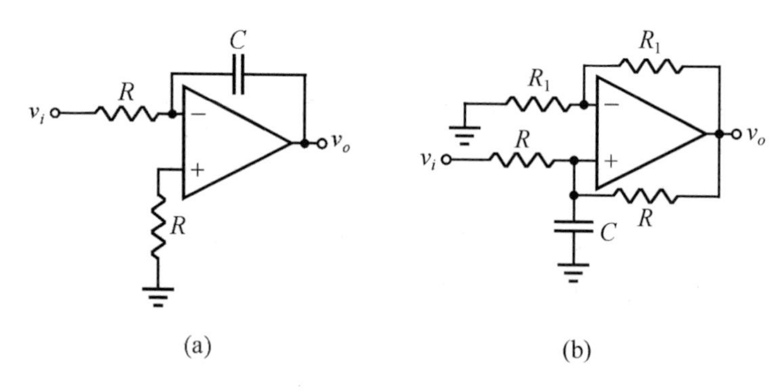

圖 5-9　積分器電路(a)反相式；(b)非反相式

8.　微分器

若將積分器的 R 與 C 互換位置即是微分器電路且如圖 5-10 所示，由於微分器容易受雜訊干擾而不穩定，故較少使用。經過分析與證明知道：

$$v_o(t) = -RC\frac{dv_i}{dt} \tag{5.8}$$

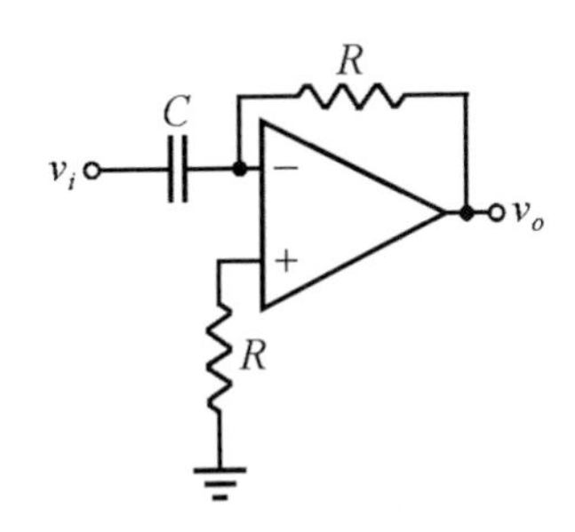

圖 5-10　微分器電路

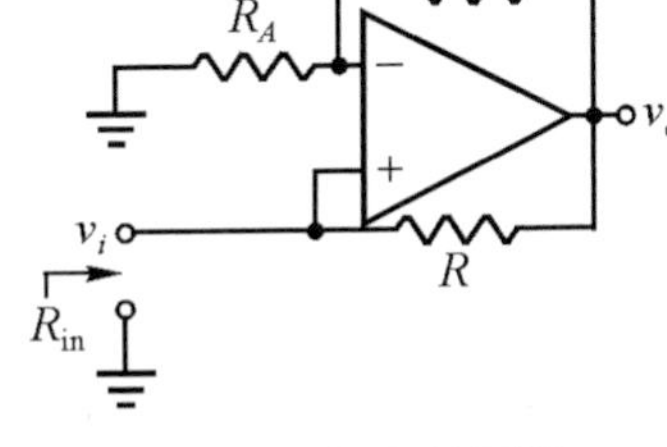

圖 5-11　負阻抗電路

9.　負阻抗電路

在圖 5-11 所示的負阻抗電路可產生一負的輸入電阻，它是用來抵消不需要的正電阻(可應用在振盪電路中)。經過分析與證明可得知：

$$R_{\text{in}} = -\frac{R_A R}{R_F} \tag{5.9}$$

10.　差動放大器

爲了提高輸入阻抗與良好的抑制雜訊干擾能力所組成如圖 5-12 所示電路，經過分析與證明得知：

具有權位的差動放大器(四個相異電阻)

$$v_o = \left(1+\frac{R_F}{R_a}\right)\left(\frac{R_2}{R_1+R_2}\right)v_2 - \frac{R_F}{R_a}v_1 \tag{5.10}$$

具有增益的差動放大器($R_a = R_1$ 且 $R_F = R_2$)

$$v_o = \frac{R_2}{R_1}(v_2 - v_1) \tag{5.11}$$

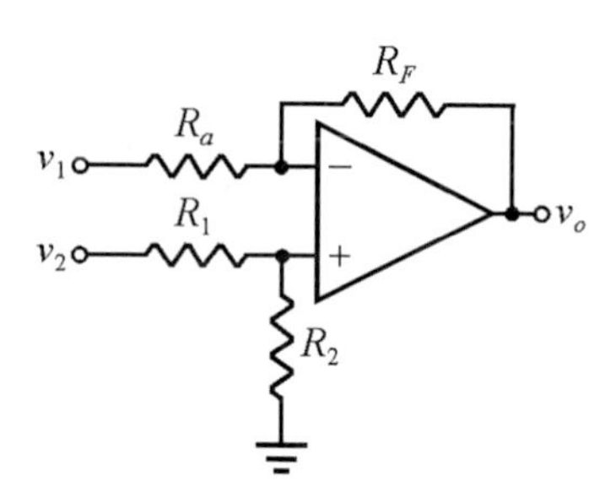

圖 5-12　差動放大器電路

11. 比較器

比較器係將 Op Amp 接成開回路的方式而用來作爲電壓比較之電路，通常是一輸入端接輸入信號且另一輸入端接參考電壓，由此可知有多種不同之應用電路。

(1) 零準位檢測器(Zero Level Detection)

當輸入信號越過零點(0V)上下時，放大器的輸出即爲最大之飽和電壓。若輸入正弦波，輸出即爲方波信號，電路如圖 5-13 所示。

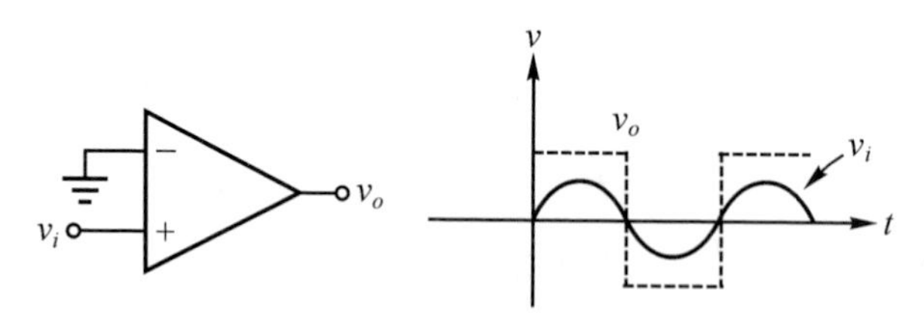

圖 5-13　零準位檢測電路

(2) 非零準位檢測器(NonZero Level Detection)

若將零電壓改成某直流電壓(正與負皆可)作爲參考電壓時即可完成此功能，參考圖 5-14 所示電路。

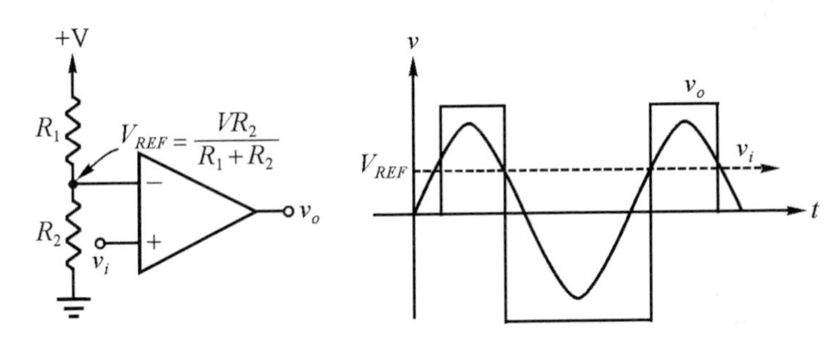

圖 5-14　非零準位檢測電路

(3) 舒密特觸發器(Schmitt Trigger)

若要抑制雜訊干擾而避免輸出有不穩定狀況時，可以利用正回授方法的磁滯現象(Hysteresis)，亦即是使輸入由小變大的相對參考電壓有較大值，而輸入由大變小的相對參考電壓則變爲較小值。當然上述情況亦可相反，則需視輸入端(反相或非反相)而定，圖 5-15 所示電路爲非反相之舒密特觸發器。

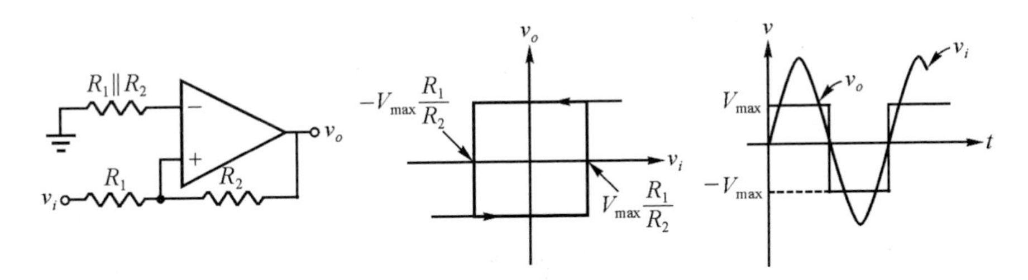

圖 5-15　舒密特觸發器電路

12. 其它的應用電路

除了上述利用 Op Amp 組成之電路應用之外，尚有許多諸如精準整流電路、三角波(鋸齒波)產生器、RC 移相振盪、韋恩電橋振盪器、哈特萊振盪器、考畢子振盪器等等，學者若有興趣可再參考電子學中有關 Op Amp 單元的討論。

5-3 範例集錦

例題 5.1

試求圖示電路的輸出電壓 V_o。

(1) $V_i = 1\,\text{V}$。

(2) $V_i = 0.2\sin\omega t V$ 。

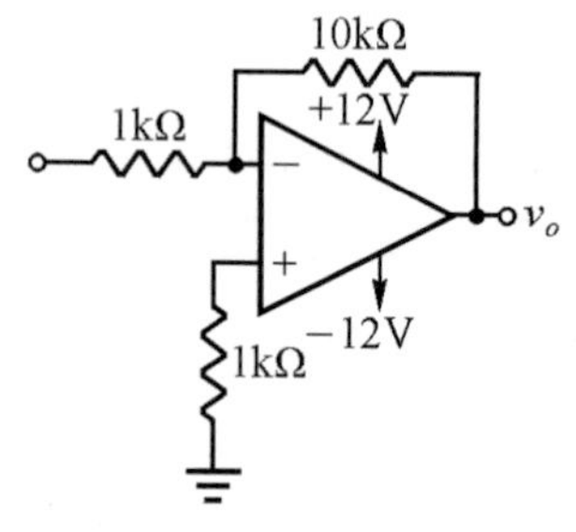

解 分別利用式(5-1)知 $V_o = G_v V_i = \dfrac{-10\text{k}\Omega}{1\text{k}\Omega} V_i = -10V_i$

(1) $V_o = -10 \times 1\text{V} = -10\,\text{V}$

(2) $v_o = -10 \times 0.2\sin\omega t V = -2\sin\omega t V$

例題 5.2

若輸出電壓 $V_o = 12$ V 且電路如圖所示，請問輸入電壓應該多大？

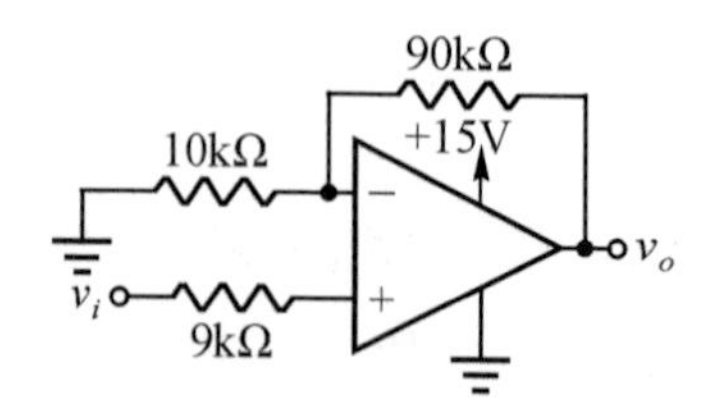

解 電路爲非反相放大，利用式(5-2)求出增益

$$G_V = 1 + \frac{90\text{k}\Omega}{10\text{k}\Omega} = 10$$

所以輸入電壓 V_i 應爲

$$V_i = \frac{V_o}{G_V} = \frac{12\text{V}}{10} = 1.2$$

例題 5.3

試求圖示加法放大器的輸出電壓 V。

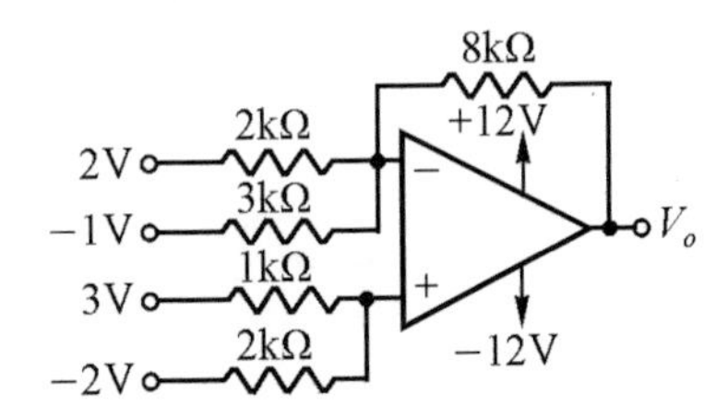

解 我們可以分別令“+”端輸入爲零而求出“−”端輸入的輸出電壓爲

$$V_{o1} = -R_F\left(\frac{V_1}{R_1} + \frac{V_2}{R_2}\right) = -8\text{k}\Omega\left(\frac{2\text{V}}{2\text{k}\Omega} + \frac{-1\text{V}}{3\text{k}\Omega}\right)$$

$$= -8\text{V} + \frac{8}{3}\text{V} = -\frac{16}{3}\text{V}$$

其次令“−”端輸入爲零且先求電壓增益爲

$$G_v = 1 + \frac{8\text{k}\Omega}{2\text{k}\Omega \,||\, 3\text{k}\Omega} = 1 + \frac{8\text{k}\Omega}{1.2\text{k}\Omega} = 7.67$$

輸出電壓為(利用分壓定律)

$$V_{o2} = G_v \left[3\text{V}\frac{2\text{k}\Omega}{1\text{k}\Omega + 2\text{k}\Omega} + (-2\text{V})\frac{1\text{k}\Omega}{2\text{k}\Omega + 1\text{k}\Omega} \right]$$

$$= 7.67(2\text{V} - 0.67\text{V}) = 10.20\ \text{V}$$

故總輸出電壓 V_o 為

$$V_o = V_{o1} + V_{o2} = -5.33\text{V} + 10.20\text{V} = 4.87\ \text{V}$$

例題 5.4

請繪出圖示積分電路的輸出波形與電壓值。

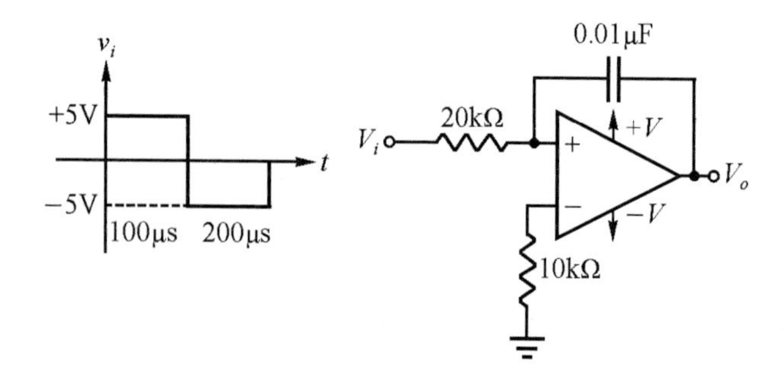

解 在 $0 \le t \le 100\ \mu\text{s}$ 的時段內($v_o(o) = 0$)

$$v_o(t) = v_o(o) - \frac{1}{RC}\int_0^t v_i dt$$

$$= 0 - \frac{1}{20\text{k}\Omega \times 0.01 \times 10^{-6}}\int_0^{100\mu\text{s}} 5\text{V} \cdot dt$$

$$= -\frac{5\text{V}}{2 \times 10^{-4}} \times 100 \times 10^{-6}$$

$$= -2.5\ \text{V}$$

在$100\mu s \le t \le 200\mu s$的時段內

$$v_o(t) = v_0(100\mu s) - \frac{1}{RC}\int_{100\mu s}^{200\mu s} v_i dt$$

$$= -2.5 - \frac{-5V}{2\times 10^{-4} s}(200\mu s - 100\mu s)$$

$$= -2.5V + \frac{5V}{2\times 10^{-4} s} \times 100 \times 10^{-6} s$$

$$= 0\ V$$

輸出電壓波形如下

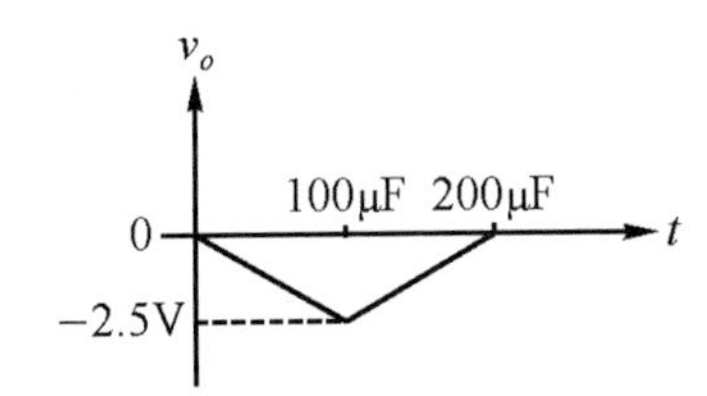

例題 5.5

對圖示的 Op Amp 差動電路，試求其輸出電壓。

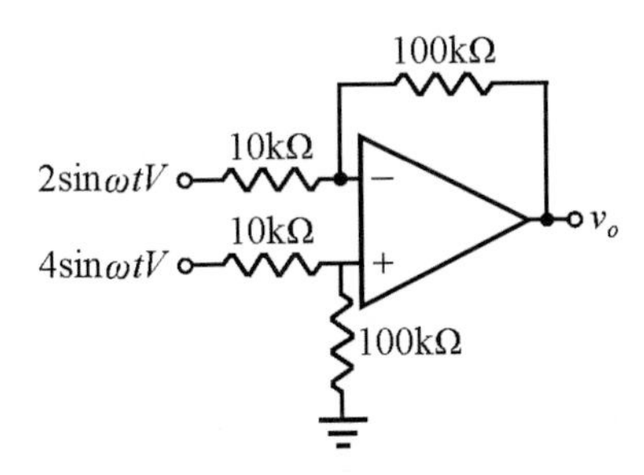

解 我們可看出電路$R_a = R_1 = 10\,k\Omega$與$R_F = R_2 = 100\,k\Omega$，所以利用式(5-11)知

$$v_o = \frac{R_2}{R_1}(v_2 - v_1) = \frac{100k\Omega}{10k\Omega}(4\sin\omega tV - 2\sin\omega tV)$$

$$= 10\times 2\sin\omega tV = 20\sin\omega tV$$

注意 該輸出電壓的峰值爲 ± 20 V，因此輸出波若不失眞，那麼供應電壓至少要 ± 22 V 爲宜。

例題 5.6

圖示電路爲另一種型式的舒密特觸發器(比較器)，試求其磁滯量與最大正、負觸發電壓，其中輸出的最大振幅爲 ±10 V。

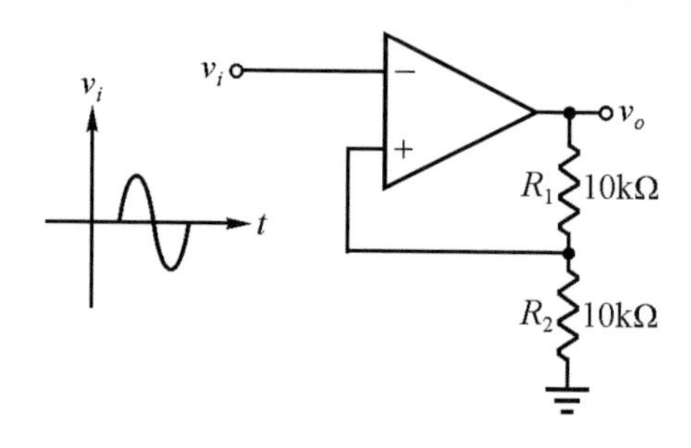

解 已知 $V_{o(+)} = 10\text{ V}$ 與 $V_{o(-)} = -10\text{ V}$，因此

最大正緣觸發電壓 $V_{UT} = V_{o(+)} \times \dfrac{R_2}{R_1 + R_2} = +10\text{V} \times \dfrac{10\text{k}\Omega}{10\text{k}\Omega + 10\text{k}\Omega} = +5\text{ V}$

最小負緣觸發電壓 $V_{LT} = V_{o(-)} \times \dfrac{R_2}{R_1 + R_2} = -10\text{V} \times \dfrac{10\text{k}\Omega}{10\text{k}\Omega + 10\text{k}\Omega} = -5\text{ V}$

磁滯量大小爲 $V_H = V_{UT} - V_{LT} = +5\text{V} - (-5\text{V}) = 10\text{ V}$

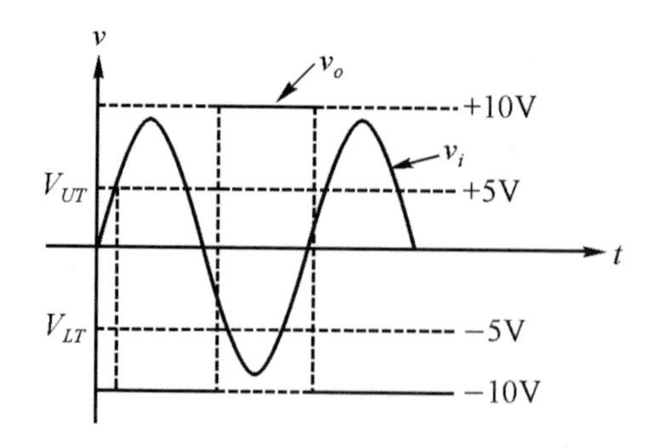

注意　此 V_{UT} 與 V_{LT} 值係指輸入電壓在 ±5 V 內之電路維持某最大輸出，祇在輸入信號大於 +5 V 時輸出為 −10 V 或輸入小於 −5 V 時輸出為 +10 V 之間作轉換，因此輸入與輸出電壓信號如上圖所示。

習 題

一、選擇題

( ) 1. 有關理想放大器的特性，下列何者不正確？ (1)輸入阻抗無窮大 (2)輸出阻抗無窮大 (3)頻帶寬度無窮大 (4)電壓增益無窮大。

( ) 2. 如圖 1 所示電流源爲 0.1A，電壓源爲 3V，R 爲 100Ω，則輸出電壓 V_o 爲 (1)+13V (2)+7V (3)0V (4)−7V。

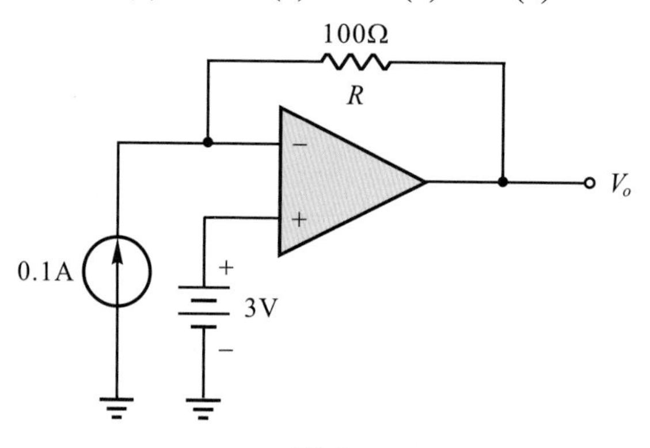

圖 1

( ) 3. 如圖 2 所示，輸入 V_i 爲 1kHz 信號，在輸出未飽和情況下，輸出信號 V_o 應爲 (1)方波 (2)鋸齒波 (3)三角波 (4)矩形波。

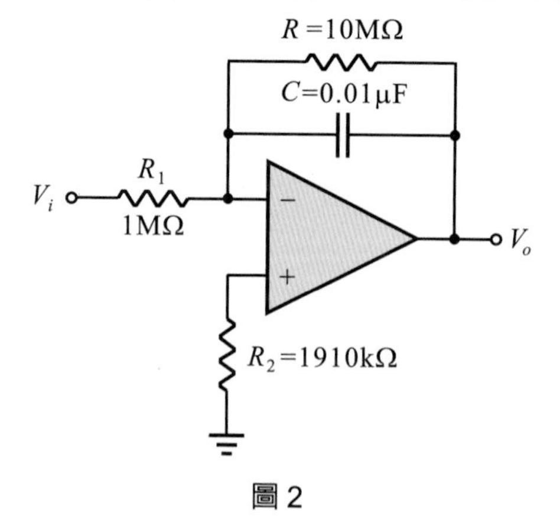

圖 2

(　) 4. 如圖 3 所示電路，若 V_i=20V 之 1kHz 正弦波信號，則輸出 V_o 爲
(1)V_P= −14 之 1kHz 正弦波　(2)V_P= +14 之 1kHz 正弦波
(3)V_P= +14 之 1kHz 餘弦波　(4)$V_{P\text{-}P}$= 20V 之方波。

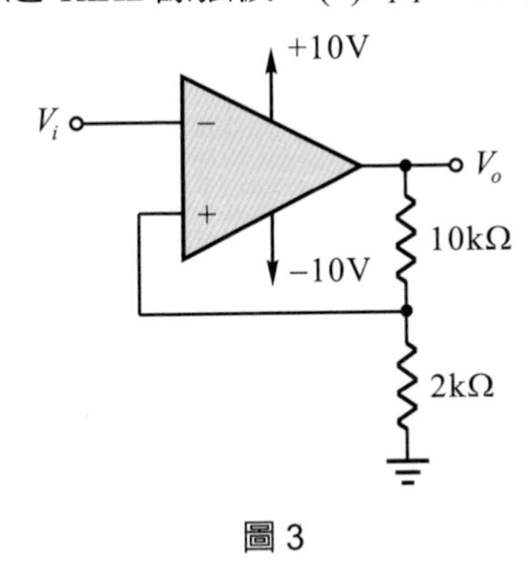

圖 3

(　) 5. 運算放大器之 CMRR 值越大時，則表示　(1)共模增益越大　(2)易消除雜訊　(3)差動放大器越差　(4)容易產生雜訊。

(　) 6. 何種負回授型態可增加輸出電阻與降低輸入電阻？　(1)電壓串聯負回授　(2)電壓並聯負回授　(3)電流並聯負回授　(4)電流串聯負回授。

(　) 7. 欲使差動放大器趨於理想則需　(1)提高 CMRR　(2)提高電源電壓　(3)降低輸入電壓　(4)提高共模增益。

(　) 8. 下列何者為比較器

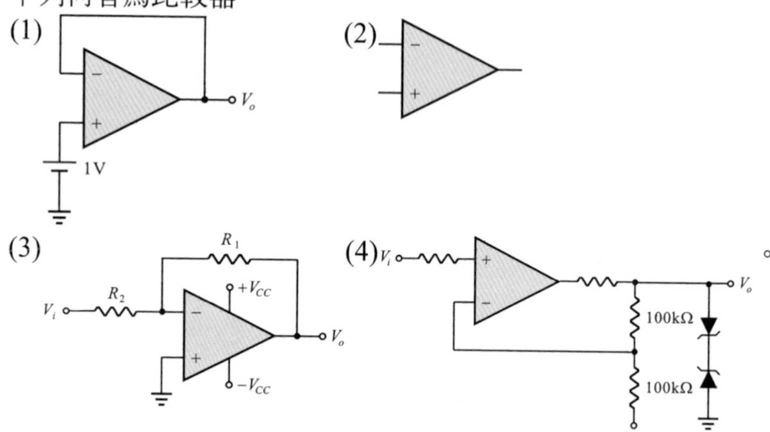

。

(　) 9. 下列那一個元件是運算放大器？ (1)μA741 (2)2N3569 (3)SN7400 (4)CD4001。

(　) 10. 一個三級放大電路，各級電壓分別為 10dB、20dB、30dB 則總電壓增益為 (1)30dB (2)60dB (3)300dB (4)600dB。

(　) 11. 放大器電壓增益為 100，若加上一回授因數 $\beta = 0.19$ 的負回授電路，則回授後電壓增益為 (1)5 (2)19 (3)50 (4)100。

(　) 12. 放大器加上負回授後 (1)增益增加 (2)頻寬減少 (3)改善失真 (4)穩定度減低。

(　) 13. 下列何者具有高增益、高輸入阻抗及偏移量小的特性 (1)差動放大器 (2)達靈頓放大器 (3)低頻放大器 (4)高頻放大器。

(　) 14. 一個三級放大電路，各級電壓增益分別為 10 倍、20 倍、30 倍則電壓增益為 (1)60 倍 (2)1200 倍 (3)6000 倍 (4)12000 倍。

二、計算題

1　請列出理想運算放大器與實際運算放大器的特性。

2. 請繪出具有兩個反相輸入與兩個非反相輸入的總和放大器電路。如果接在輸入電壓的電阻皆是 R 而回授電阻 $R_F = 3R$ 時，那麼寫出 v_o 的方程式。

3. 請計算圖 4(a)～(e)各電路的輸出電壓 v_o 值：

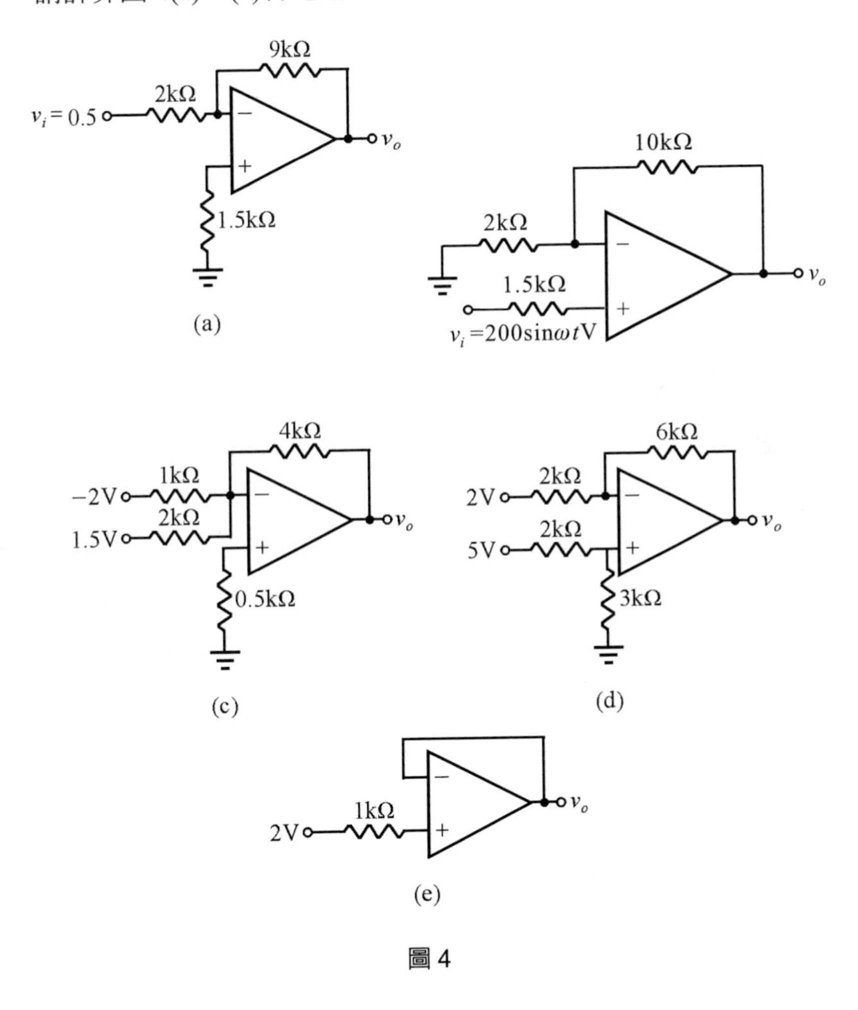

圖 4

4. 如圖 5 所示電路爲電流轉換電壓的運算放大器電路，請寫出 v_o 的方程式。

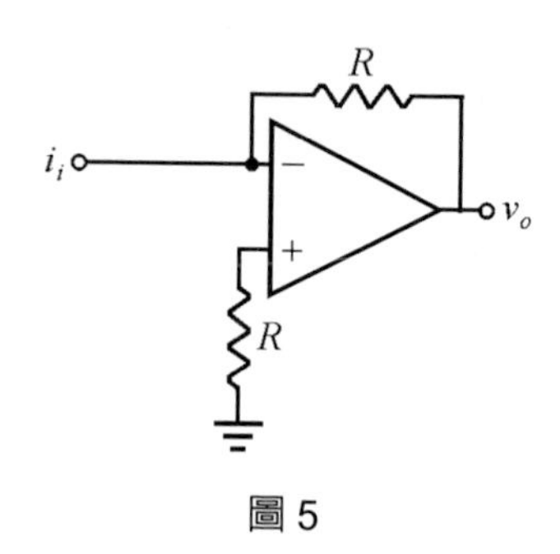

圖 5

5. 請繪出反相與非反相積分器的運算放大器電路以及 v_o 的公式。
6. 請繪出負阻抗的運算放大器電路與輸入阻抗 R_{in} 的公式。若輸入電阻是 $-10\ \text{k}\Omega$ 時，你能設計出該電路嗎？
7. 說明差動式的運算放大器電路的優點。如果我們希望輸出電壓爲 $v_o = 4(v_2 - v_1)$，你能設計出該電路嗎？
8. 請繪出不同的比較器運算放大器電路且註明電路名稱。

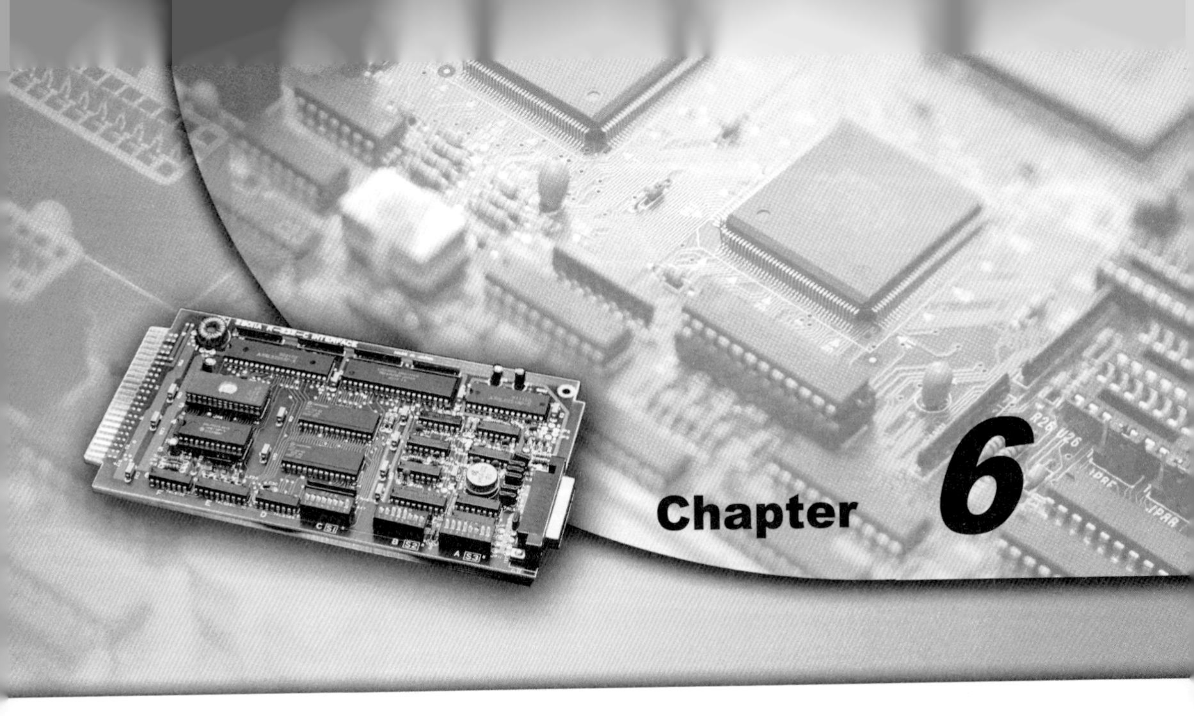

功率放大器

功率放大器的目的是傳送未失真最大的對稱輸出電壓振幅到低電阻之負載上，在實用的系統中包括幾級放大且最後一級就是功率放大器，接在這功率放大器的負載可能是揚聲器、伺服電動機、馬達等。

功率放大器依據提供直流電壓方式的不同而分為 A 類、B 類、AB 類與 C 類的操作。對於電子工業應用系統而言，這些偏壓方式皆可應用到，至於大功率操作而能應用到機電系統中的則是 B 類或 AB 類操作才適合，因此在本章中對 B 類作分析而其它則略述。

6-1 功率放大器特性注意事項

典型的功率放大器無論在設計或應用時皆應注意的事項有：

1. 失真的問題：盡可能減少來自前級的失真信號或本身之失真產生。
2. 阻抗匹配問題：注意前級或負載之阻抗匹配，以免造成失真或減少效率轉換等問題。

3. 偏壓穩定性問題：除了注意直流供應電壓的穩定之外，也要考慮電路偏壓設計有溫度補償與保護電路。
4. 效率與散熱問題：由於功率放大電路具有大電流或大電壓，故對功率轉換的效率應注重外，還要注意到消耗功率所產生大量熱功率之溫度作妥善處理。

對於上述的注意事項有些是屬於電子領域中的設計專業知識不包括在本單元中，僅就一般性且容易做到的來討論。

在前面第三、四與五章所討論過的放大器都是屬於小信號之類的放大器，也就是交流的輸入與輸出的電壓或電流信號相對於直流供應電壓或電流準位是較小的變動，因此這些小信號是決不可以失真的。至於所謂的功率放大或大信號放大器則是交流之電壓或是電流的振幅要盡可能的大而稍容許微小的失真，當然，最好是不失真，同時該最大的振幅要看電源供應所給予功率電晶體之電壓或電流而定。

功率電晶體的成本大致以它的功率規格成正比例，因此使用的電晶體通常是限制在其功率比例的範圍內，亦即是使用在低功率的放大工作將不適合於大功率電晶體，因為過於浪費。

接下來是討論功率消耗的問題：

功率電晶體有一可允許的接面溫度 T_J，而功率消耗量 $P_D \cong V_{CE} I_C$ 所產生大量的熱以及周圍溫度的影響使溫度 T 上升應小於 T_J。例如鍺質電晶體的 T_J 在 110℃左右，矽質電晶體的 T_J 在 180℃左右時之電晶體會被熱所燒毀破壞。例如屬於高電壓大電流的特殊電晶體，若 V_{CE} 的最大電壓是 300 伏特，或是該功率電晶體的集極所允許最大電流是 250 安培，那麼在使用時必然不可超過這些值。因此限制功率電晶體的三種基本因素就是最大電壓 $V_{CE\max}$、最大電流 $I_{C\max}$ 與最大消耗功率 $P_{D\max}$，祇要操作中超過任何一個規格限制，很正常的結果就是電晶體將被破壞。

由於功率電晶體必須能夠消耗大量的功率且維持在安全操作範圍內，故在電路上與電晶體構造上必須有效提供熱的散逸，通常散熱的方式有：

1. 功率電晶體的金屬外殼：在電晶體散熱的重要地方就是發生在集極－基極接合逆向偏壓，因此在集極引端是和電晶體的金屬外殼直接連接來增加熱量消散於空氣中，唯需注意金屬外殼不可接地，否則電晶體就因為短路接地而迅速被燒燬。
2. 外加散熱座：將功率電晶體嵌上一大金屬板(俗稱散熱座)來增加散熱，如此可操作於高功率準位時而仍然維持可接受的接面溫度 T_J 大小。為了避免電晶體外殼和接地位的底座直接連接，故需接上雲母的絕緣墊片，在使用上不可不慎。
3. 風扇式：為了加速散熱速率可再增加風扇設備。
4. 氣冷式：若要加速降低周圍空氣溫度與散熱可再設置冷氣設備。
5. 水冷式：對於超大功率電路之大熱量要散熱亦可再安裝冷水流管經由散熱裝置來加速累積熱量的排散。

由於功率電晶體的功率規格是以外殼保持在室溫 25℃為有效值，雖然有外加的各種散熱設備，但也難以維持在該溫度範圍。因此要減少電晶體外殼的溫度到所期望的溫度，我們必須慎用製造商所提供減少溫度的資料，如圖 6-1 所示的 2N5671 功率電晶體的功率消耗衰減曲線與散熱座安裝法。注意到在(a)圖中，若溫度 T_C 增加亦即指出電晶體所承受的消耗功率要減少。

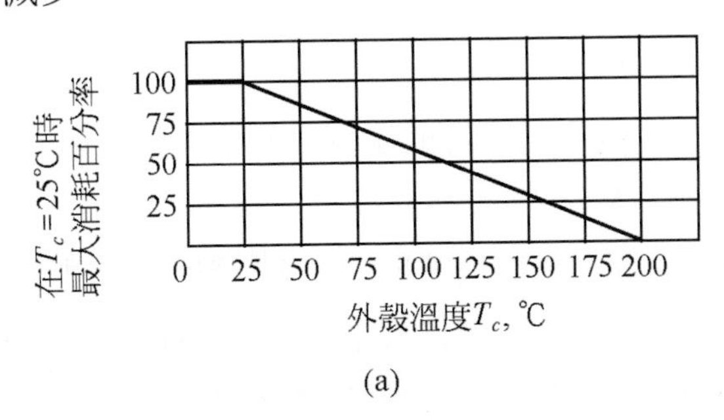

(a)

圖 6-1　(a)2N5671 功率電晶體的消耗衰減曲線(Courtesy of RCA Solid State Div.)

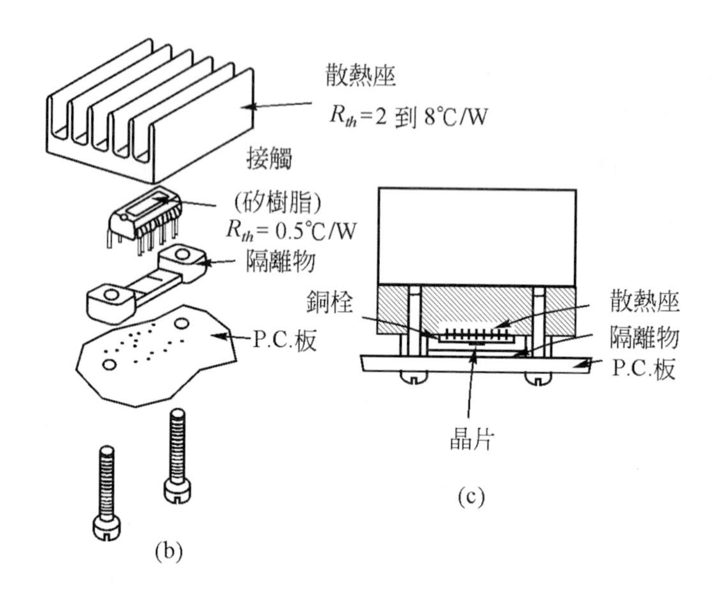

圖 6-1 (b)DA2020 的散熱座安裝法，由 2 到 8℃/W 範圍內熱阻值有許多散熱座可用；(c)裝配妥當之系統的截面圖(Courtest of SGS/ATES Coro.)(續)

6-2 功率放大器的分類

功率放大器的電子控制元件(電晶體)是選擇在動態轉移曲線上的工作點位置而分爲四類：

1. A 類：

A 類功率放大器就是選擇的工作點與輸入信號都能在輸出電路(集極或汲極)中的電流於全週期(360°)皆能線性放大，由於電路操作於特性曲線的直線部分，因此輸出信號振幅在工作點的上方與下方均相同，故失真最小。但是，在功率的轉換效率上最小，理想上的 *RC* 交連方式的效率最大是 25%而變壓器交連方式的效率最大是 50%。由於效率的偏低，所以在功率放大器的設計上較少使用。

2.　B 類：

B 類功率放大器的直流工作點是設計在轉移特性曲線的最末端(截止點上)，因此靜態消耗功率很小。由於電晶體僅在輸入信號的順向半週(如 *NPN* 電晶體是在弦波形的正半週)時才導通，故只能放大完整信號的半波(180°)。在實際應用的功率放大器必須使用 *PNP* 與 *NPN* 互補電晶體組合成推挽(Push-Pull)式來放大完整的正負兩半週。詳細的討論會在後面與 AB 類一起介紹。

3.　AB 類：

AB 類功率放大器的工作點是設計在轉移特性曲線截止點略為高些(少許的順向偏壓來消除電晶體的 V_{BE} 電壓降)，因此操作可以簡單的說是限定在 A 類與 B 類兩種偏壓之間。電晶體的導通略大於半週(180°)而小於全週(360°)，這種偏壓設計是針對 B 類偏壓的缺點交越失真(Crossover Distortion)而改善的。

4.　C 類：

C 類功率放大器的直流工作點是設計在轉移特性曲線截止點之下，因此電晶體的導通之輸出信號是小於完整波形的半週(180°)。C 類放大器比 A 類與 B 類推挽式放大器更具有效率(可達 90%以上)，亦即是 C 類功率放大器可以有更大的輸出功率。但是 C 類偏壓放大有嚴重的波形失真，因此不適用於信號傳真，它祇適用於無線電發射時的射頻調諧放大或倍頻電路上才應用到。

6-2-1　A 類功率放大器之概述分析

在前面幾章所敘述的放大器都是 A 類偏壓方式的放大電路，依據圖 6-2 的電路分析而歸納出一些重要公式：

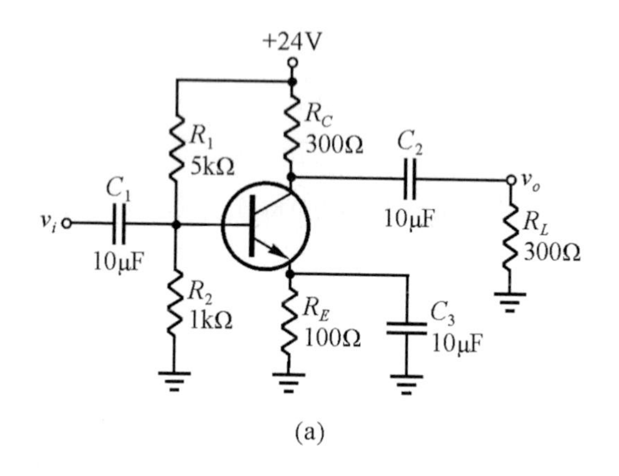

(a)

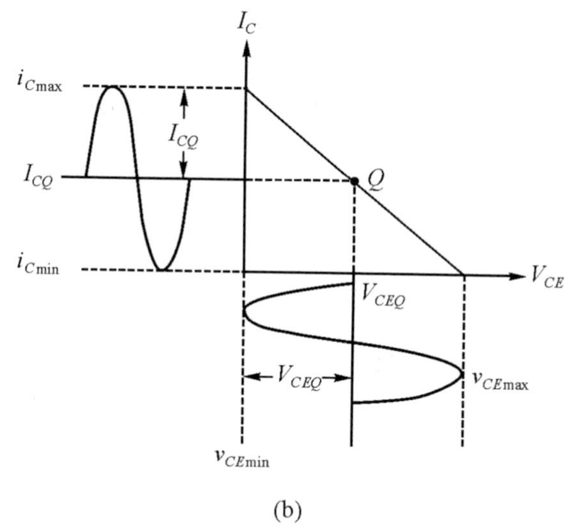

(b)

圖 6-2 (a)A 類 *CE* 放大電路，本偏壓電路經分析計算知 Q 點在中央，故有最大之輸出功率；(b)輸出的電流與電壓波形

$$\text{供應功率 } P_S = V_{CC} I_{CQ} = \frac{V_{CC}(i_{C\max} + i_{C\min})}{2}$$

$$= \frac{V_{CC}(v_{C\max} + v_{CE\min})}{2R_L'} \tag{6.1}$$

$$\text{輸出功率 } P_O = v_{CE\text{rms}} i_{C\text{rms}} = \frac{(v_{CE\max} - v_{CE\min})^2}{8R_L'} \tag{6.2}$$

消耗功率 $P_D = P_S - P_O$ (6.3)

效率 $\eta\% = \dfrac{P_O}{P_S} \times 100\% = 25 \dfrac{(v_{CE\max} - v_{CE\min})^2}{V_{CC}(v_{CE\max} + v_{CE\min})}\%$ (6.4)

注意 $R_L' = R_C \parallel R_L$ 。

又若 A 類為變壓器交連時的功率放大電路則參考圖 6-3 所示，經分析推導的重要公式如下：

供應功率 $P_S = V_{CC} I_{CQ} = \dfrac{(v_{CE\max} + v_{CE\min})^2}{4R_L'}$ (6.5)

輸出功率 $P_O = v_{CE\mathrm{rms}} i_{C\mathrm{rms}} = \dfrac{(v_{CE\max} - v_{CE\min})^2}{8R_L'}$ (6.6)

消耗功率 $P_D = P_S - P_O$ (6.7)

效率 $\eta\% = \dfrac{P_O}{P_S} \times 100\% = 50\left(\dfrac{v_{CE\max} - v_{CE\min}}{v_{CE\max} + v_{CE\min}}\right)^2$ (6.8)

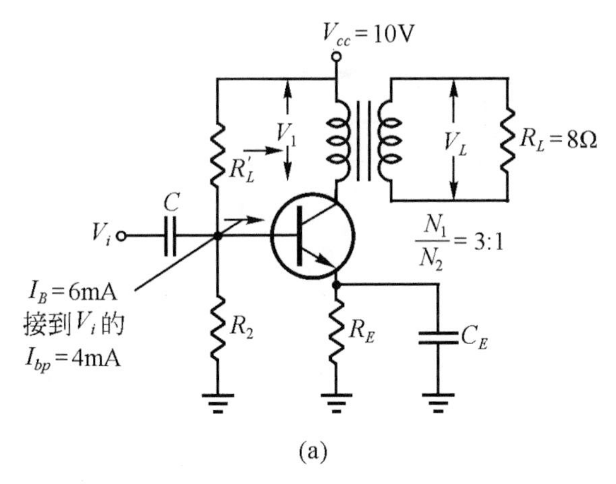

圖 6-3　變壓器交連的 A 類功率放大(a)放大電路

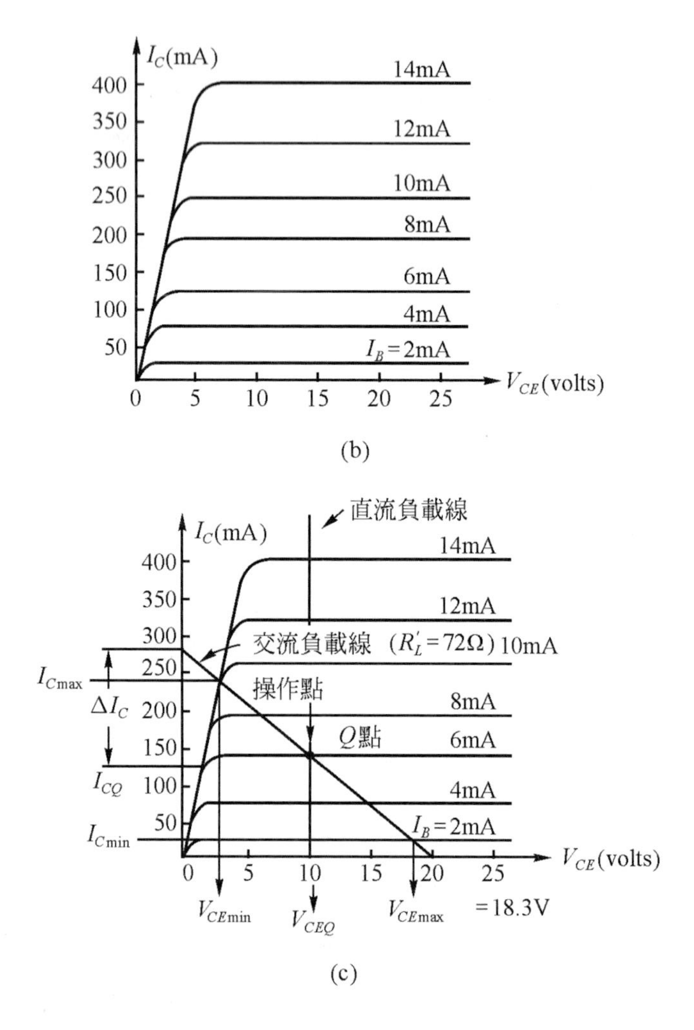

圖 6-3　變壓器交連的 A 類功率放大(b)電晶體特性；(c)負載線(續)

6-2-2　B 類(AB 類)推挽放大器分析

B 類操作推挽式之放大器是線性功率放大器中使用最廣泛且其最主要優點是負載有更多的功率輸出與消耗功率減少了，所以效率提高許多。參考圖 6-4 所示的電路，我們看出利用一個 *NPN* 與一個 *PNP* 電晶體組成的互補對稱之推挽放大，目前之應用電路大多採用此電路方式。電晶體 Q_1 與 Q_2 都是以共集極操作放大，Q_1 是在輸入爲正半週時導通卻 Q_2 是截止的，反之在負半週時的 Q_1 是截止卻 Q_2 是導通。這種電路必須有良好的匹配電晶體才能使失眞減至最小，但要將失眞(交越失眞)減少到最低程度則必須改用圖 6-5 所示的具有 AB 類之偏壓方式。由於電路使用單電源而使 $V_{CEQ}=\dfrac{V_{CC}}{2}$ 與基極有直流電壓存在，故在輸入端與輸出端皆需要外加交連電容器以防止影響直流偏壓變動與燒燬負載。至於使用雙電源的偏壓方式則以下面的例題來進行分析，在未分析前先將 B 類推挽放大電路之特性經分析推導出的公式列示於下：

$$\text{供應功率 } P_S=V_{CC}I_{DC}=\frac{2V_{CC}i_{CP}}{\pi}=\frac{2V_{CC}v_{OP}}{\pi R_L} \tag{6.9}$$

$$\text{輸出功率 } P_O=v_{O\mathrm{rms}}i_{O\mathrm{rms}}=\frac{v_{OP}^2}{2R_L}=\frac{v_{O\mathrm{rms}}^2}{R_L} \tag{6.10}$$

$$\text{消耗功率 } P_D=P_S-P_O=\frac{2V_{CC}v_{OP}}{\pi R_L}-\frac{v_{OP}^2}{2R_L} \tag{6.11}$$

$$\text{效率 } \eta\%=\frac{P_O}{P_S}\times 100\%=78.54\frac{v_{OP}}{V_{CC}}\% \tag{6.12}$$

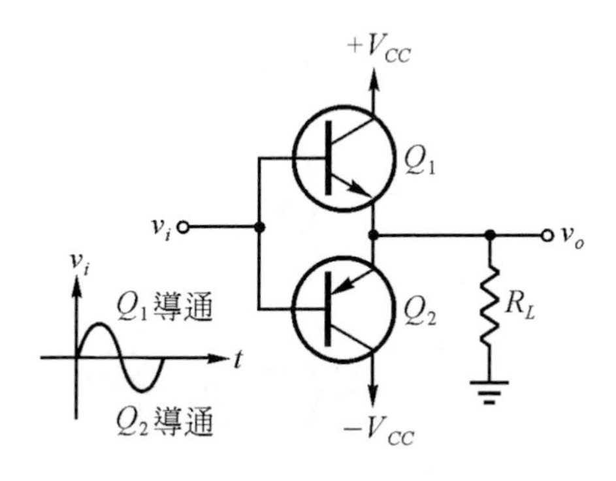

圖 6-4　基本 B 類互補推挽放大電路

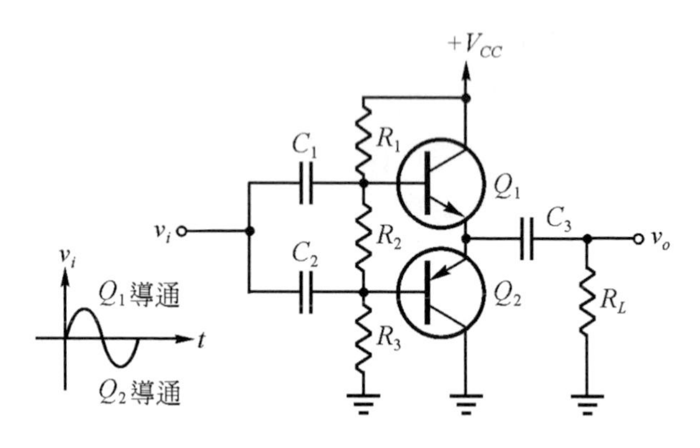

圖 6-5　消除交越失真的 B 類推挽放大器偏壓法

注意　$v_{OP} \cong v_{ip}$(輸入信號之峰值電壓)，同時 $v_{OP} = \dfrac{2V_{CC}}{\pi}$ 會有最大的消耗功率且其 $P_{D\max} = 2V_{CC}^2 / \pi^2 R_L$ 。

例題 6.1

參考圖示電路，試求下列各問題：

(1)　若輸入信號 $v_{irms} = 12\text{ V}$ 時的 P_S、P_O、P_D 與 $\eta\%$ 。

(2)　在最大輸出且不失真情況下的 $P_{S\max}$、$P_{O\max}$、$P_{D\max}$ 與 $\eta_{\max\%}$ 。

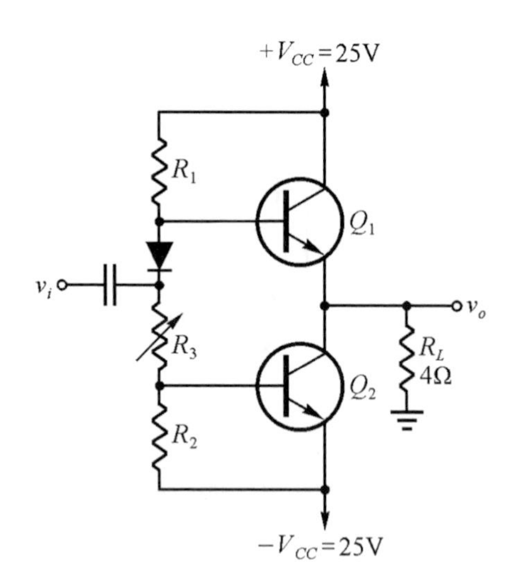

解 (1)　由於 $v_{OP} \cong v_{ip} = \sqrt{2}$、$v_{irms} = \sqrt{2} \times 12\text{V} \cong 17\text{V}$ 且 $R_L = 4\,\Omega$，

所以供應功率 $P_S = \dfrac{2V_{CC}v_{OP}}{\pi R_L} = \dfrac{2 \times 25\text{V} \times 17\text{V}}{3.1416 \times 4\Omega} \cong 67.64\,\text{W}$

輸出功率 $P_O = \dfrac{{v_{OP}}^2}{2R_L} = \dfrac{(17\text{V})^2}{2 \times 4\Omega} \cong 36.13\,\text{W}$

消耗功率 $P_D = P_S - P_O = 67.64\text{W} - 36.13\text{W} = 31.51\,\text{W}$

每個電晶體的消耗功率為 $P_D / 2 \cong 15.76\,\text{W}$

效率 $\eta\% = \dfrac{P_O}{P_S} = \dfrac{36.13\text{W}}{67.64\text{W}} \times 100\% \cong 53.42\%$

(2)　最大供應功率

$$P_{S\max} = \left.\frac{2V_{CC}v_{OP}}{\pi R_L}\right|_{v_{OP}=V_{CC}} = \frac{2 \times 25\text{V} \times 25\text{V}}{3.1416 \times 4\Omega} \cong 99.47\,\text{W}$$

最大輸出功率 $P_{O\max} = \left.\dfrac{{v_{OP}}^2}{2R_L}\right|_{v_{OP}\cong V_{CC}} = \dfrac{(25\text{V})^2}{2 \times 4\Omega} \cong 78.13\,\text{W}$

最大消耗功率 $P_{D\max} = \dfrac{2V_{CC}^2}{\pi^2 R_L} = \dfrac{2 \times (25\text{V})^2}{(3.1416)^2 \times 4\Omega} \cong 31.66\,\text{W}$

最大效率 $\eta_{\max\%} = 78.54\left.\dfrac{v_{OP}}{V_{CC}}\%\right|_{v_{OP}\cong V_{CC}} = 78.54\dfrac{25\text{V}}{25\text{V}}\% = 78.54\%$

在最大效率之下的每個電晶體之消耗功率為

$$\frac{99.47\text{W} - 78.13\text{W}}{2} \cong 10.67\,\text{W}$$

6-2-3　C 類功率放大器之概述分析

C 類放大器的效率是最高的，因此它可輸出更多的功率。參考圖 6-6 的基本 C 類功率放大電路之操作情形。由圖中(b)與(c)可知集極的最大 $i_{C\max}$ 時的最小集－射極飽和電壓 $v_{CE\text{sat}}$，因此可知其消耗功率是最小的，而其消耗功率 P_D 表示如下：

$$P_D = v_{CE\text{sat}} i_{C\max} \tag{6.13}$$

由於電晶體僅在某一短時間 t_{ON} 導通且其它時間皆截止，故電晶體在一週期 T 的平均消耗功率爲

$$P_{D\text{ave}} = \left(\frac{t_{\text{ON}}}{T}\right) v_{CE\text{sat}} i_{C\max} \tag{6.14}$$

例題 6.2

若圖所示電路的某C類功率放大器由200kHz信號輸入(類似一B類放大，亦即脈波式功率放大器)且其導通時間爲每週期 T 的 $1\mu s$ ，若放大器可百分之百利用，那麼 $i_{C\max} = 800$ mA 與 $v_{CE\text{sat}} = 0.2$ V 時的平均消耗功率是多少？又 $V_{CC} = 12$ V 且 $R_C = 10\,\Omega$ 時的最大效率是多少？

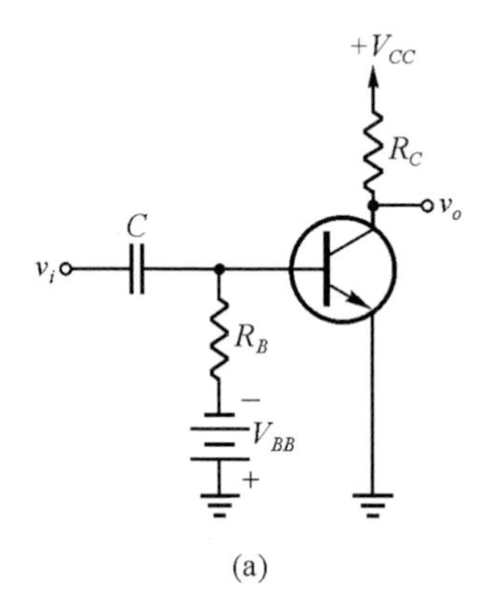

(a)

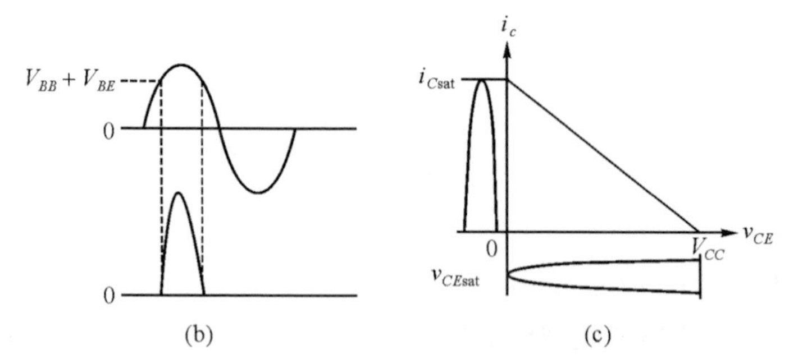

(b) (c)

圖 6-6 C 類放大器的(a)基本放大電路；(b)輸入與輸出波形；(c)負載線的動作

解 週期 $T=\dfrac{1}{f}=\dfrac{1}{200\text{kHz}}=5\mu\text{s}$ ，所以

$$P_{\text{Davc}}=\left(\frac{t_{\text{ON}}}{T}\right)v_{CE\text{sat}}i_{C\max}$$

$$=\left(\frac{1\mu\text{s}}{5\mu\text{s}}\right)(0.2\text{V})(800\text{mA})=32\,\text{mW}$$

供應功率 $P_{S\max}=V_{CC}I_{CQ\text{sat}}=12\text{V}\times\dfrac{12\text{V}-0.2\text{V}}{10\Omega}=14.16\,\text{W}$

最大效率爲

$$\eta_{\max\%}=\frac{P_O}{P_S}\times100\%=\left(\frac{P_S-P_D}{P_S}\right)\times100\%$$

$$=\left(1-\frac{P_D}{P_S}\right)\times100\%$$

$$=\left(1-\frac{32\text{mW}}{14.16\text{W}}\right)\times100\%$$

$$=(1-0.032)\times100\%$$

$$=(0.968)\times100\%=96.8\%$$

6-3　FET 功率放大器

在 1970 年代後期 FET 的功率晶體新製造技術克服許多問題且已漸漸和功率 BJT 放大器成競爭對象。FET 功率放大器較 BJT 功率放大器的特點是輸入阻抗很高，同時高功率輸出級的前置放大級之功率可以相當低，這恰好與 BJT 功率放大器相反，因爲 BJT 功率放大級之中間級需有中功率級來推動後級的功率放大電路。因此，若以 FET 裝置來組成功率放大器的前面放大級數就可減少，此亦減少了輸出功率的浪費。典型的 B 類互補推挽功率放大器如圖 6-7 所示。

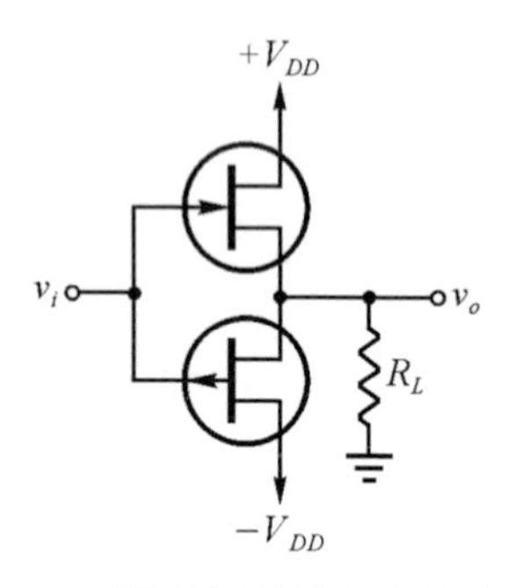

圖 6-7　B 類互補推挽功率放大電路

6-4 積體電路(IC)功率放大器

積體電路式的功率放大電路可以簡化功率放大器之前置放大級的級數，因此電路簡單易於利用，但是要注意功率 IC 的散熱問題以及周邊的輔助電路接法。圖 6-8 所示爲具有 20W 輸出功率的典型應用電路。

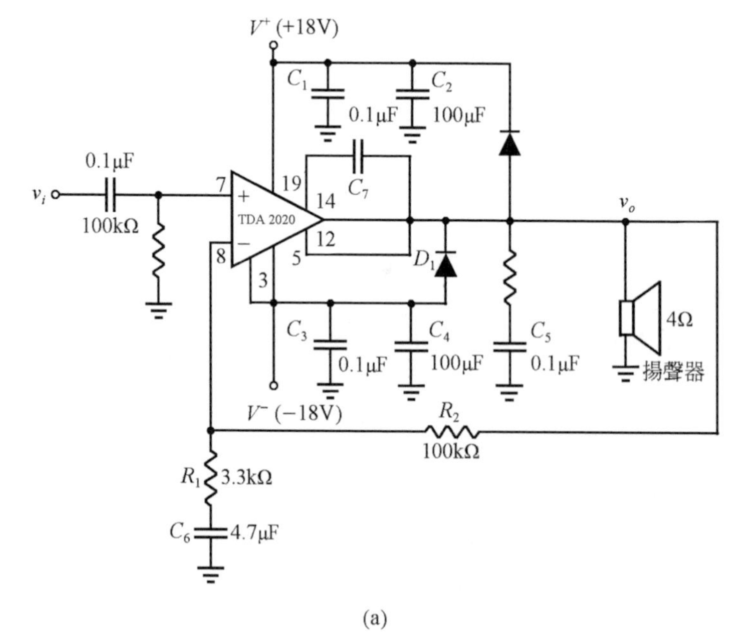

(a)

圖 6-8　(a)雙電源 20 瓦音頻放大器(Courtesy of SGS/ATES Corp.)

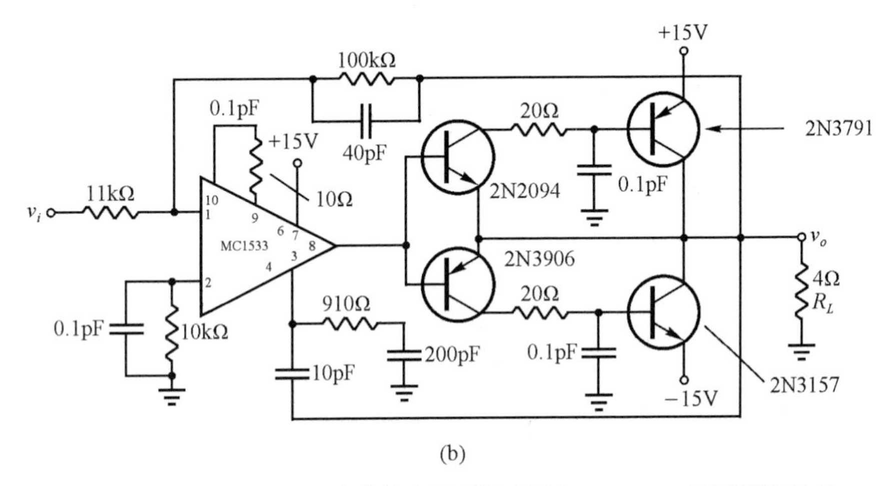

圖 6-8　(b)20 瓦 B 類功率放大器系統(取材 Motorola 半導體產品公司)(續)

6-5 達寧頓電晶體對

在圖 6-9 所示的為兩個電晶體串接組成的達寧頓(Darlington)電路，由於電路有極高的輸入阻抗與更低的輸出阻抗以及更高的電流增益，所以這種組合的電晶體特性比單個電晶體在設計的應用上更為有用。例如達寧頓電晶體更適用大功率放大的B類推挽互補放大電路或是常利用推動馬達之控制。

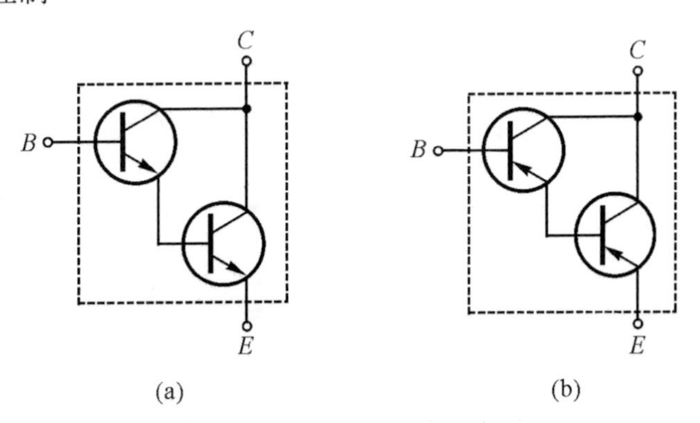

圖 6-9　達寧頓電晶體對(a)NPN BJT；(b)PNP BJT

達寧頓對的動作就像是單個電晶體一樣，而且在商業上之包裝仍然是三支腳的引線分別是 E、B、C 電極；其中要留意 V_{BE} 的電壓大約在 1.5V～2.0V 之間，電晶體才會導通。在圖 6-10 所示爲達寧頓電晶體對的 CC 與 CE 放大電路應用。

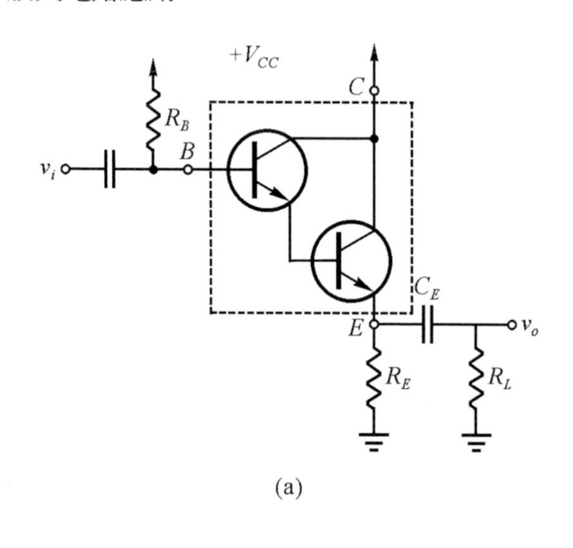

(a)

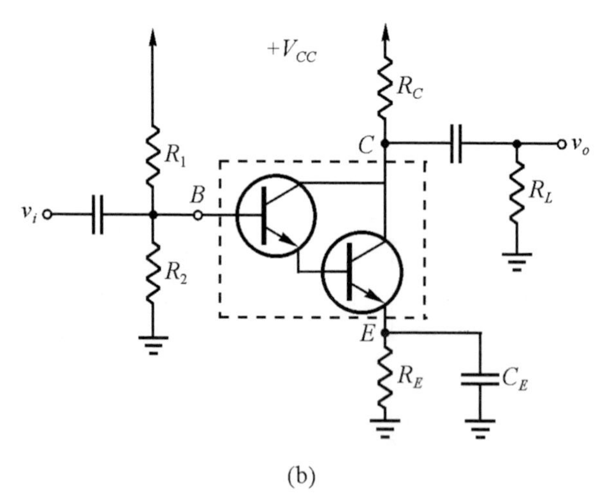

(b)

圖 6-10　達寧頓對的放大電路應用(a)CC 放大電路；(b)CE 放大電路

習 題

一、選擇題

( ) 1. 大功率電晶體的包裝外殼大都爲 (1)B 腳 (2)C 腳 (3)D 腳 (4)E 腳。

( ) 2. 正常 OCL 放大器，其輸出端的中點電壓爲 (1)0V (2)1/2 V_{CC} (3)2/3 V_{CC} (4)1 V_{CC}。

( ) 3. 某一放大器其輸入功率爲 0.1W，輸出功率爲 10W，則功率增益爲 (1)0.1dB (2)1dB (3)10dB (4)20dB。

( ) 4. 功率電晶體的集極與外殼通常接在一起，其最主要目的是 (1)美觀 (2)製作方便 (3)容易辨認 (4)散熱較好。

( ) 5. 一個理想的電壓放大器，其輸入阻抗 R_i 與輸出阻抗 R_o 應分別爲 (1)∞，∞ (2)0，∞ (3)∞，0 (4)0，0。

( ) 6. 電晶體小信號放大，其主要要求爲 (1)線性放大 (2)功率放大 (3)頻率響應好 (4)電流增益大。

( ) 7. 有一放大器將 1mV 信號放大至 10V，其電壓增益爲 (1)20dB (2)40dB (3)60dB (4)80dB。

( ) 8. 乙類推挽放大作功率放大器時最高效率爲 (1)61.5% (2)70.5% (3)78.5% (4)85.5%。

( ) 9. 下列那種放大電路，在靜態時，仍消耗一些功率？ (1)A 類 (2)B 類 (3)C 類 (4)AB 類。

( ) 10. 下列何者不是達靈頓電路之特點？ (1)高電壓增益 (2)高電流增益 (3)高輸入阻抗 (4)低輸出阻抗。

( ) 11. 放大器，其工作點在截止區者爲 (1)甲乙類放大 (2)乙類放大 (3)甲類放大 (4)丙類放大。

( ) 12. 效率最高的放大器是 (1)甲類 (2)乙類 (3)甲乙類 (4)丙類放大器。

( ) 13. 放大器之偏壓選擇不當，將引起 (1)波幅失眞 (2)頻率失眞 (3)相位失眞 (4)輸入信號短路。

( ) 14. 電晶體震盪電路爲何種放大器？ (1)A 類 (2)B 類 (3)C 類 (4)AB 類。

二、計算題

1 請說明功率放大器在設計與應用上應注意事項。

2. 請說明功率放大器的散熱方法。

3. 請說明功率放大器的直流偏壓點不同而分那些種類。

4. 請說明在 B 類推挽放大電路中交越失眞發生的原因，如何改善？

5. 請繪出 B 類推挽放大器的兩種基本電路。

6. 請繪出達寧頓對的兩種應用放大電路。

7. 考慮如圖所示的 *CE-CC* 兩級功率放大器電路

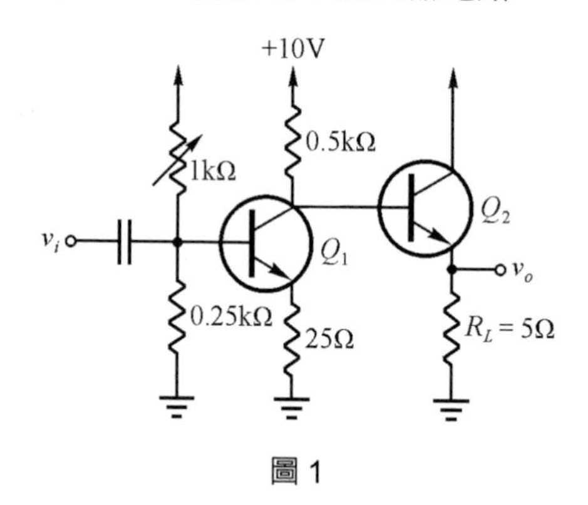

圖 1

已知 $v_{OP-P} = 10\,\text{V}$，$V_{QE} = 5\,\text{V}$，試求 P_O、P_S 與 $\eta\%$。

8. 在例題 6.1 的 B 類推挽放大電路中之 $V_{CC} = 30\,\text{V}$ 且 $R_L = 8\,\Omega$，試求 $v_{irms} = 15\,\text{V}$ 時的 P_S、P_O、P_D 與 $\eta\%$ 以及有最大不失眞的輸出情況下之 $P_{S\max}$、$P_{O\max}$、$P_{D\max}$ 與 $\eta\%$。

9. 在例題 6.2 所示的 C 類放大電路中，若輸入脈波頻率 100kHz 且導通之週期 $T = 2\mu s$ 且百分百可利用。請問 $i_{C\max} = 600\text{ mA}$ 與 $v_{CEsat} = 0.2\,\text{V}$ 的平均消耗功率是多少？倘若 $V_{CC} = 9\,\text{V}$ 與 $R_C = 5\,\Omega$ 的最大效率是多少？

工業電子元件

在工業上許多機電設備之控制電路往往需要較特殊的電子裝置而稱之為工業電子裝置(元件)或泛稱為四層(*NPNP* 四層半導體製作的)元件：閘流體(Thyristors)。閘流體通常是應用在控制負載的交流大功率、燈光調控、馬達速度控制等。

閘流體之種類雖多，但在裝置特性皆有共同的特性就是未達到觸發電壓之前的裝置動作有如斷路(截止不導通)，但當觸發之後裝置則有如低電阻的導通狀態。若在此觸發導通後將觸發信號移走也是維持導通，一直到傳導電流降低到某最小保持電流或是另一觸發截止信號時，裝置才完全截止。

在本章要研討的是一些常應用到的閘流體與典型之工業控制電路。

7-1 常應用到的閘流體介紹

本單元所介紹的閘流體依序為 UJT、PUT、SCR、TRIAC、DIAC、SUS、SBS、SSS、SCS 與 CUJT。

7-1-1 單接合電晶體 (Unijunction Transistor：UJT)

單接合電晶體是一種由閘極(Gate)控制而導電的裝置，它具有下列特點：(1)體積小、成本低，(2)組成各種應用電路極為簡單，(3)它的激發電壓(V_P)值與供給電壓成一定函數關係，(4)極低的激發電流值(I_P)，(5)具有負電阻特性，(6)能產生大脈波電流輸出，(7)甚低的功率消耗。

單接合電晶體的結構如圖 7-1 所示，它係以較輕微雜質(高電阻係數)的 N 型矽質材料作基極且在此基棒的兩端分別引出兩個導體，同時在 N 型基棒的另一面熔接一鋁棒，使鋁棒與基棒接合成 PN 接合面。這兩個電阻性連接端被指定為 B_1、B_2 而有 PN 接合面的端點稱之射極 E，圖中的二極體係表示射極與基極間 PN 接合特性，R_{BB} 係表示 B_1 和 B_2 之間的極際電阻(Interbase Resistance)。

UJT 的特性

UJT 的重要參數本質分離比“η”之說明：

當 $I_E=0$ 時 $V_{R_{B1}}$ 可由下式表示

$$V_{R_{B1}}=\frac{R_{B1}}{R_{B1}+R_{B1}}\cdot V_{BB}=\eta V_{BB}\Big|_{I_E=0} \tag{7.1}$$

其中 η 為本質分離比(Intrinsic Stand-off Ration)其定義為

$$\eta=\frac{R_{B1}}{R_{B1}+R_{B2}}\Bigg|_{I_C=0} \tag{7.2}$$

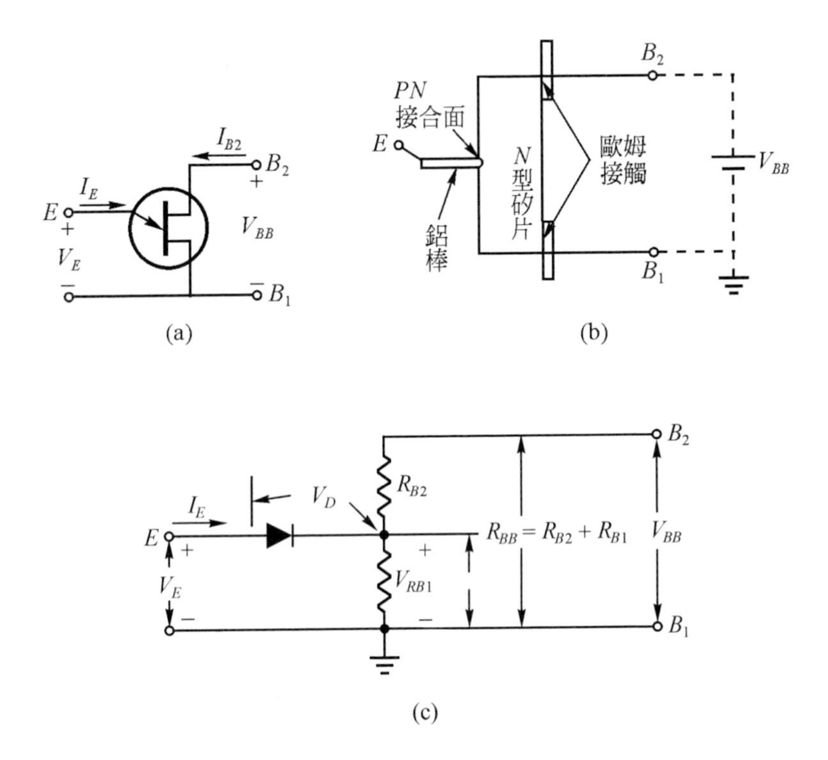

圖 7-1　UJT 的(a)電路符號；(b)結構；(c)等效電路

UJT 的電壓－電流特性如圖 7-2 所示，參考圖中所示爲 UJT 射極特性曲線，若 UJT 加有 V_{BB} 而 $V_E=0$ 時，射極電流 $I_E=I_{EO}$，I_{EO} 相當於二極體的逆向漏電電流，通常僅有數微安左右且此逆向漏電流隨溫度而改變的方式與一般電晶體的 I_{CO} 相似。參考圖所示之等效電流，當 UJT 施加 V_{BB} 電壓於 B_1 和 B_2 兩端點時，$V_{R_{B1}}$ 的電壓爲 ηV_{BB}，若射極所施加的電壓 V_E 小於 $\eta V_{BB}+V_D$ 時，射極二極體仍不導電，故射極電流只有甚小的一逆向漏電電流而已。因此，在 $V_E \le \eta V_{BB}+V_D$ 時，整個射極接合面受到逆向偏壓，所以 UJT 工作於圖中特性曲線的截流區。

若 V_E 朝正方向增加，且大於 $\eta V_{BB}+V_D$ 時，射極二極體即有順向偏壓而產生順向電流 I_E，此 I_E 的發生如前所述且其結果將使 R_{B1} 變小而改變基射電壓分佈情況，也即是 $V_{R_{B1}}$ 減少而使射極二極體受到更大的順向偏壓以致產生更大的 I_E，此作用即爲正回授，在基極區(E 與 B_1 間)內的傳導係數迅速增加。傳導係數增加時，I_E 即增加，V_E 就減少了。因此這現象與歐姆定律所表示的觀念相反，所以 UJT 呈現了負電阻特性。利用這種負電阻特性才使得 UJT 適用於振盪器、計時電路及多諧振盪電路。

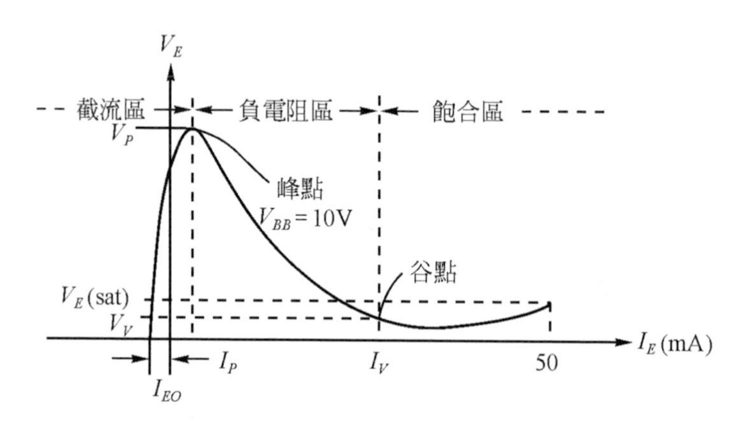

圖 7-2　UJT 的 *V-I* 特性曲線

UJT 的應用電路

1.　UJT 弛張振盪器

參考圖 7-3 所示爲 UJT 弛張振盪器的電路及其波形，當開關 S 閉合時電流經 R_E 向 C_E 充電，使電容器兩端電壓 V_E 上升，這時 UJT 不導電而 R_1 無訊號輸出，這段時間 t_1 依 R_EC_E 電路時間常數而定。當 $V_E=V_P$ 時，UJT 導電且電容器 C_E 經 E、B_1 向 R_1 放電而在 R_1 兩端產生脈波輸出，此輸出脈波振幅依 $I_E \times R_1$ 而定。當 V_E 放電到 2V 左右時，UJT 又截止(Turn Off)，C_E 再經 R_E 充電如此周而復始形成振盪。

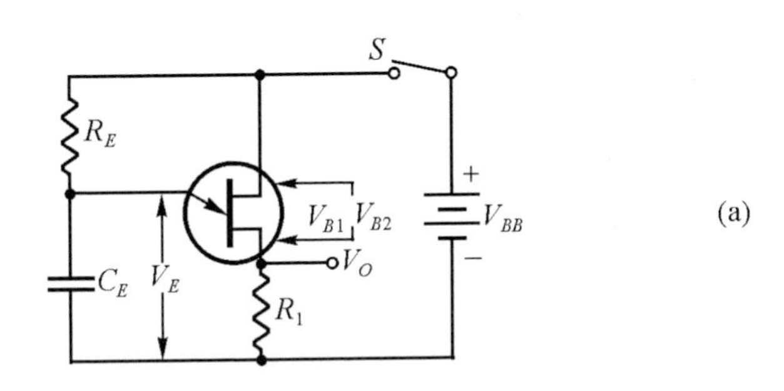

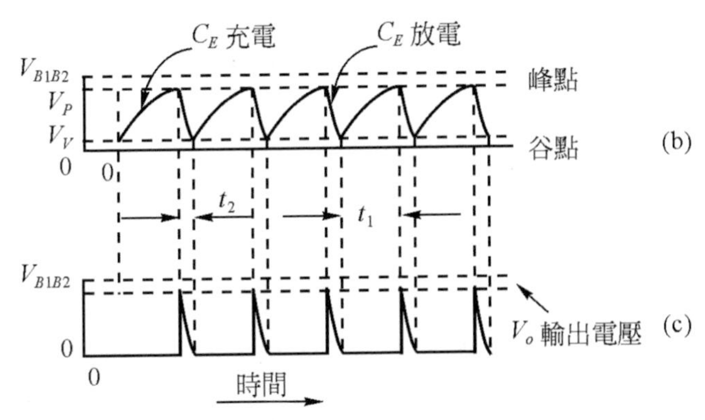

圖 7-3　UJT 弛張振盪電路(a)UJT 弛張振盪器；(b)射極電壓 V_E 波形；(c)R_1 兩端電壓 V_{R1} 波形

2. UJT 激發電路

UJT 弛張振盪器的輸出脈波可用來激發正反器電路(Flip-Flop)，及 SCR、TRIAC 的控制電路，如圖 7-4 所示。UJT 由曾納二極體供給 18V 的 V_B 電壓，當開關 S_1 放置於"啟始"時，V_B 經 R 向 C 充電。當電容兩端電壓充電到 V_P 時，UJT 被激發而產生脈波送至 SCR 的閘極，以激發 SCR 導電而使負載工作。若電路不工作時應打開 S_2 開關，並閉合 S_1 開關。

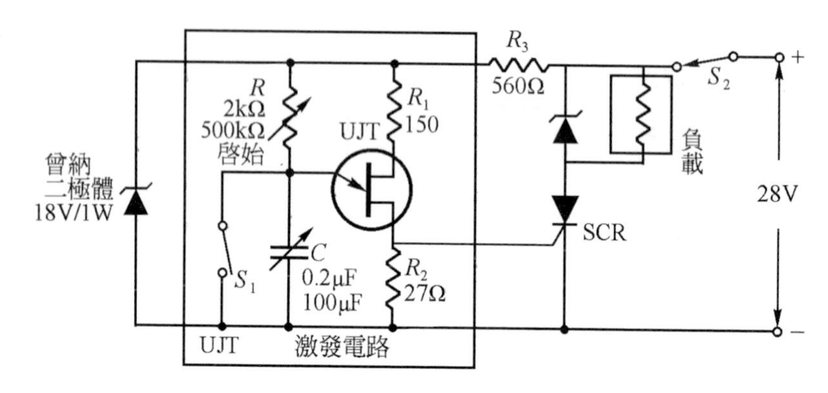

圖 7-4　UJT 激發 SCR 電路

7-1-2　可程式單接合電晶體(Programmable Unijunction Transistor：PUT)

PUT 是一種小型的閘流體且具有陽－閘極的 G_A 是激發端子，例如 2N6027、2N6028 等。PUT 的基本結構與 SCR 相似，唯其閘極是接自靠近陽極的 N 型半導體上，PUT 的電路符號、結構、等效電路皆如圖 7-5 所示。

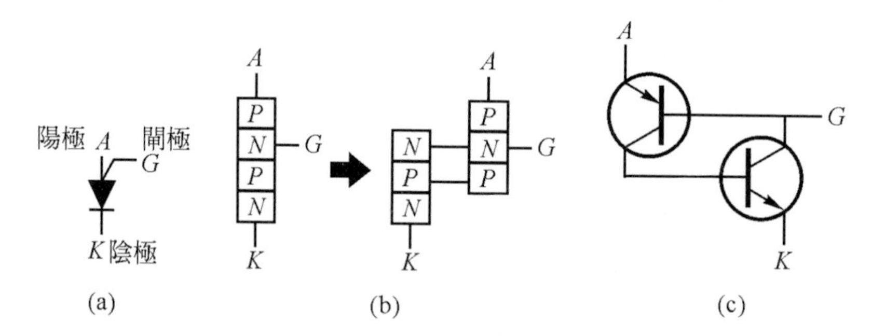

圖 7-5　PUT 的(a)電路符號；(b)結構；(c)等效電路

PUT 的特性

PUT 的電壓電流特性如圖 7-6 所示，由圖中可知，當 $V_{AK}=0$ 時，有微量的逆向漏電流 I_{GAO}，若 V_A 逐漸增加時而 I_A 成爲 0，這時的 V_{AK} 稱之爲 V_S。V_S 其實就是 UJT 中的 ηV_{BB}，但 UJT 的 η 爲元件本來的數據之一，而 PUT 中的 η 值是可以由外加電路來變更。如在圖 7-7 電路中的 η 爲 $V_{BB}R_{B1}/(R_{B1}+R_{B2})$

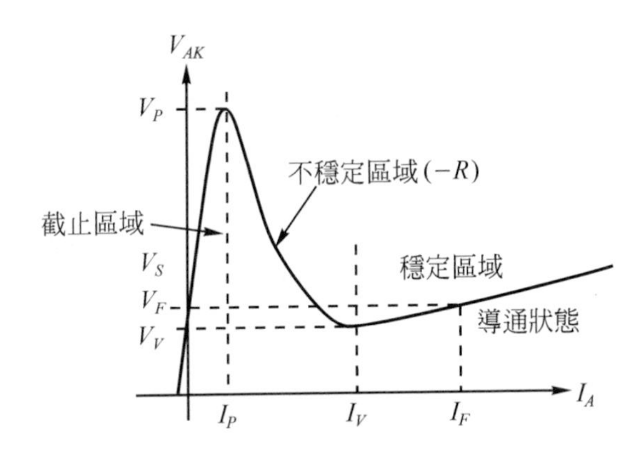

圖 7-6　PUT 的 *V-I* 特性曲線

當 V_{AK} 再增加時的 I_A 會成爲正，在 V_{AK} 到達 V_P 時，I_P 開始大量增加且同時 V_{AK} 降低，由 I_P～I_V 的這一段就是負電阻區。由 I_V 到以下之區域叫穩定區，同時正常工作是與 UJT 相同，PUT 應工作在負電阻區內。

PUT 的應用電路

1.　PUT 弛張振盪電路

參考圖 7-7 所示，閘極電壓 V_G 由 R_{B1} 與 R_{B2} 電阻自電源 V_{BB} 分壓而得，PUT 陽極電壓 V_A 則取自電容器兩端，C 電容器的電壓依 R、C 的時間常數而定。若陽極電壓 V_A 達閘極電壓 $V_G(V_A=V_G)$ 則 PUT 導通，因此 R_K 上可產生脈波輸出 v_o。

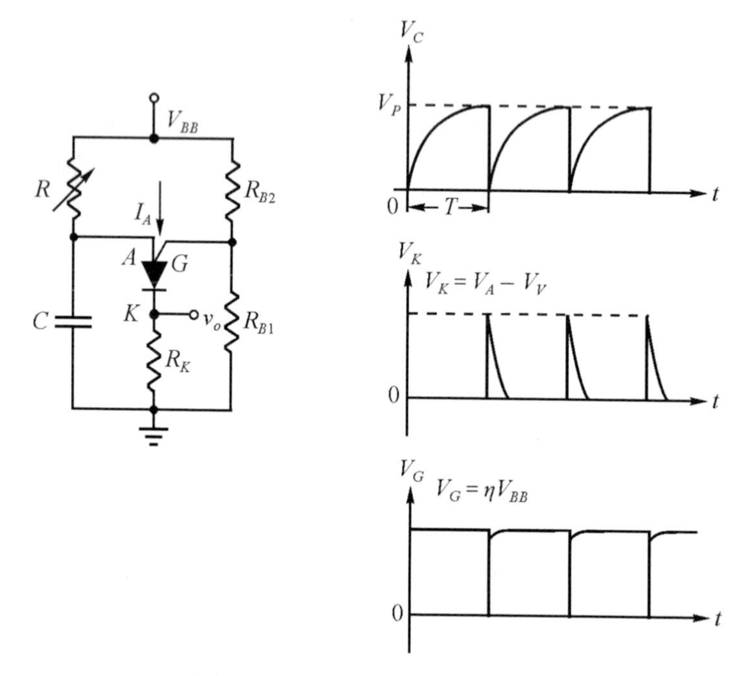

圖 7-7　PUT 弛張振盪電路與波形

2.　PUT 電子閃爍電路

參考圖 7-8 所示電路，當電源加上時 SCR 的閘極因受有正電壓而發生啓通，故燈泡發亮，此時電容器 C_1、C_2 則經 R_3 被充電，當 C_2 充電至 PUT 的激發電壓後，PUT 即發生啓通而使 C_1 放電，此時 C_1 放電又使 SCR 變爲逆向工作電壓，所以 SCR 關上，使燈泡不亮，若放電電壓降至激發電壓時，PUT 再度關上而使 SCR 再啓通，如此交替變化，使燈泡發生閃爍光線。

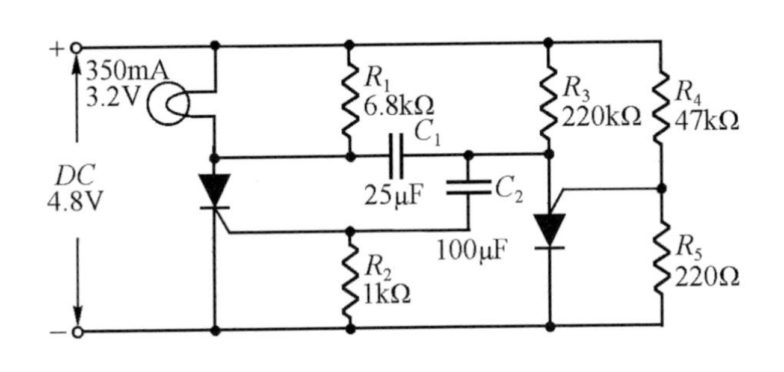

圖 7-8　PUT 閃爍電路

7-1-3　矽控整流器 (Silicon Controlled Rectifier：SCR)

SCR 雖可用作整流器，更重要的是作爲靜態鎖制開關且能在數微秒之內工作，亦可用於放大器電路內。由於體積小且能在連續波動情況下能良好的工作，又較電晶體有更大的電流與電壓及功率輸出。SCR 通常被密封起來以減少因碰撞而振動所產生的影響，且可使工作時不產生雜音。如果 SCR 製造良好且有完善的維護的話，則其雖處於惡劣的氣候之下，亦可保持其特性且不會損壞。

圖 7-9 所示爲 SCR 的電路符號與其結構和等效電路。

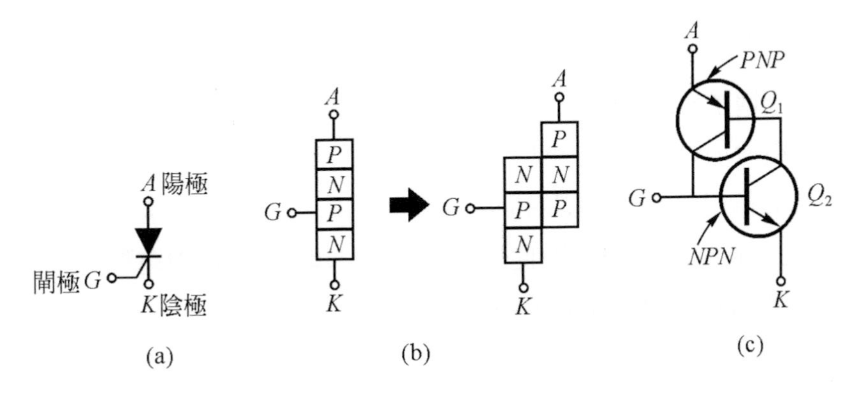

圖 7-9　SCR 的(a)電路符號；(b)結構；(c)等效電路

SCR 的特性

參考圖 7-10 所示爲 SCR 的電壓－電流特性，如圖所示爲典型的 SCR 在閘極開路情況下的電壓電流特性，圖中第四象限所示係 SCR 工作於逆向電壓(陽極接負，陰極接正)的情況且其情形很類似曾納二極體的逆向電壓特性，而 PIV 爲 SCR 的逆向破壞電壓(Reverse Breakdown Voltage)又稱爲逆向耐壓。若施加於 SCR 的逆向電壓小於 PIV，則 SCR 處於截止狀態，也即斷路狀態。

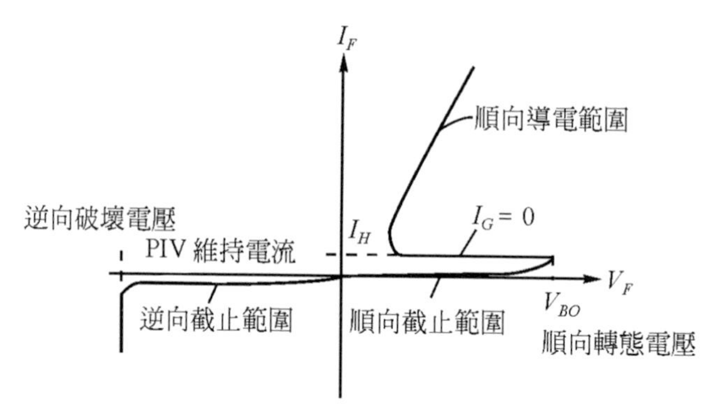

圖 7-10　SCR 的 *V-I* 特性曲線

在圖中第一象限所示爲 SCR 工作於順向電壓範圍的情形，順向電壓係指 SCR 陽極接正而陰極接負。當順向電壓小時，SCR 仍是處於截止狀態，此時 SCR 是開路卻實際上仍有小量的漏電電流。這漏電電流的大小與溫度增加成指數關係而增加，同時在順向截止範圍內的漏電電流隨順向電壓增加而增加。如果加於 SCR 的順向電壓增加到某一數値時，由於電場的作用而產生急劇的崩潰現象且使內阻急速下降產生大量電流就使 SCR 轉變爲導電狀態，此順向電壓所引起的急劇崩潰電壓稱爲順向轉態電壓(Forward Breakover Voltage)。

SCR 的應用

SCR 的應用甚爲廣泛，茲分述如下：

1. 一般性應用

在一般家庭電器中，如電燈、果汁機、電熱器及小型電動工具，均可利用 SCR 作 無段的控制。舞台燈光控制使用 SCR 來取代原有的機械控制法，不但使故障減少許多且更有精密控制與操作簡單及體積小的優點。

2. 工業應用

SCR 在工業上的應用甚爲廣泛，例如碾紙機、金屬壓延機、生產輸送機、繞線機等馬達的速度控制。在自動控制方面更能取代繼電器而廣泛被應用。SCR 應用於工業上可歸類如下：

(1) 利用 SCR 相位控制的整流電路以控制直流輸出，故適用於直流配電、化學反應處理、電子計算機與通訊機件中。

(2) 直流馬達的速度控制，適用於碾紙機、軋鋼機、吊車、電梯及電車的裝置中。

(3) 各種特殊電源的製作，例如 50Hz、400Hz 甚至高達 20kHz 的高頻電源。

(4) 大電力脈波應用，例如雷達、測距機等機件的調變器皆可利用 SCR 作高速大容量的開關，配合調速管、磁控管可產生功率甚大的脈波。

3. 軍事方面的應用

(1) 人造衛星、彈導飛彈及各種航空器中的電源部分和控制部分擔任重要的組件。

(2) 自動識別裝置和地面導航系統中的控制部分。

(3) 坦克車和移動性無線電台的電源裝置。

應用電路

1. SCR 多諧振盪電路

參考圖 7-11 所示的多諧振盪電路，若 SCR_1 在導電狀態而 SCR_2 在截流狀態時，由於 SCR_1 的陽極與陰極間的電壓很小，故所有的電壓幾乎全部加於 R_5 上。如此，C_1、C_6 均被充電到電源電壓 V，而 C_6 的右端電壓則經 R_2 而充電，當此電壓高於 SCR_2 的激發電壓與 D_3 的壓降之和時，SCR_2 立刻被激發而導通。SCR_2 導電後，C_1 電容器的右端經 SCR_2 而接地，故 C_1 的電壓使 SCR_1 的陽極變成逆向偏壓而關止。所以，C_4 的左端變成負電位，C_4 經 R_3 及 D_2 而放電，一直放至 C_4 電壓接近零時，由於 D_2 變成逆向偏壓，故 C_4 經 R_1、C_1 而成一迴路，所以 C_4 的左端變為正。當此電壓超過 SCR_1 的激發電壓和 D_1 的電壓降之和時，SCR_1 再度被激發而導電。如此週而復始的振盪，其振盪頻率可由 R_1、R_2 兩個可變電阻器來調整。

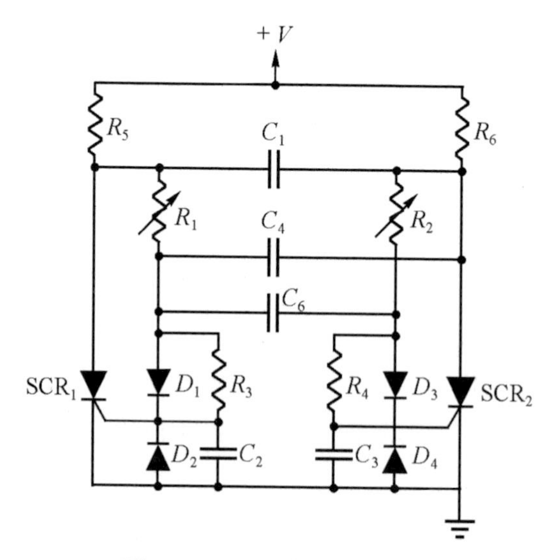

圖 7-11　SCR 多諧振盪電路

2. 充電電池調節器

參考圖 7-12 所示，D_1 與 D_2 是在 SCR_1 與所欲充電的 12V 電池兩端產生一個全波整流後信號。在電池電壓低時，SCR_2 是切斷狀態，當 SCR_2 切斷時的 SCR_1 控制電路正如串聯靜態開關控制完全相同。若全波整流輸入到足夠產生激發所需閘極啓通電流時且由 R_1 控制，SCR_1 將啓通，而對電池作充電。在剛開始充電時，由這低值電池電壓在分壓電路上產生一個低電壓 V_R。V_R 過低，因而無法使 11 伏特的曾納二極體傳導，因而曾納二極體不傳導時可看成斷路，故閘極電流為零，於是 SCR_2 仍保持截止狀態。

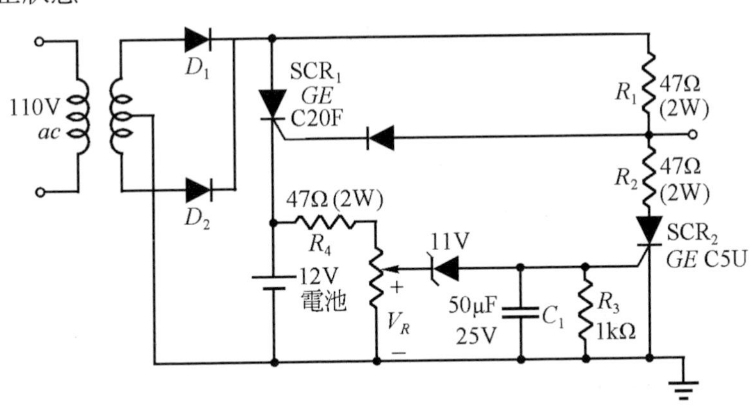

圖 7-12　SCR 充電電池調節器電路

又圖中電容器 C_1 是為防止電路中可能產生啓通 SCR_2 的任何暫態電壓而加在電容器的電壓使其不能作瞬間改變的，因而 C_1 能防止暫態效應而對 SCR 產生影響。在繼續充電後，電池電壓將上升到某一定值使得 V_R 之値高到足以啓通 11V 的曾納二極體，同時也就激發了 SCR_2。在 SCR_2 被激發後就可將它當成短路，於是 R_1 與 R_2 所構成的分壓電路所提供的 V_2 値降低以致無法啓通 SCR_1，也就是當電池充電充滿後利用 SCR_1 所形成的斷路切斷充電電流。因而只要在電池電壓下降時，調節器就對它充電而在充滿後就會自動避免過度充電的現象發生。

3. 緊急照明電路

參考圖 7-13 所示電路，本電路是一個單電源緊急照明系統，它可以維持在 6 伏電池組的電量，使它能隨時作爲供電之用，同時在停電時也可供應直流電壓到燈泡作爲照明之用。自 D_1、D_2 所產生的全波整流信號跨於 6 伏燈泡兩端，C_1 將充電到較全波整流波形峰值與 6 伏電池組在 R_2 上所跨電壓兩者之差爲低的電壓值。在任何情形下，SCR_1 的陰極均比陽極電壓高，同時閘－陰電壓也爲負值，所以確保 SCR 不能傳導。於是電池組將經過 R_1 與 D_1 被充電，其速率由 R_1 決定。只要 D_1 的陽極電壓比陰極爲正時，充電即可發生。同時全波整流波形的直流電壓在電源接通時也能使燈泡發光。但若電源中斷，電容器 C_1 經 D_1、R_1 與 R_3 放電，直到 SCR_1 的陰極比陽極低爲止。在這同時，R_2 與 R_3 的接點也將改變爲正值以建立足夠的閘－陰電壓來觸發 SCR。每當 SCR 被激發後，6 伏電池組就會經過 SCR_1 放電而使燈泡發光並保持照明。在電源恢復供電後，電容器 C_1 將再被充電並使 SCR_1 再如前述恢復到切斷狀態。

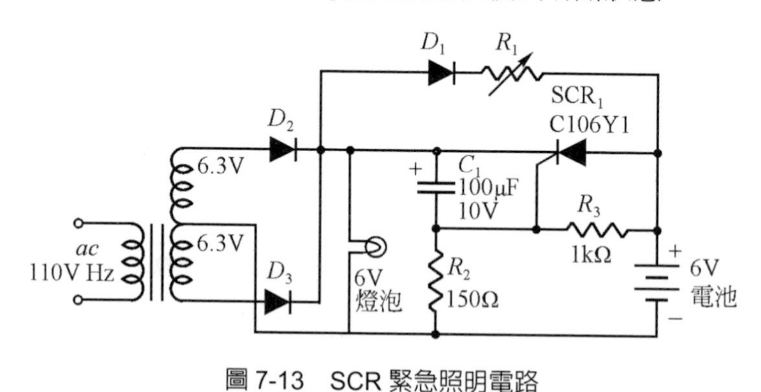

圖 7-13　SCR 緊急照明電路

7-1-4 雙向激發閘流體(Triggering Bidirectional Thyristor：TRIAC)

TRIAC 的閘極不論所加的訊號極性如何均能使 TRIAC 激發，而其另外兩個輸出端子亦可工作於交流電源而不是 SCR 的陽極僅有在正電壓條件下才有啓通的可能。因此在交流電力控制方面的應用，TRIAC 遠較 SCR 簡單且方便，圖 7-14 爲 TRIAC 的電路符號與結構圖。

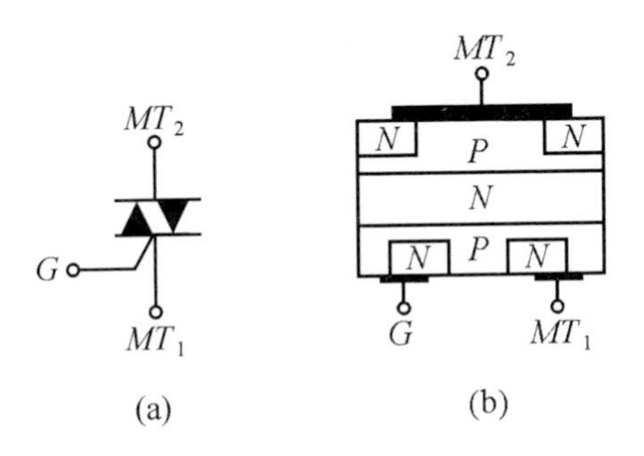

圖 7-14　TRIAC(a)電路符號；(b)結構

TRIAC 的動作原理實與 SCR 大同小異，重要結論說明如下：

1. 在無閘極訊號時 MT_2 與 MT_1 間爲一高阻電路，故 TRIAC 可視之截止狀態。
2. 若 MT_2 與 MT_1 兩端點的電壓差在 1.5V 以上時，即可利用一閘極訊號使 TRIAC 發生啓通作用且所需時間僅若干微秒而已。
3. 當 TRIAC 導通後閘極訊號就不會再發生控制作用，甚至移去閘極訊號也不影響 TRIAC 的導電狀況而此與 SCR 相同。
4. 已經啓通的 TRIAC，唯一可使其恢復關止的方法是降低流經 MT_2 和 MT_1 間的電流至其維持電流 I_H 以下。這一維持電流一般只有若干微安培而已。所以，若 TRIAC 工作於交流電壓時，當每一半週之極性變更時，電流量便降至零值，因此每一半週交替之際的 TRIAC 均自動恢復至開路狀態。
5. 當 TRIAC 處於導電狀態時，其 MT_2 與 MT_1 間的電壓降很低，一般均不會超過 1.5 伏特，TRIAC 本身所消耗的電功率很低，這是 TRIAC 應用於電力控制的主要優點。

TRIAC 的特性

在圖 7-15 中所示爲 $I_G = 0$ 時的 TRIAC 電壓電流特性曲線，若增加閘極電流將可減少其導電點時的電壓。因此，改變閘極訊號電流就可改變其 MT_2 與 MT_1 間的導電角度，亦就是可以改變其平均電流值。

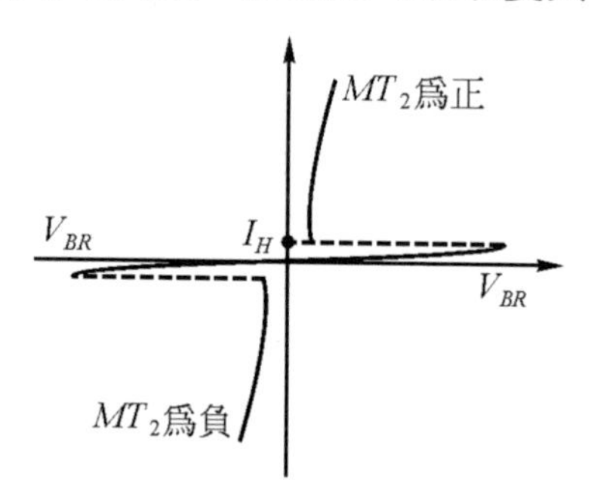

圖 7-15　TRIAC 的 *V-I* 特性曲線

TRIAC 的應用

1. 利用二極體作 TRIAC 控制電路

由於 TRIAC 是一種交流雙向導通元件，所以圖 7-16 中使用 D_1、D_2 兩個二極體是作爲正負半週的導通相位控制。此電路動作要點如下：

(1) 當交流電源爲正半週時，電流流經 D_1 與 R_1 後加至閘極，只要觸發電位能使閘極(G)與 MT_1 之間導通則 TRIAC 便導通。

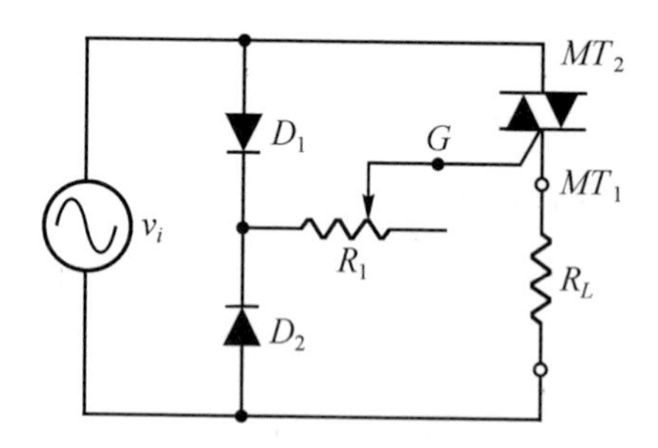

圖 7-16　二極體控制 TRIAC 電路

(2) 同理，當電源負半週時電流經 D_2～R_1，觸發 TRIAC 導通。

(3) 控制 R_1 的大小即可控制相位 θ_F (觸發相角)與 θ_C (導通相角)的大小。

2. 使用 DIAC 控制 TRIAC 的相位電路：

參考圖 7-17 所示電路，且電路之控制動作說明如下：

(1) 電容器 C_1 經電阻 R_1 作爲充電路徑，而電容 C_1 將由 DIAC 經 TRIAC 閘極放電。

(2) 欲使 TRIAC 導通的先決條件，就是電容器上的充電電壓 V_C 超過 DIAC 的觸發電壓 $+V_P$ 或 $-V_P$ 產生放電回路。

(3) 若將 R_1 變大，則由於 R_1C_1 所需的充電時間增大將會使 V_C 的電壓波形向後移，也就會加大觸發角度(θ_F)而減少導通時間(θ_C)。所以，傳送至負載的功率就變小。

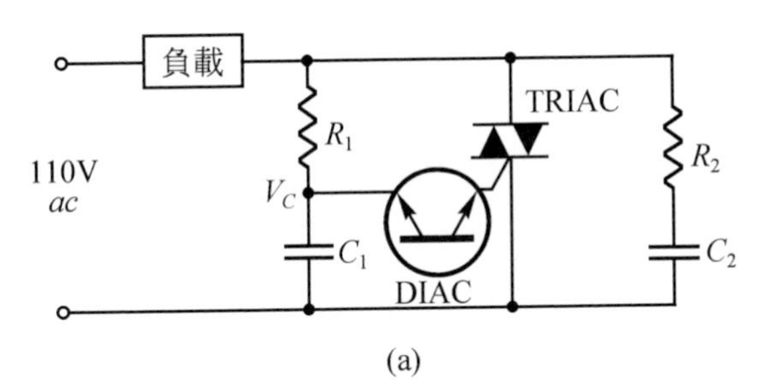

(a)

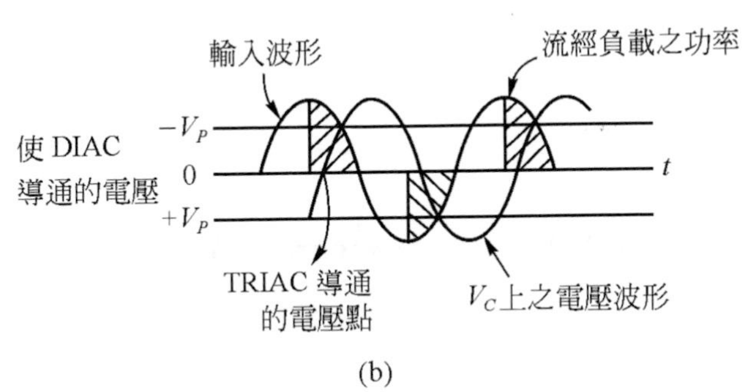

(b)

圖 7-17　DIAC-TRIAC 相位控制電路(a)電路；(b)波形

(4) 反之，當電阻 R_1 變小時，充電時間變短而 V_C 的電壓波形往前移，此時將減少觸發時間(θ_F)，增加導通時間。所以，傳送至負載的功率就增大，但也可能使 TRIAC 不導通。圖中的 R_2 與 C_2 仍然是做防止 TRIAC 瞬間外加電壓的增大，此電路常做爲燈光控制用。

7-1-5 雙電極交流開關 (Di-Electrode AC Switch：DIAC)

DIAC 的特性

DIAC 的 *V-I* 特性如圖 7-18 所示，在外加電壓小於 V_{BO} 時 DIAC 兩端有很高的阻抗且近於開路，當外加電壓大於 V_{BO} 時，DIAC 崩潰且崩潰後兩端電壓下降到較低的值(常在 10V 以上)，DIAC 的 V_{BO} 在 20V～40V 之間。

圖 7-17 所示爲 DIAC 的電路符號與構造以及電壓－電流特性。

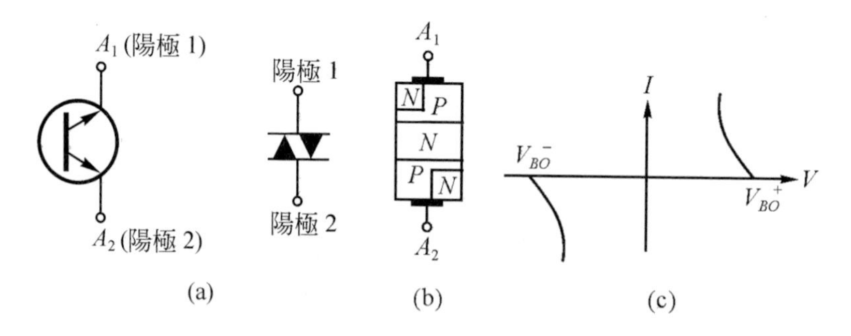

圖 7-18　DIAC 的(a)兩種電路符號；(b)結構；(c)*V-I* 特性曲線

DIAC 的應用

在上面單元中曾介紹利用 DIAC 來作 TRIAC 的相位控制電路之外，尙有正面之應用電路示於圖 7-19 中。電路說明如下：

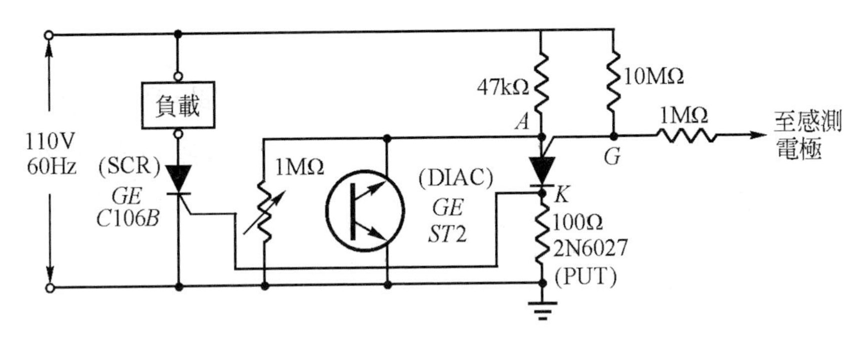

圖 7-19　人體接近檢測器或觸摸開關

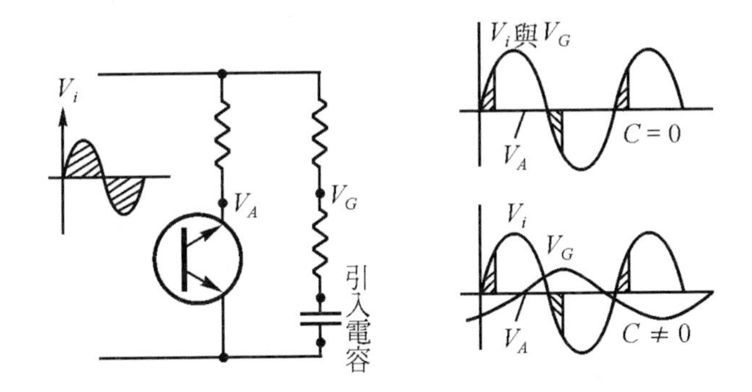

圖 7-20　電容元件對圖 7-19 之電路特性所產生的影響

當人體接近到感測電極時，在電極與地之間的電容量將增加，PUT 在陽極電壓(V_A)比閘極電壓(V_G)高出 0.7V(矽)時就會被觸發(進入短路狀態)。在 PUT 導通之間，此系統可用圖中情形表示當輸入電壓增加時，DIAC 的電壓 V_A 將如圖所示增加，直到觸發電壓爲止，這時 DIAC 將導通而使 DIAC 電壓如圖所示地下降。DIAC 在未激發前是處於開路狀態的。在電容元件未被引入前，由於 V_G 將與輸入相同且如圖所示，同時 V_A 與 V_G 均隨輸入變化，因此 V_A 比 V_G 高 0.7V 而觸發裝置的現象是不會發生的。但當電容元件介入後，電壓 V_G 將如圖 7-20 所示落後輸入信號一個相位角，於是在某一時刻將使 V_A 超過 V_G 有 0.7V 而造成 PUT 被激發，此時將有一很大的電流流過 PUT 且使 V_K 增加以致觸發 SCR 導通，由於很大的 SCR 電流可通過負載因而反應出有人體接近的事實。

7-1-6 矽單向開關 (Silicon Unilateral Switch：SUS)

SUS 的特性

SUS 與 SCR 的結構相似，唯其閘極是接於靠近陽極的 N 型半導體上，也就是使用陽極與閘極而不像 SCR 係使用陰極與閘極。SUS 的電路符號及等效電路如圖 7-21 所示，由(c)圖等效電路可知，SUS 的閘極與陰極有如一曾納二極體使用。

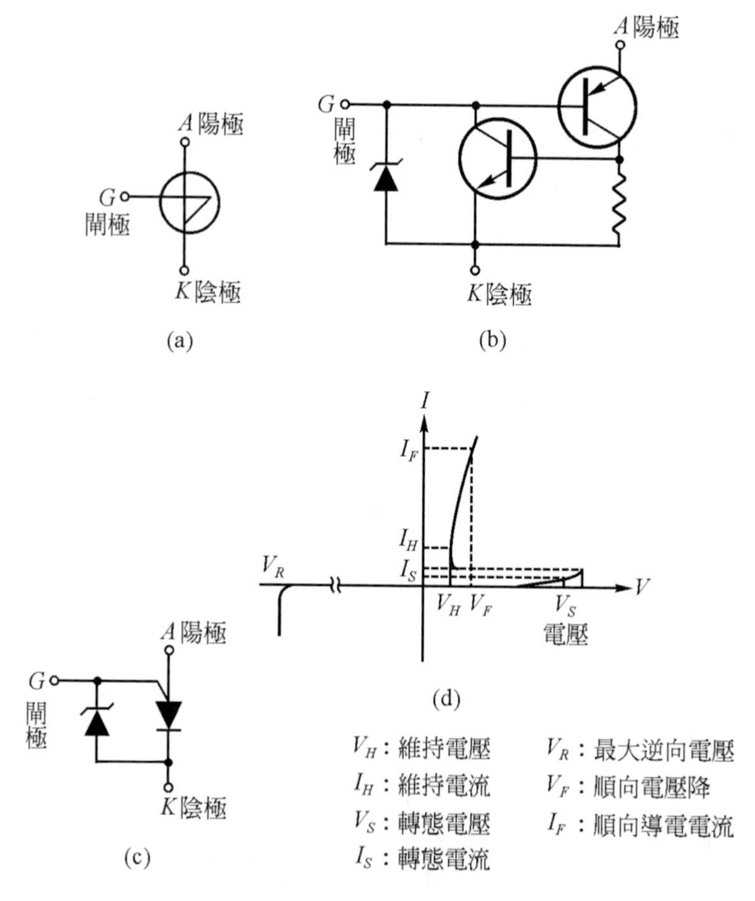

圖 7-21　SUS 的(a)電路符號；(b)、(c)等效電路；(D)V-I 特性曲線

圖(d)中所示爲 SUS 之 V-I 特性曲線，由特性曲線可知 SUS 爲一單向矽控元件。若欲使 SUS 導通必須在 SUS 的陽極－陰極間加順向偏壓，達到轉態電壓 V_S 之 SUS 才會導通。典型之轉態電壓爲 6～10 伏特。相反的，導通的 SUS 僅能去掉供給的電壓或加反向電壓於陽－陰極間就可使 SUS 截止。由截止再導通所保持的短暫稱之截止時間，典型的 SUS 截止時間約 5～10μs。

SUS 的應用電路

SUS 主要應用於弛張振盪器以用來激發 SCR、TRIAC 等閘流體且如圖 7-22 所示。由 R_1、C_1 及 SUS 組成的弛張振盪器以產生脈波用來激發 SCR，圖中 D_1 二極體係用作單向整流用以防止 SUS 工作於逆向電壓。因一般 SUS 所能承受的最大逆向電壓 V_R 均不太高。由圖示的應用電路可知，SUS 與前面所述及的 DIAC、UJT 等元件一樣，係用來作爲轉換元件用。

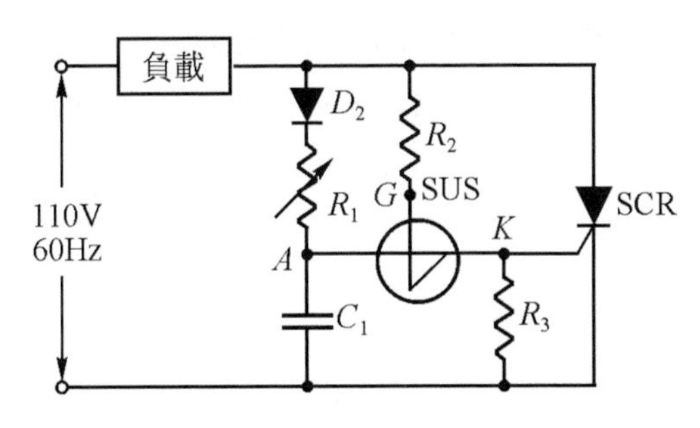

圖 7-22 SUS 控制的弛張振盪器

7-1-7 矽雙向開關(Silicon Bilateral Switch：SBS)

SBS 的特性

矽雙向開關是由兩個反向並聯的 SUS 所組成的雙向動作之三端引線的矽控制元件，其電路符號和等效電路如圖 7-23 所示。

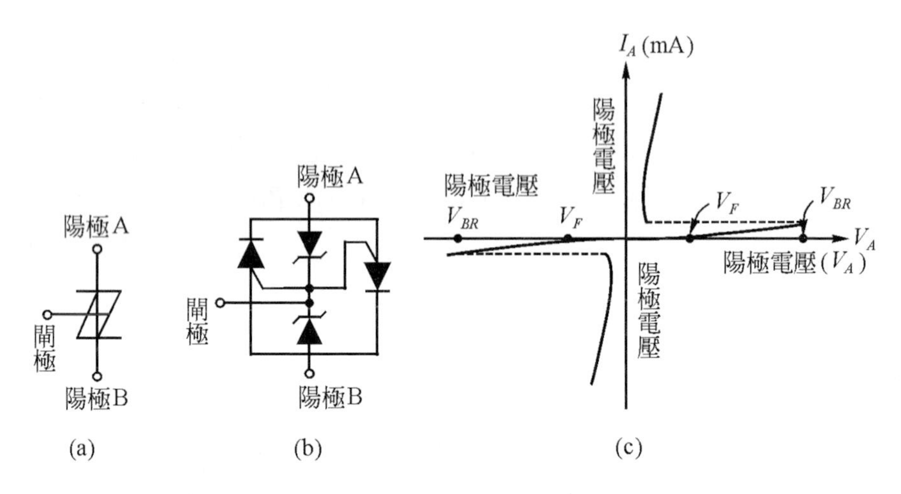

圖 7-23　SBS 的(a)電路符號；(b)等效電路；(c)*V-I* 特性曲線

SBS 的電壓－電流特性曲線如圖(c)所示而其工作原理如下：當陽極 *A* 加正電壓且陽極 *B* 負電壓時，開關 *A* 不導通且唯若陽極 *A* 之正電壓增加至轉態電壓 V_{BR}時，就變成導通了。每一開關激發導通後電流增至轉態值，然後變化至導通值時的陽極 *A* 與陽極 *B* 間電壓降減低至導通準位。若在閘極加一觸發信號，則當陽極電壓低於轉態值時的 SBS 就可導通。陽極 *A* 與陽 *B* 間的電壓降至甚小，通常爲 1.5V 左右。

SBS 的應用電路

SBS 主要應用在開關電路上，亦可配合的 *RC* 相移電路來激發 TRIAC 與 SCR 等元件。圖 7-24 所示爲利用 SBS 來觸發 TRIAC 的全波控制電路。

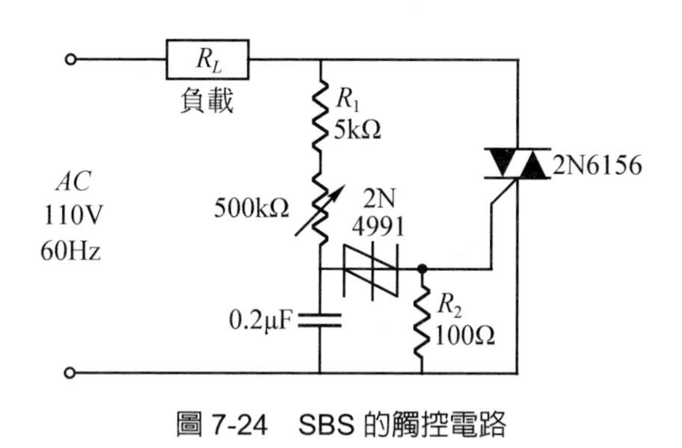

圖 7-24　SBS 的觸控電路

7-1-8　矽對稱開關 (Silicon Symmeterical Switch：SSS)

SSS 的特性

SSS 的動作原理相當於兩個反向並聯的交流開關。當 T_2 端子為正而 T_1 端子為負時的電流經 P_4、N_3、P_2 及 N_1 而導電，若 T_1 端子為正而 T_2 端子為負時，電流經 P_2、P_4 及 N_5 而導電。所以，SSS 具有雙向崩潰的特性。雖然 SSS 有五層二極體的稱謂，實際上只有四層而已。

若於 SSS 的 T_2 端子施加正電壓而下端子加負電壓時，接合面 J_2 為逆向偏壓而 J_1 與 J_3 接合面為順向偏壓。若 J_2 接合面的電壓降達其崩潰電壓時，由於電子的崩潰作用而使 J_2 導電。反之，若 T_1 為正而 T_2 為負，這時 J_3 接合面所流通的崩潰電流將導致的 SSS 的導電。圖 7-25 所示為 SSS 的電路符號、結構、等效電路與電壓－電流特性。

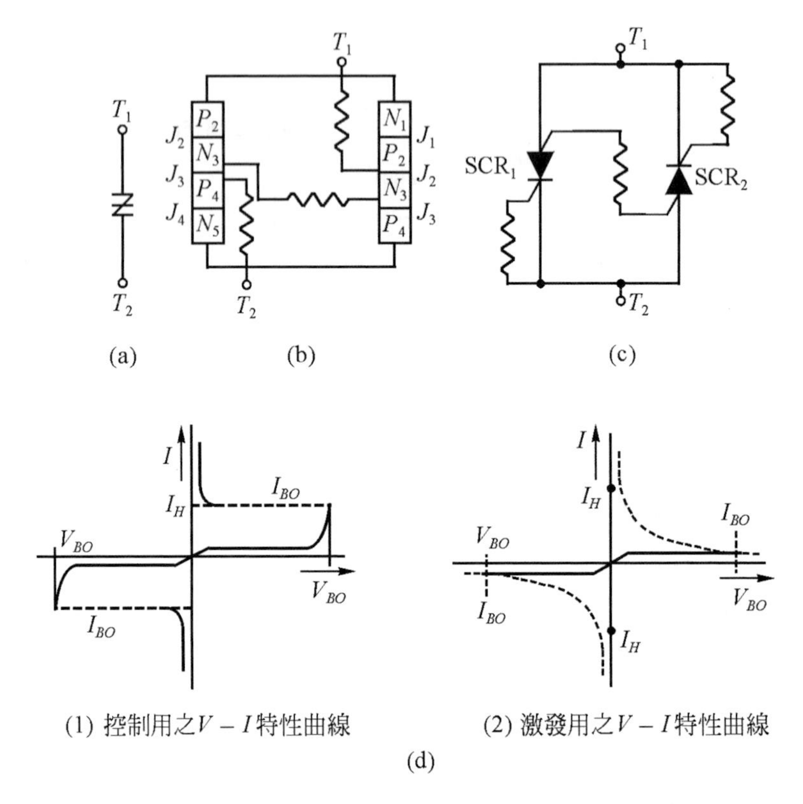

圖 7-25　SSS 的(a)電路符號；(b)結構；(c)等效電路；(d)V-I 特性曲線

SSS 的應用電路

SSS 是一雙向元件，對交流電路的應用甚爲方便與經濟。主要應用於燈光控制電路、溫度控制電路、電動機的轉速控制電路。SSS 可應用於主控制元件，亦可作爲輔助開關元件。在作爲輔助開關時主要是利用 RC 相移控制電路來完成開關動作且其電路如圖 7-26，圖中 SSS_1 作爲輔助開關元件而 SSS_2 作爲主控制元件，其兩者的 V_{BO} 選擇應爲不同，當然 SSS 亦可使用 DIAC 或 UJT 來取代。應特別注意的是 SSS 的觸發需使用變壓器或抗流圈以增加脈波寬度。

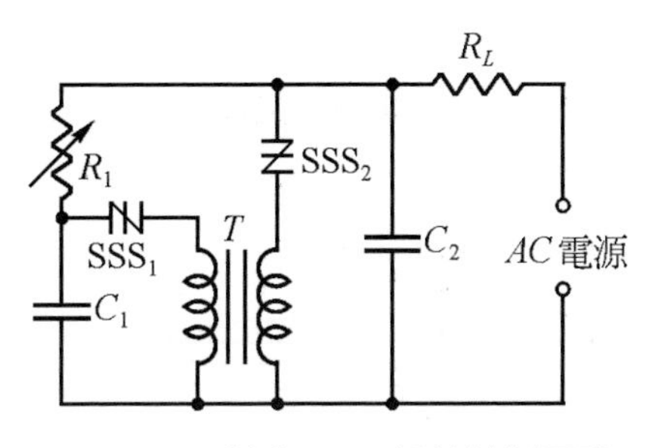

圖 7-26　基本 SSS 相位控制電路

在 R_1 與 C_1 所組成的移相電路中，當 C_1 兩端的電壓達到 SSS_1 的激發電壓 V_{BO1} 時，SSS_1 即導電而產生脈波自變壓器下輸出而加於 SSS_2 上且使 SSS_2 在某一瞬間的電壓大於 SSS_2 的 V_{BO2} 而使 SSS_2 導電，如此達到控制負載電流的目的，又 C_2 電容器是高週波雜音濾波電容器。

7-1-9　矽控開關(Silicon Controlled Switch：SCS)

SCS 的特性

SCS 類似於 SCR 且多一陽極閘，因此可做為開啓與關止閘流體的導通狀況。圖 7-27 所示為 SCS 的電路符號、結構、等效電路與電壓－電流特性。

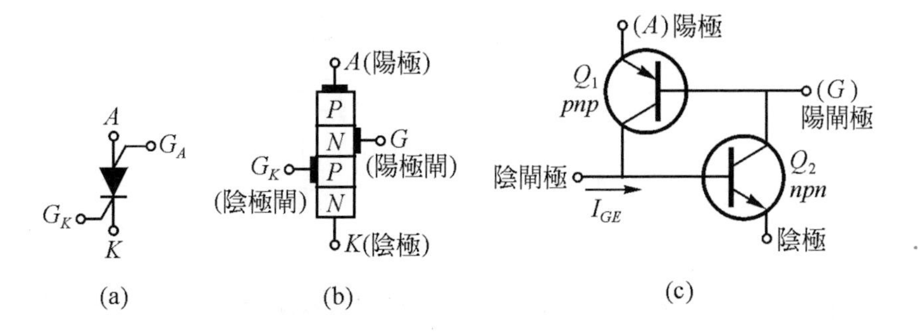

圖 7-27　SCS 的(a)電路符號；(b)結構；(c)等效電路；(d)V_1 特性曲線

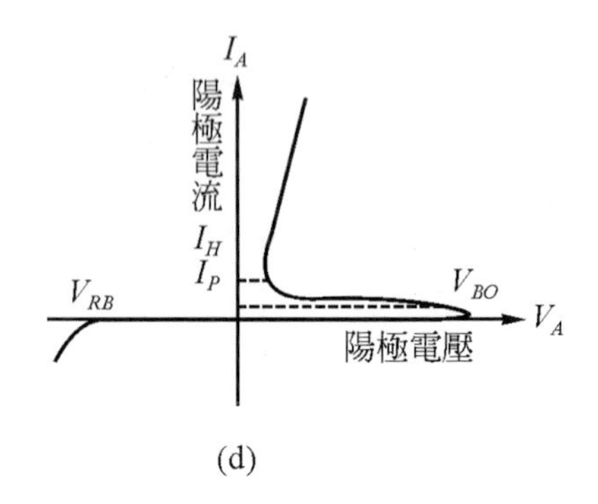

(d)

圖 7-27　SCS 的(a)電路符號；(b)結構；(c)等效電路；(d)V_1 特性曲線(續)

圖中所示爲 SCS 之陽極特性曲線與 SCR 相似，當加於陽極－陰極間之順向偏壓(V_{AK})大於其轉換電壓 V_{BO} 時，即使閘極不加信號 SCS 也能導通，且當陽極電流 I_A 低於維持電流 I_H 時自動截止。但在一般應用時，必須使其工作電壓低於 V_{BO} 而由閘極信號來控制。

SCS 的基本激發和關閉方法，在實際的運用電路則如下所述：欲使 SCS 由截止轉爲導通，或由導通轉爲截止均可由兩個閘極來激發。若在陽閘極 G_A 加負脈波與陰閘極 G_K 加正脈波均可令 SCS 由截止轉爲導通而在陽閘加正脈波與陰閘加負脈波則可令 SCS 由導通轉爲截止，如圖 7-28 示之。

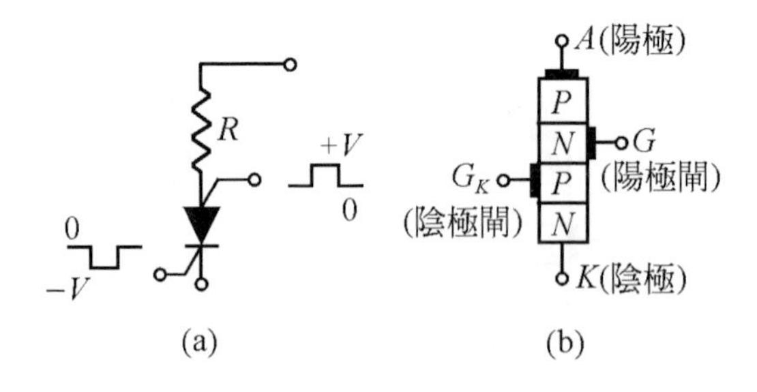

圖 7-28　SCS 的閘極(a)開啓法；(b)關閉法；(c)導通與關閉電路法

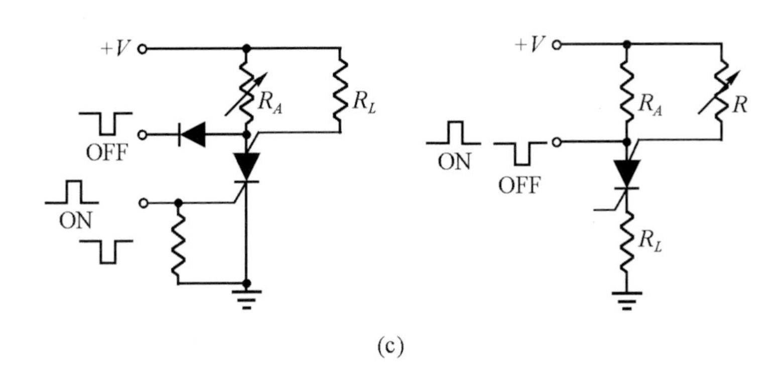

圖 7-28　SCS 的閘極(a)開啓法；(b)關閉法；(c)導通與關閉電路法(續)

SCS 的應用電路

在圖 7-29 電路中是 SCS 在警鈴電路應用的另一種電路。R_S代表對溫度、光度或輻射線敏感的電阻器，亦即在上述這三種信號源中的任何一種施加在元件上時就會使得元件的電阻值減少。電路中陰閘極電壓是由 R_S與可變電阻分壓所設定。由電路可看出當 R_S與可變電阻大約相等時，由於每一電阻上都跨在 12V 的電壓，因此閘極電壓約爲 0V。不過，當 R_S降低時，閘極電壓將隨之提高直到使 SCS 順偏導通而激發警鈴繼電器爲止。

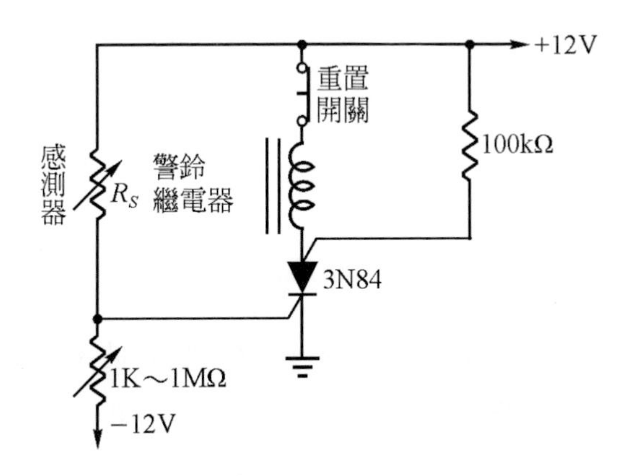

圖 7-29　SCS 的警鈴電路

電路中包括了 100kΩ 的電阻器，這是爲了減少裝置由"電壓變化率效應"(Rate Effect)所引起意外觸發的機會。所謂電壓變化率效應是由閘極間的雜散電容所產生的。當高頻暫態發生時將可能產生足夠大的閘極電流而使 SCS 意外地啓通，又裝置可藉電路中的重置(Reset)按鈕開關而清除，當按下開關後的 SCS 導通路徑被切斷，因而使陽極電流減少到零。若是當前述的三種能源施加在 R_S 上，會使得 R_S 電阻值增加的話，那麼在電路安排上只要將 R_S 與可變電阻之位置對調即可。

7-1-10 閘極關止開關 (Gate Turn-Off Switch：GTO)

GTO 的特性

GTO 的基本結構與電路符號如圖 7-30 所示且其結構及電路符號與 SCR 大致相同，而特性也非常相似，尤其是電晶體等效電路也與 SCR 完全一樣。雖然 GTO 在特性外型均與 SCR 相似，但仍有下列幾項優點：

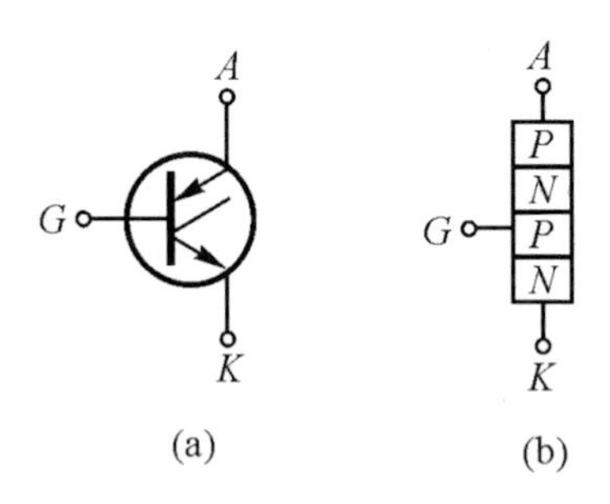

圖 7-30 GTO 的(a)電路符號；(b)結構

1. GTO 的閘極的激發作用較 SCR 與 SCS 爲方便。只要在 GTO 的閘極施加適當的脈波即可發生開啓或關止的作用，使得在電路設計上方便許多。但是 GTO 所需的閘極電流遠較 SCR 爲大，若以一額定電流量相同的 SCR 與 GTO 來比較，SCR 的閘極激發電流 30μA 而

GTO 約須 20mA 的閘極激發電流。

2. GTO 的轉換(Switching)特性較 SCR 良好且其開啓的時間與 SCR 差不多(一般約 1μs)，而關止時間(約 1μs)遠比 SCR 的關止時間(5 至 30μs)要短少得多。事實上，開啓與關止的時間一樣重要，尤其在高速轉換電路的 SCR 就很難符合要求。

GTO 的應用電路

在圖 7-31 所示為 GTO 與曾納二極體組成鋸齒波產生器。當直流電源接上後，由 R_2 與曾納二極體供給 GTO 一正閘極電壓使 GTO 發生開啓作用，由於陽極至陰極間如同短路，故電容器 C_1 開始充電如圖(b)所示。當 C_1 兩端電壓充到高於 V_Z 時，GTO 的閘極與陰極即為逆向電壓而使閘極產生反向電流而使 GTO 發生關止作用。GTO 開路後，電容器 C_1 即由 R_3、R_4 而放電，其放電情形決定於時間常數 $C_1(R_3+R_4)$。若電容器端的電壓放電至 V_Z 以下，則閘極再接受正電壓而再開啓使電容器 C_1 再度充電，如此週而復始即可產生鋸齒波訊號輸出。

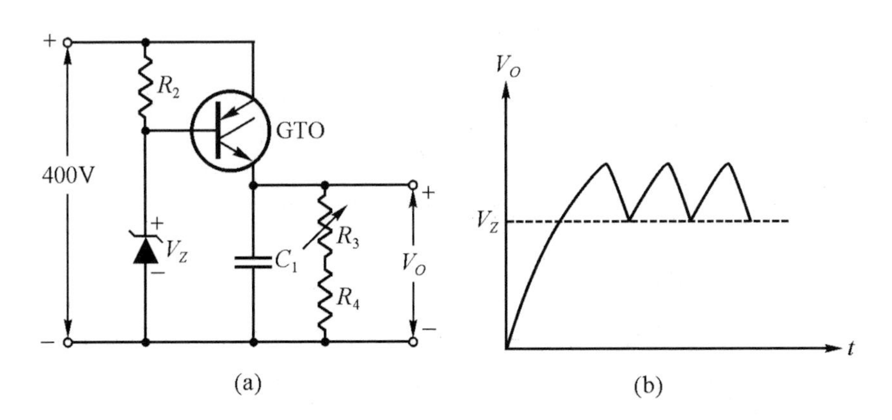

圖 7-31　GTO 的(a)鋸齒波產生電路；(b)輸出波形

7-1-11 互補式單接合電晶體(Complementary Unijuction Transistor：CUJT)

UJT 發明於 1962 年且於 1984 年才漸廣泛使用，繼 UJT 後在 1976 年又出品了 CUJT 而譯為互補式單接合晶體，簡稱為 CUJT。CUJT 與 UJT 都是觸發元件，圖 7-32 所示為 CUJT 的電路符號與結構。

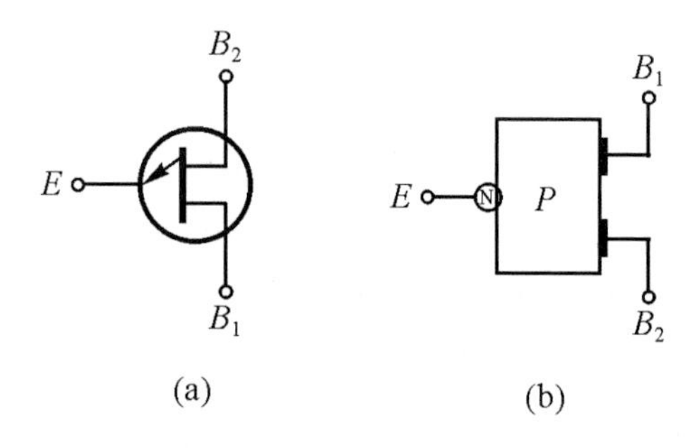

圖 7-32　CUJT 的(a)電路符號；(b)結構

CUJT 與 UJT 之比較如下：

1. 可適用於低電壓電源工作，因此非常適合積體電路的製作。
2. 其工作頻率 f 較高，可達 100kHz。
3. 受溫度的影響較小。
4. CUJT 的飽和電阻比 CUJT 小(約 $\frac{1}{3}$ 倍左右)。
5. CUJT 的 E 極逆向電流比 CUJT 小(約 $\frac{1}{10}$ 倍以下)。

但是 CUJT 也有缺點：

1. CUJT 之基射極耐壓只有 8～15V 且比 UJT 低。
2. CUJT 價格比 UJT 貴。

7-2 工業上應用的一些範例

本單元是提供一些典型的工業電子元件的應用範例。

7-2-1　固態交流伺服放大器(Solid-State AC Servo Amplifiers)

本電路的輸入為所控制位置的誤差電壓信號經放大成為伺服馬達的控制電壓，電路中包括四級的電晶體放大與互補推挽輸出，電路圖示於圖 7-33(a)且另一種混合式(Op Amp 與電晶體)電路則示於圖 7-33(b)。

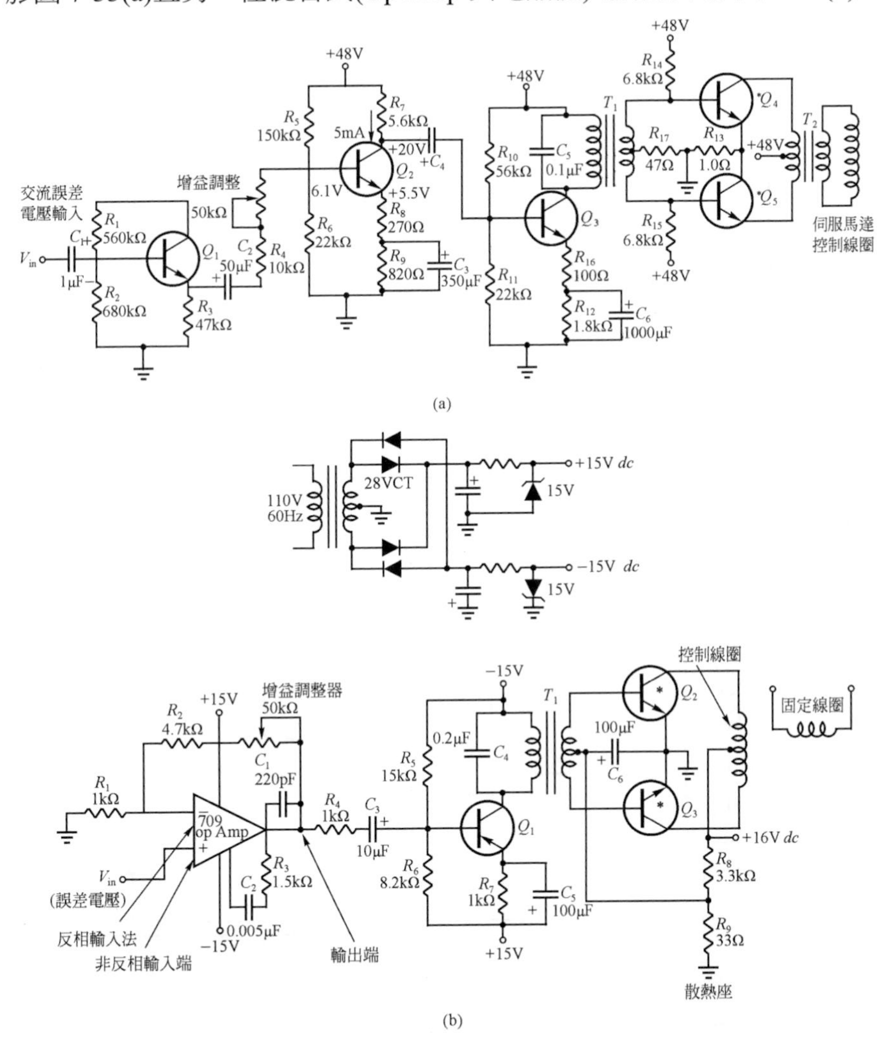

圖 7-33　(a)直接的固態伺服放大器；(b)OP Amp 與分離元件的伺服放大器

7-2-2 直流伺服馬達放大器(Amplifiers for DC Servo Motors)

圖 7-34 所示電路爲控制直流伺服馬達的兩種 SCR 控制方法，其中(a)圖爲交流電源與(b)圖爲雙交流電源，誤差信號經過前置放大器放大後的更大電壓信號則產生 SCR 的較大導通電流。

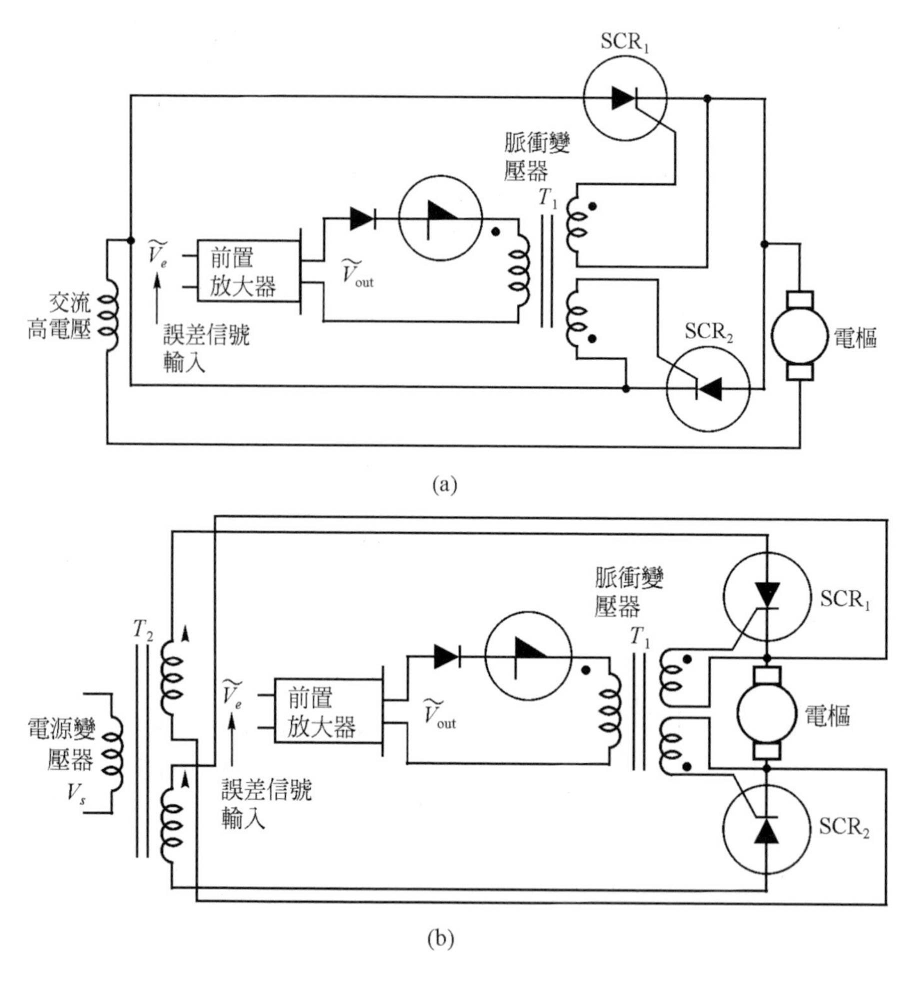

圖 7-34 直流伺服馬達的控制電路(a)單電源；(b)雙電源

7-2-3　淬火油溫控制器(Quench Oil Temperature Controller)

圖 7-35 為熱敏元件來控制淬火油的溫度電路，該裝置是以熱敏元件置於油液槽內感測溫度來啓動恆溫控制電路的動作。

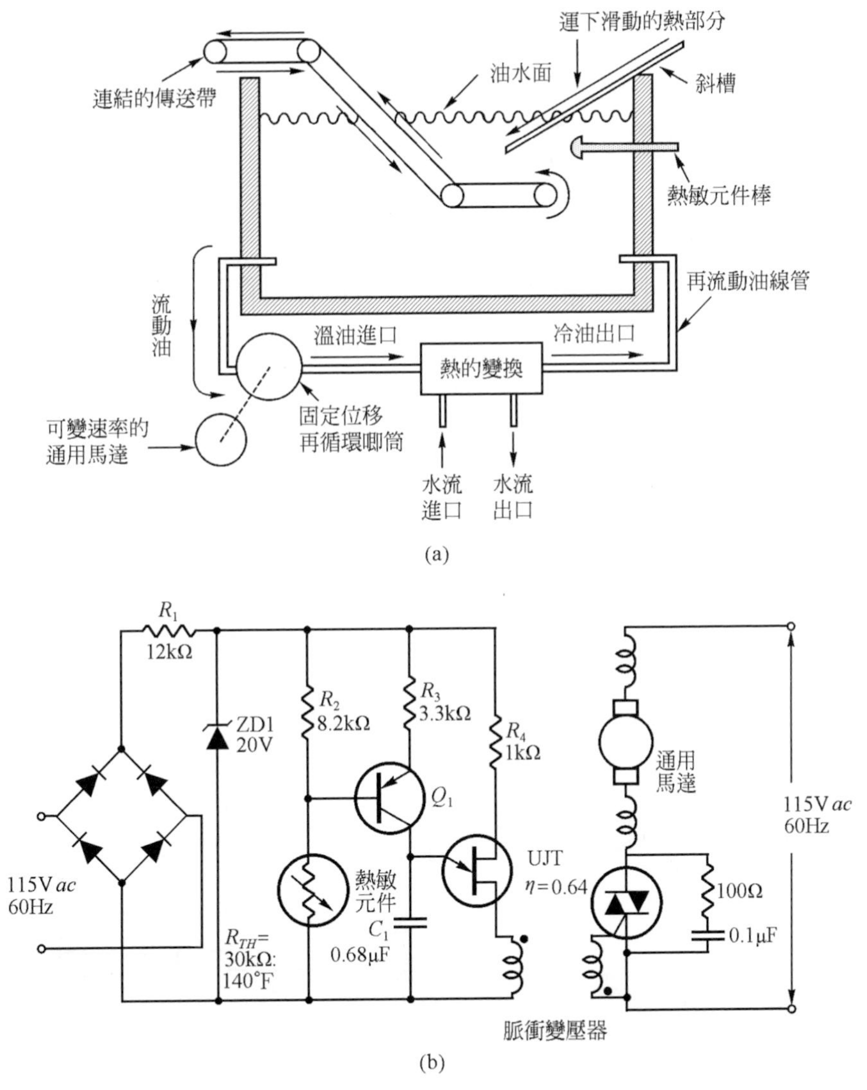

圖 7-35　淬火油溫度控制器(a)淬火槽與冷卻裝置結構；(b)再循環唧筒的控制電路

7-2-4 比例式壓力控制系統(Proportional Mode Pressure Control System)

在圖 7-36 所示爲鋼條置放浸濕穽(Soaking Pits)粹鍊控制系統，圖(a)爲實際結構與圖(b)則爲控制阻尼器位置的控制電路。

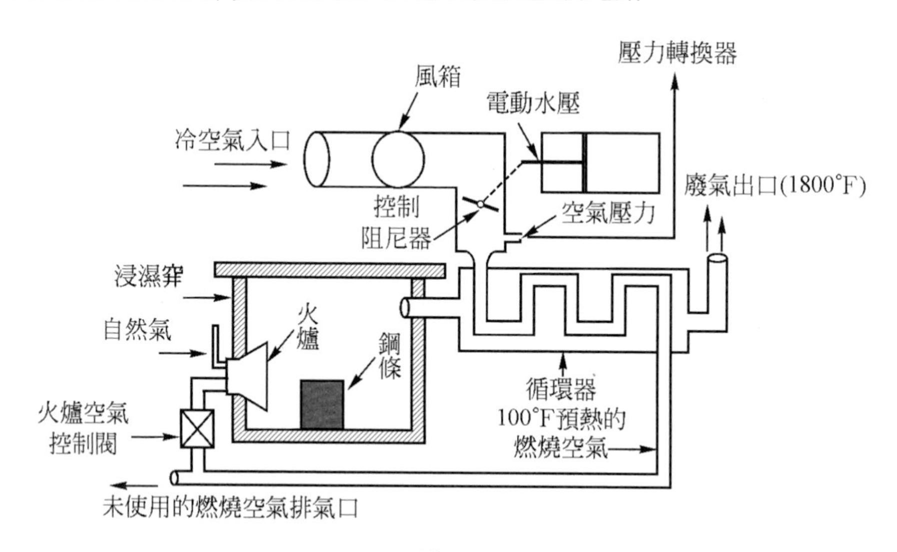

(a)

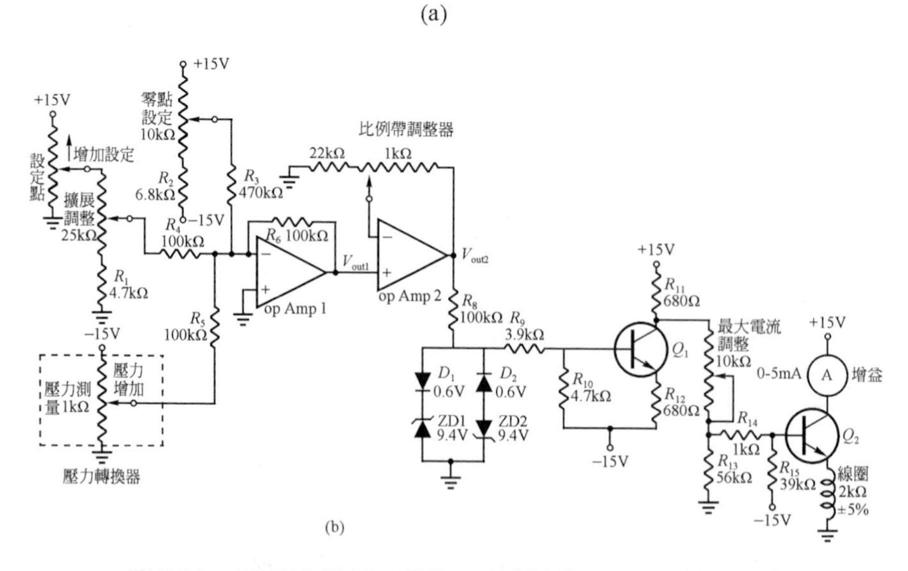

(b)

圖 7-36 具有循環器的鋼條穽(a)實際結構；(b)電子控制電路

7-2-5　自動量重系統(Automatic Weighing System)

在圖 7-37 所示的自動量重系統是工業界常使用的，本系統是自動轉換機械預置入時的重量來測量產品的重量。

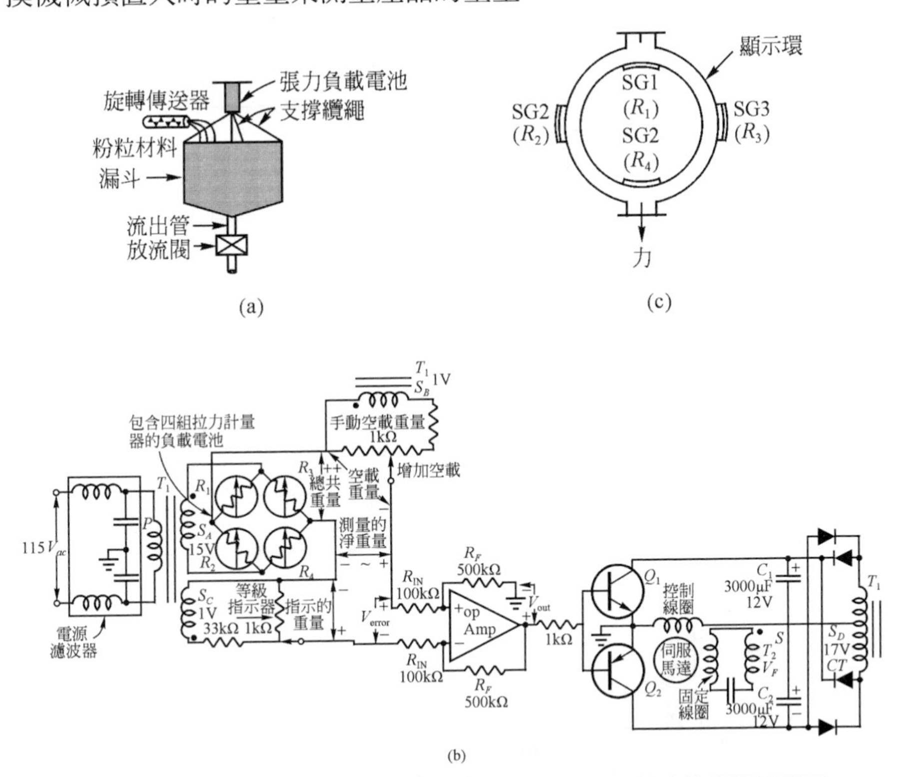

圖 7-37　自動量重器(a)旋轉傳送器、漏斗與張力負載電池的實際結構圖；(b)測量物質重量的伺服控制電路；(c)負載電池的封閉結構

7-2-6　倉庫濕度控制器(Warehouse Humidty Controller)

對於儲存物品的倉庫通常是維持一定的溫度與濕度，而本系統是使用來控制相對濕度在某一設定值，若倉庫過於乾燥或潮濕均會啓動裝置

來控制達到所需之相對濕度值。圖 7-38 所示為倉庫濕度定值之實際系統與控制電路圖。

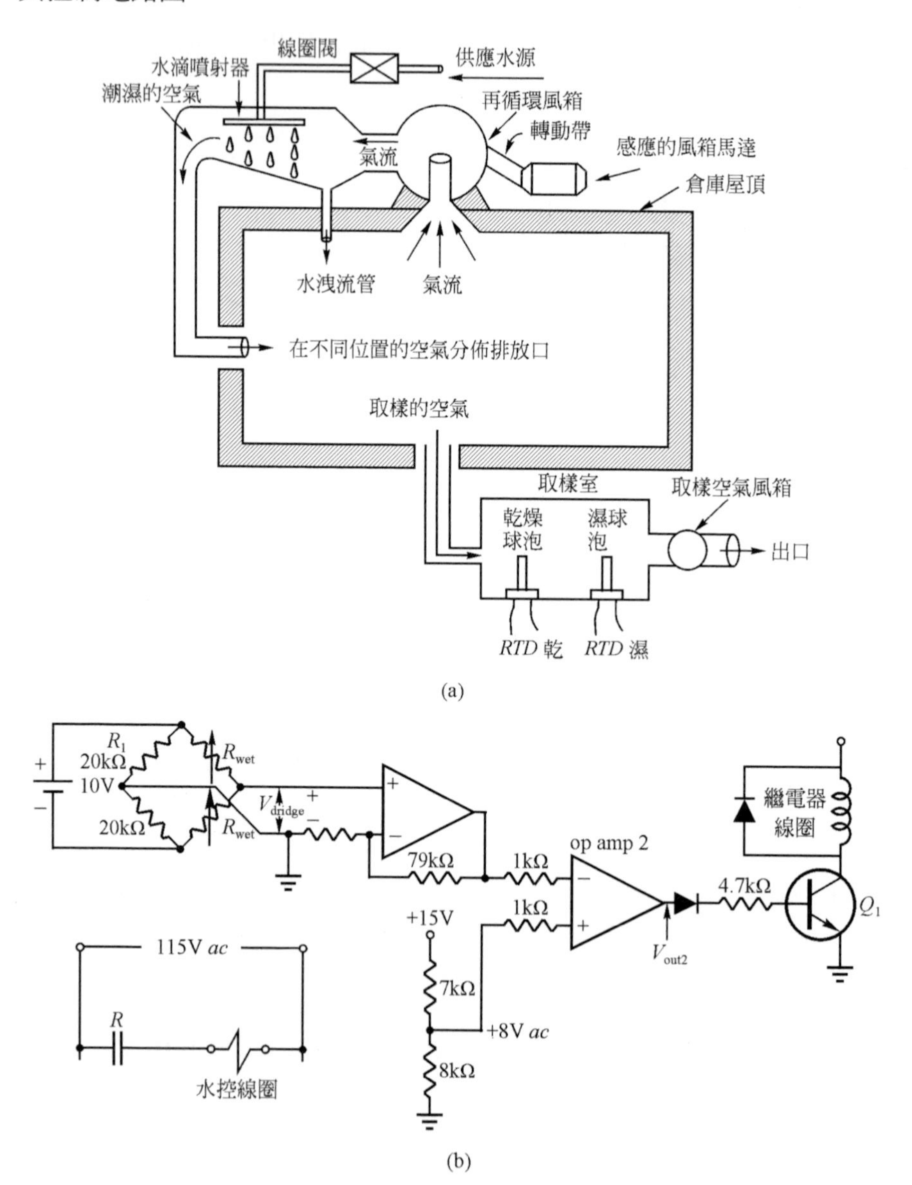

圖 7-38　溫度控制器(a)倉庫定值濕度實際結構，(b)濕度檢測與水流控制電路

習題

一、選擇題

(　) 1.　如圖 1 所示符號為　(1)DIAC　(2)SUS　(3)SSS　(4)SBS。

圖 1　　　　圖 2

(　) 2.　如圖 2 所示符號為　(1)DIAC　(2)SUS　(3)SSS　(4)SBS。

(　) 3.　如圖 3 所示符號為　(1)二極體　(2)電容器　(3)石英晶體　(4)變容二極體。

圖 3　　　　圖 4

(　) 4.　如圖 4 所示符號為　(1)稽納二極體　(2)整流二極體　(3)通道二極體　(4)發光二極體。

(　) 5.　繼電器接點表示為 *N.C.*之接點表示為　(1)常開　(2)常閉　(3)空接　(4)接地。

(　) 6.　下列何者為發光二極體的符號？　(1)　(2)

(3)　(4)　。

(　) 7.　如圖 5 所示符號為　(1)變壓器　(2)單刀雙擲開關　(3)電感器　(4)繼電器。

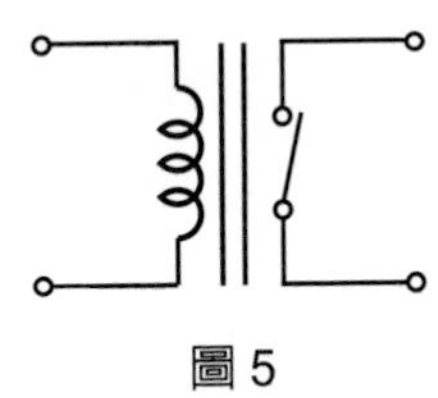

圖 5

( ) 8. 如圖 6 所示符號爲 (1)單極單投(SPST) (2)單極雙投(SPDT) (3)雙極單投(DPST) (4)雙極雙投(DPDT)。

圖 6　　圖 7

( ) 9. 如圖 7 所示符號爲 (1)UJT (2)SCR (3)PUT (4)GTO。

( ) 10. 下列元件何者具有電氣隔離作用？ (1)二極體 (2)電晶體 (3)場效電晶體 (4)光耦合器。

( ) 11. 繼電器有兩個輸出接點 *N.C.*與 *N.O.*各代表 (1)常開與常開 (2)常開與常閉 (3)常閉與常閉 (4)常閉與常開 接點。

( ) 12. 繼電器一般採用下列何種元件來消除逆向脈衝？ (1)二極體 (2)電容器 (3)電阻器 (4)電阻器及電容器串聯。

( ) 13. 爲防止繼電器接點產生之火花，一般均在接點兩端並接 (1)電阻器 (2)電容器 (3)二極體 (4)電感器。

( ) 14. 如圖 8 所示 L 爲 (1)抗流線圈 (2)抗壓線圈 (3)音頻線圈 (4)高週線圈。

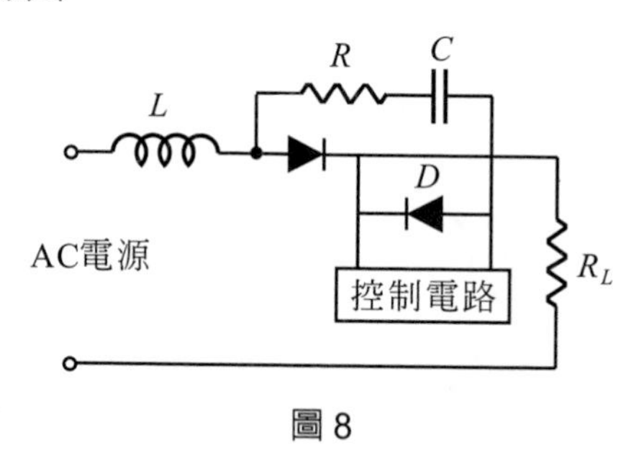

圖 8

( ) 15. 下列敘述何者不正確？ (1)TRIAC 可控制交流電功率 (2)SCR 爲單向導通元件 (3)DIAC 可作觸發元件 (4)UJT 爲單向激發導電二極體。

(　) 16. SCR 導電後 *A-K* 兩端點之電壓降為　(1)0.6～0.8V　(2)1～2V　(3)4～5V　(4)10～20V。

(　) 17. 一般 DIAC 之崩潰電壓約為　(1)5～10V　(2)10～25V　(3)25～45V　(4)40～50V。

(　) 18. 下列哪一個元件可利用正或負脈衝觸發而雙向導通？　(1)UJT　(2)TRIAC　(3)PUT　(4)SCR。

(　) 19. TRIAC 的三根腳名稱分別為　(1)陽極、陰極、閘極　(2)基極、射極、集極　(3)閘極、MT1 極、MT2 極　(4)閘極、源極、汲極。

(　) 20. 下列何種電子元件不具有負電阻特性？　(1)單接面電晶體　(2)矽控整流器　(3)場效電晶體　(4)PNPN 二極體。

(　) 21. UJT 的功用為　(1)整流　(2)放大　(3)產生脈波　(4)阻抗匹配。

(　) 22. 下列何者最有可能是 UJT 的本質內分比之值？　(1)0.1　(2)1.9　(3)5.0　(4)0.6。

(　) 23. SCR 控制電路中若觸發角度越大表示負載功率消耗　(1)不變　(2)增加 1 倍　(3)越小　(4)越大。

(　) 24. 下列那一種方法不能使已經導通的 SCR 截止？　(1)陽極電流降至維持電流以下　(2)切斷陽極電流　(3)使 SCR 的陽極陰極電壓反相　(4)切斷閘極電流。

(　) 25. 如圖 9 所示電路符號代表　(1)矽控整流器　(2)受光二極體　(3)光閘流體　(4)雙向閘流體。

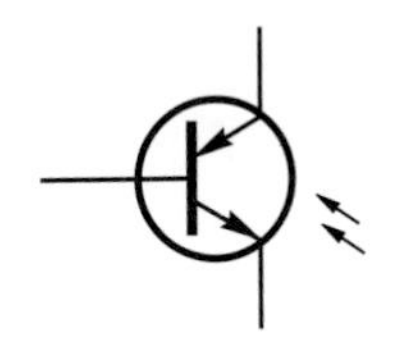

圖 9

(　) 26. 下列何者爲"UJT"之符號？ (1) (2) (3)

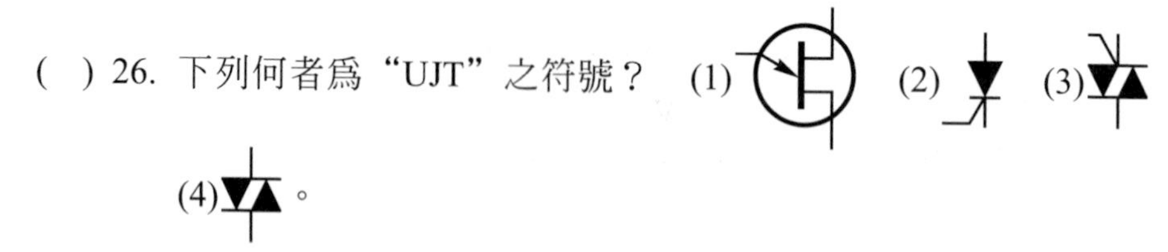

(4)。

(　) 27. UJT 的 η 值(本値內分比)將隨溫度增加而 (1)減少 (2)增加 (3)不變 (4)不一定。

二、計算題

1. 請說明工業用閘流體的共通特性。
2. 請說明 UJT 的特性與用途。
3. 何謂 PUT？請繪出一典型的應用電路。
4. 請說明 SCR 的特性與用途。
5. 何謂 TRIAC？它與 SCR 之差異如何？
6. 何謂 DIAC？請繪出 DIAC 與 TRIAC 的相位控制電路。
7. 何謂 SUS？它與 SCR 之差異如何？
8. 何謂 SBS？它與 SUS 之差異如何？
9. 何謂 SSS？請說明圖 7-26 電路之 SSS 的動作原理。
10. 何謂 SCS？它與 SCR 之差異如何？又 SCS 的開啓與關閉法如何？
11. 請說明 GTO 的特性與功用。
12. 何謂 CUJT？它有何特點？
13. 除了書本所介紹的工業電子應用範例之外，你是否可用找到三種以上的應用電路且能說出電路功能。

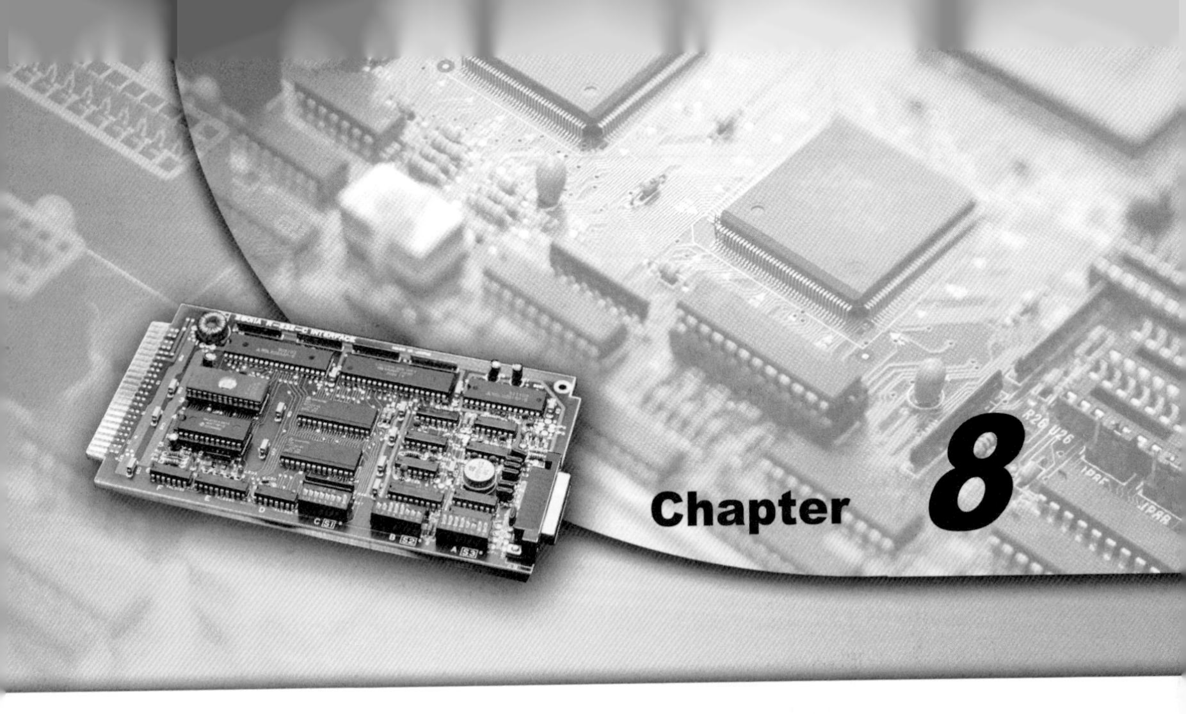

線性與數位積體電路

最近數年來積體電路(Integrated Circuit：IC)或俗稱的 IC 已廣泛應用於電子有關的種種且流行於各種廣告媒體傳播，連非專業人員都能瞭解其功能與用途。積體電路的最大特點就是能以成千上萬個電子元件設計與製造在一晶片上，同時在產生設備更精密進步、測試法改良、流程的正確化與半導體材料純度提高以及處理步驟減少而使得積體電路密度增加與大產量化，使得電子 IC 工業成爲工業現代化的重要環節之一。

我們知道一完整的積體電路就是包括所有電子元件製成一完整的電路在一矽結晶片上的裝置，也就是在一片厚的混合膜積體電路內包含有主動元件、電阻、電容等線路經由攝影網罩在陶瓷材料上、受高溫烘焙或反覆燻乾，並外加其它組合體如接端引子製成，另外一種方式則是以薄層的混合膜積體電路在面罩上噴射蒸氣式或化學氣化形成一薄膜附著物即是電子元件附加在其上而製成。

積體電路較標準的印刷電路的最大差異就是面積大小縮小到驚人地步，因為 IC 具有高度容積、大量產生技術、優良電路特性與價值性而優於傳統的分離電路。積體電路若依電路型式可分類線性與數位兩種。至於 IC 的市場上，數位 IC 則佔絕大部分，這是因為應用在電腦工業上。

在積體電路結構上除了價廉的單晶(Monolithic)積體電路之外，尚有中型積體(Medium Scale Integration：MSI)電路、大型積體(Large-Scale Integration：LSI)電路，超大型積體(Very Large-Scale Integration：VLSI)電路與極大型積體(Ultra Large-Scale Integration：ULSI)電路，這些都是藉由單晶電路的製造技術擴展來的。因此，在整個電子系統就如同一個全部合成的電路而裝配在一個包裝裡面。通常 MSI 的電路元件個數包裝量是在 100 以內，大於 100 和 10,000 之間屬於 LSI，大於 10,000 和 1,000,000 之間屬於 VLSI，至於大於 1,000,000 以上者是 ULSI。

8-1 線性積體電路

線性積體電路裝置的製造與電路設計、原理以及分析在本書中並未涉及內容，僅討論其重要之應用。除了第二章整流電路之穩壓 IC 與第五章之 Op-Amp 已研討過，在本單元將再研討提供數位(邏輯)電路中使用到的計時與觸發之時脈信號產生電路。

8-1-1 電壓控制振盪器

電壓控制振盪器(Voltage Controlled Oscillators：VCO)是一種經由外加電阻與電容且在控制範圍內的直流電壓改變下而調整其輸出振盪信號頻率的電路。圖 8-1 所示為 VCO IC566 元件之內部電路方塊與接腳圖供參考，同時在應用時應注意下列事項：

1. 振盪頻率 $f_o = \frac{2}{R_1C_1}\left(\frac{V^+ - V_C}{V^+}\right)$ 係在 1MHz 以內。
2. R_1 的電阻值範圍 $2\text{k}\Omega \le R_1 \le 20\text{k}\Omega$。
3. 供應直流電壓 V^+ 範圍 $10\text{V} \le V^+ \le 24\text{V}$。
4. 控制電壓 V_C 範圍 $0.75V^+ \le V_C \le V^+$。

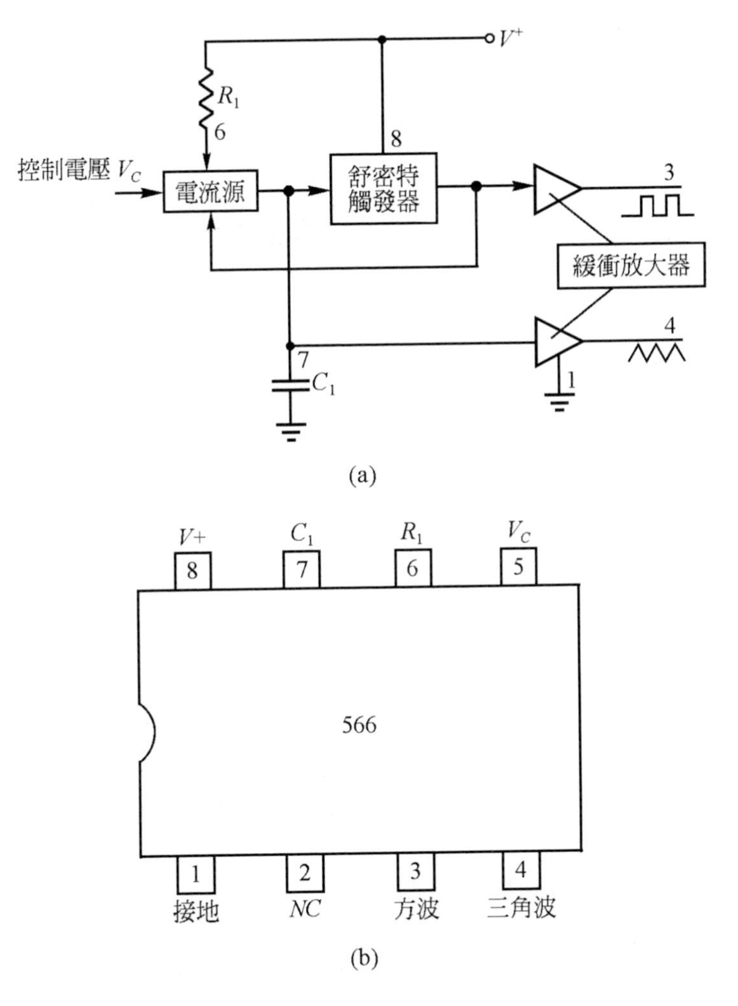

圖 8-1　566 IC 的(a)電路方塊圖；(b)接腳圖

例題 8.1

參考圖示的 566 電壓控制振盪電路，請求出在可變電阻 5kΩ 的變化範圍內的振盪頻率大小。

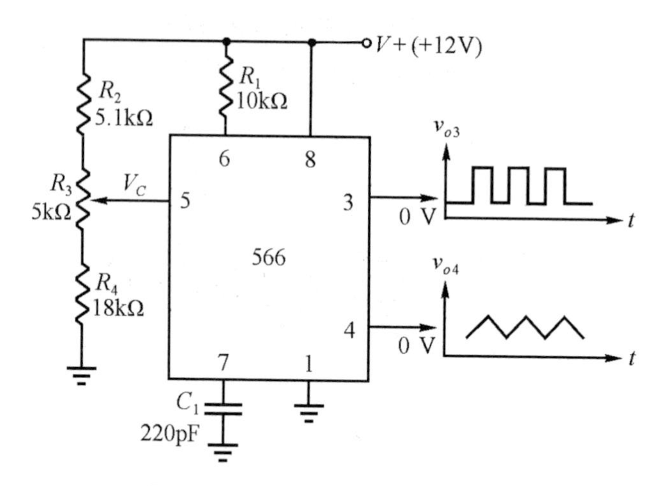

圖 8-2　例題 8.1 的 566VCO 電路

解　對於輸出的方波與三角波之頻率大小，可藉由可變電阻調整而得到控制電壓 V_C 而能夠改變振盪頻率之大小。當可變電阻器調轉到最頂端時的 V_C 爲

$$V_C = V \times \frac{R_3 + R_4}{R_2 + R_3 + R_4} = 12\text{V}\frac{5\text{k}\Omega + 18\text{k}\Omega}{0.51\text{k}\Omega + 5\text{k}\Omega + 18\text{k}\Omega} = 11.74\text{ V}$$

此時振盪頻率 f_o 爲

$$f_o = \frac{2}{(10\times10^3)(220\times10^{-12})}\left(\frac{12-11.74}{12}\right) \cong 19.7\text{ k}\Omega$$

當可變電阻調轉到最底端時的 V_C 爲

$$V_C = V \times \frac{R_4}{R_2 + R_3 + R_4} = 12\text{V}\frac{18\text{k}\Omega}{0.51\text{k}\Omega + 5\text{k}\Omega + 18\text{k}\Omega} = 9.19\text{ V}$$

此時的振盪頻率 f_o 為

$$f_o = \frac{2}{(10\times10^3)(220\times10^{-12})}\left(\frac{12-9.19}{12}\right) \cong 212.9\,\text{kHz}$$

因此，輸出信號的頻率大小在 212.9kHz 與 19.7kHz 之間。

8-1-2　555 積體電路定時器

參考圖 8-3 所示 555 定時器(Timer)的內部電路方塊，其中包括兩個 Op-Amp 的比較器、一個正反器、一個放電電晶體、一個重置電晶體與電阻組成的分壓器。555 定時器可依外接電路元件之不同而功能不同，如不穩態多諧振盪器、單穩態或單擊多諧振盪器與延時電路。

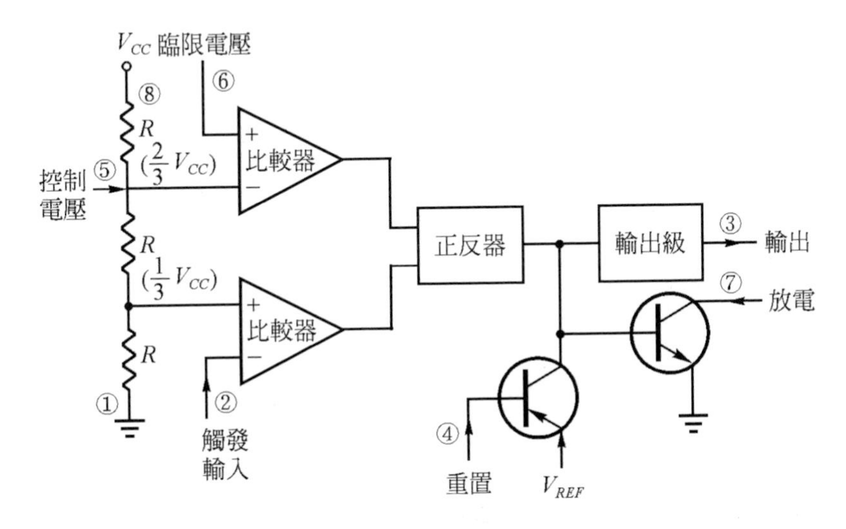

圖 8-3　555 IC 定時器內部方塊電路

不穩態多諧振盪器(Astable Multivibrator)

參看組成之不穩態多諧振盪電路，若欲改變輸出波形之週期可對電阻 R_A 與 R_B 或電容 C 值來改變即可。綜合內外電路推導而得到下列各式子供參考：

高階時段 $T_{\text{high}} \cong 0.7(R_A + R_B)C$ (8.1)

低階時段 $T_{\text{low}} \cong 0.7 R_B C$ (8.2)

週期 $T = T_{\text{high}} + T_{\text{low}}$ (8.3)

頻率 $f = \dfrac{1}{T} \cong \dfrac{1.44}{(R_A + 2R_B)C}$ (8.4)

典型的不穩態多諧電路如圖 8-4 所示。

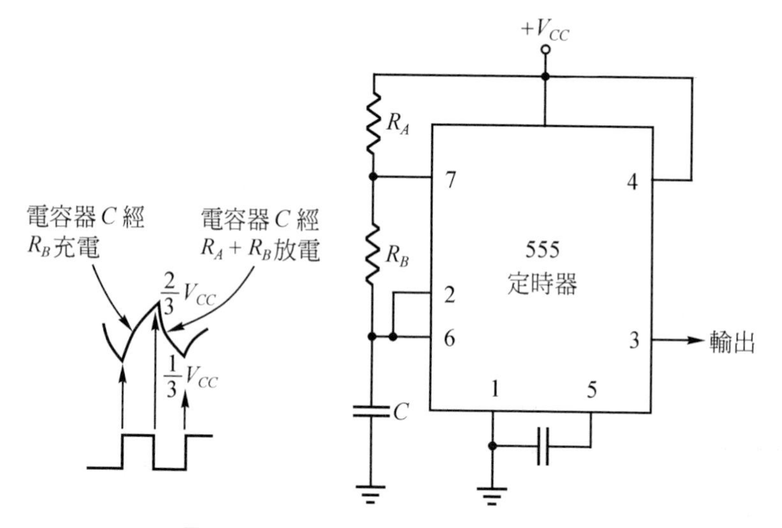

圖 8-4　555 IC 不穩態振盪電路與波形

例題 8.2

請計算圖示 555 IC 振盪電路的頻率。

解 利用(8.4)式可求出頻率爲

$$f \cong \frac{1.44}{(R_4 + 2R_B)C} = \frac{1.44}{(10\times10^3 + 2\times6.8\times10^3)(0.1\times10^{-6})}$$

$$= \frac{1.44}{0.236\times10^{-2}} = 610\ \text{Hz}$$

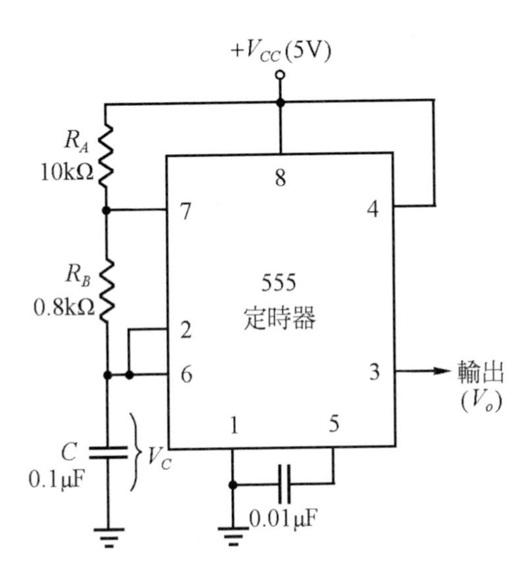

單穩態多諧振盪器(Monostable Multivibrator)

本電路亦稱單擊(One-Shot)多諧振盪器，參考圖 8-5 的單擊振盪電路係在某一極短的負脈波接到觸發輸入端時，輸出端即轉態成一正脈波且此脈波時間之長短是由外加的電阻 R_A 與電容 C 值大小來決定。輸出脈波在高階的時段爲

$$T_{\text{high}} = 1.1 R_A C \tag{8.5}$$

例題 8.3

在圖 8-5 的電路中，若 $R_A = 10\,\text{k}\Omega$ 與 $C = 0.1\,\mu\text{F}$ 時之外部負脈波輸入觸發後的輸出波形之週期。

解 利用(8.5)式可求得

$$T_{\text{high}} = 1.1 R_A = 1.1 \times 10 \times 10^3 \times 0.1 \times 10^{-6} = 1.1\,\text{ms}$$

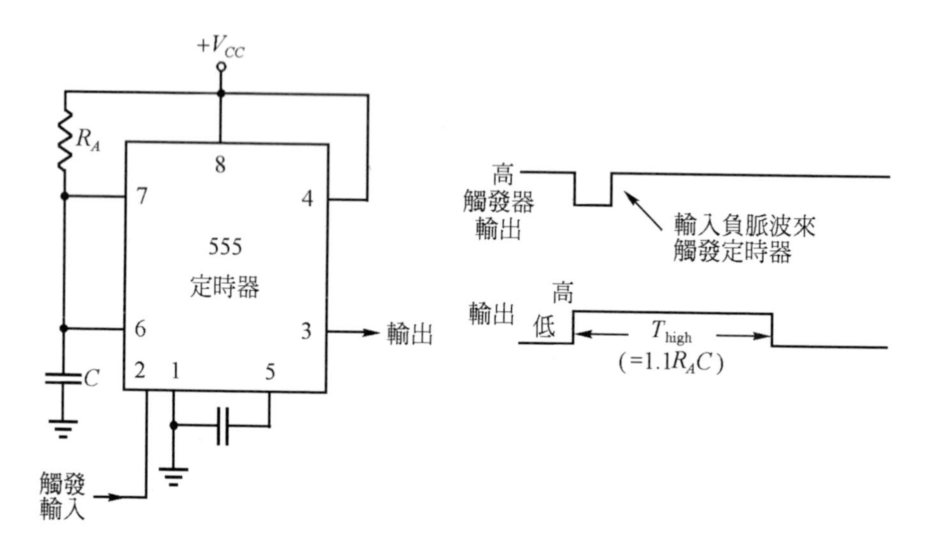

圖 8-5　555 IC 單穩態振盪電路與波形

延時(Time-Delay)電路

在單擊電路中的觸發信號輸入後即刻輸出一脈波，如果將電路改接成圖 8-6 所示的電路即成爲一延時電路，也就是在接受觸發信號後會延遲一段時間之後才輸出脈波且延遲的時間公式爲：

$$T_d = 1.1R_AC \tag{8.6}$$

例題 8.4

對圖 8-6 所示電路中，若 $R_A = 100\ \text{k}\Omega$ 與 $C = 0.1\ \mu\text{F}$，試求其延遲時間。

解 代入(8.6)式可求出延時 T_d 爲

$$T_d = 1.1 \times 100 \times 10^3 \times 0.1 \times 10^{-6} = 1.1\ \text{ms}$$

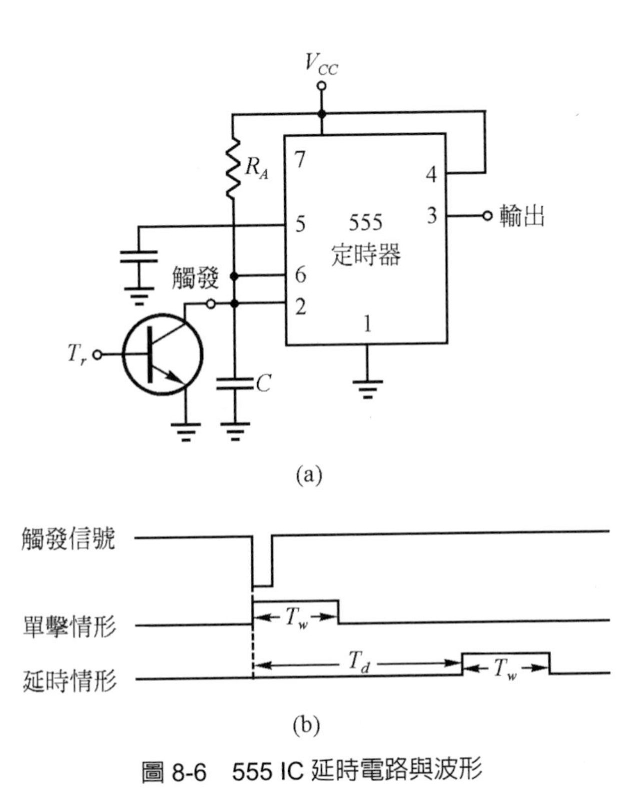

圖 8-6　555 IC 延時電路與波形

8-2 數位積體電路

本單元所介紹的數位積體電路是二進制數位 IC，它是接收兩個邏輯準位的其中之任一個輸入且通常標示為“0”或“1”。這兩種不同的信號是由電子電路組成來產生的，而且電路的輸出僅是兩種信號中的一種。由於數位積體電路包括產生邏輯“0”或“1”的輸出成分且依輸入值而定，因而組成的電路可考慮為“邏輯閘”而該閘可設定為“0”或“1”的輸出。

有關於邏輯閘的函數表與基本布林代數運算情形皆可由數位電路來操作執行，但電子電路的原理、分析與計算則不在本書內討論，對於有興趣的同學可再參研數位電子學方面的專業書籍。

8-2-1 數位邏輯的基本關係

數位邏輯的幾種基本函數關係之陳述與證明早已被哲學家推導出來，例如邏輯運算中的兩個最基本操作是 AND(及)與 OR(或)，它們組成了邏輯系統的基本建造方塊，這些可考慮成類似於代數系統中的乘與加法運算。

正與負邏輯的狀態定義

(State Definition of Positive And Negative Logic)

由於二進制數位信號不論是輸出或輸入到電路中的電壓是兩個可能值中的某一個，因此通常有兩種選擇來指定二進制數字 0 與 1 代表電路中的兩個電壓且定義如下：

正邏輯：所相關係的高電壓為 1 而低電壓為 0。

負邏輯：所相關係的低電壓為 1 而高電壓為 0。

在製造廠商的資料中規定的邏輯準位是以 H 為高電壓與 L 為低電壓來表示，若選取 H 等於 1 且 L 等於 0 的結果是正邏輯，若選取 H 等於 0 且 L 等於 1 則為負邏輯。

非計時邏輯(Unclocked Logic)

邏輯操作衹反應現在所加入的即時輸入而與前面的輸入則無影響現在的輸出，因此這種與時間無關的邏輯功能是沒有記憶的。若與時間無關的邏輯也稱為非計時的或非同步的(Asynchronous)邏輯。

計時邏輯(Locked Logic)

邏輯的操作反應不但與現在所加入的輸入有關係且也與前面輸入以及輸出狀態有關係，這種與時間有關的邏輯功能是有記憶的。因此，邏輯系統與時間有關係的也稱為計時的或同步的(Synchronous)邏輯。

8-2-2　基本的邏輯函數閘

本單元要扼要定義最基本與通用的八種邏輯閘：

反相器(inverter)

反相器就是輸出爲輸入的相反，若輸入是 0 則輸出是 1，反之亦然，因此這種邏輯電路也稱爲非(反)閘(Not Gate)且其函數方程式如下：

$$Y = \overline{A} \text{ 或 } Y = A'$$

或閘(OR Gate)

或閘有一個以上的輸入且一個輸出，若輸入當中的任何一個或更多是邏輯 1 則輸出就是邏輯 1。對於 OR 運算是以加(+)的符號爲公式記號，例如對一個三輸入的或閘運算之方程式爲

$$Y = A + B + C$$

及閘(AND Gate)

及閘有兩個或更多的輸入且一個輸出，若所有輸入皆爲邏輯 1 狀態時的輸出才是邏輯 1 準位。及閘的運算記號若以兩個輸入來表示的方程式爲

$$Y = AB \text{ 或 } Y = A \cdot B$$

反或閘(NOR Gate)

反或閘是在任何的一個或更多的邏輯 1 狀態輸入時的輸出則爲邏輯 0，因此 NOR 閘可以看成 OR 閘之輸出再接一反相器。若以兩個輸入的 NOR 閘之方程式表示爲

$$Y = \overline{A + B} \text{ 或 } Y = (A + B)'$$

反及閘(NAND Gate)

反及閘是在所有的輸入皆是邏輯 1 狀態時的輸出才是邏輯 0，因此 NAND 閘可以看成 AND 閘之輸出再接一反相器。若以兩個輸入的 NAND 閘之方程式表示為

$$Y = \overline{AB} \text{ 或 } Y = (AB)'$$

互斥或閘(Exclusive OR Gate)

互斥或閘是在輸入中僅有一個是邏輯 1 狀態時的輸出才是邏輯 1，公式符號是以⊕表示。若以兩個輸入的 XOR 閘之方程式表示為

$$Y = A \oplus B$$

互斥反或閘(Exclusive NOR Gate)

互斥反或閘是在所有輸入中僅有一個是邏輯 1 狀態時的輸出才是邏輯 0，因此這種邏輯閘也稱為等值(Equivalence)閘。若以兩種輸入的 XNOR 閘之方程式表示為

$$Y = \overline{A \oplus B} \text{ 或 } Y = (A \oplus B)'$$

緩衝器(Buffer)

緩衝器是單個輸入與單個輸出且輸出永遠等於輸入的邏輯狀態，緩衝器之目的是提供額外的功率來推動其它的邏輯輸入，邏輯函數的方程式表示為

$$Y = A$$

綜合上面所介紹的八種基本邏輯函數之定義與功能，再加上眞值表(Truth Table)與邏輯閘之電路符號以及不同族類 IC 邏輯閘列示於圖 8-7 以供參考。

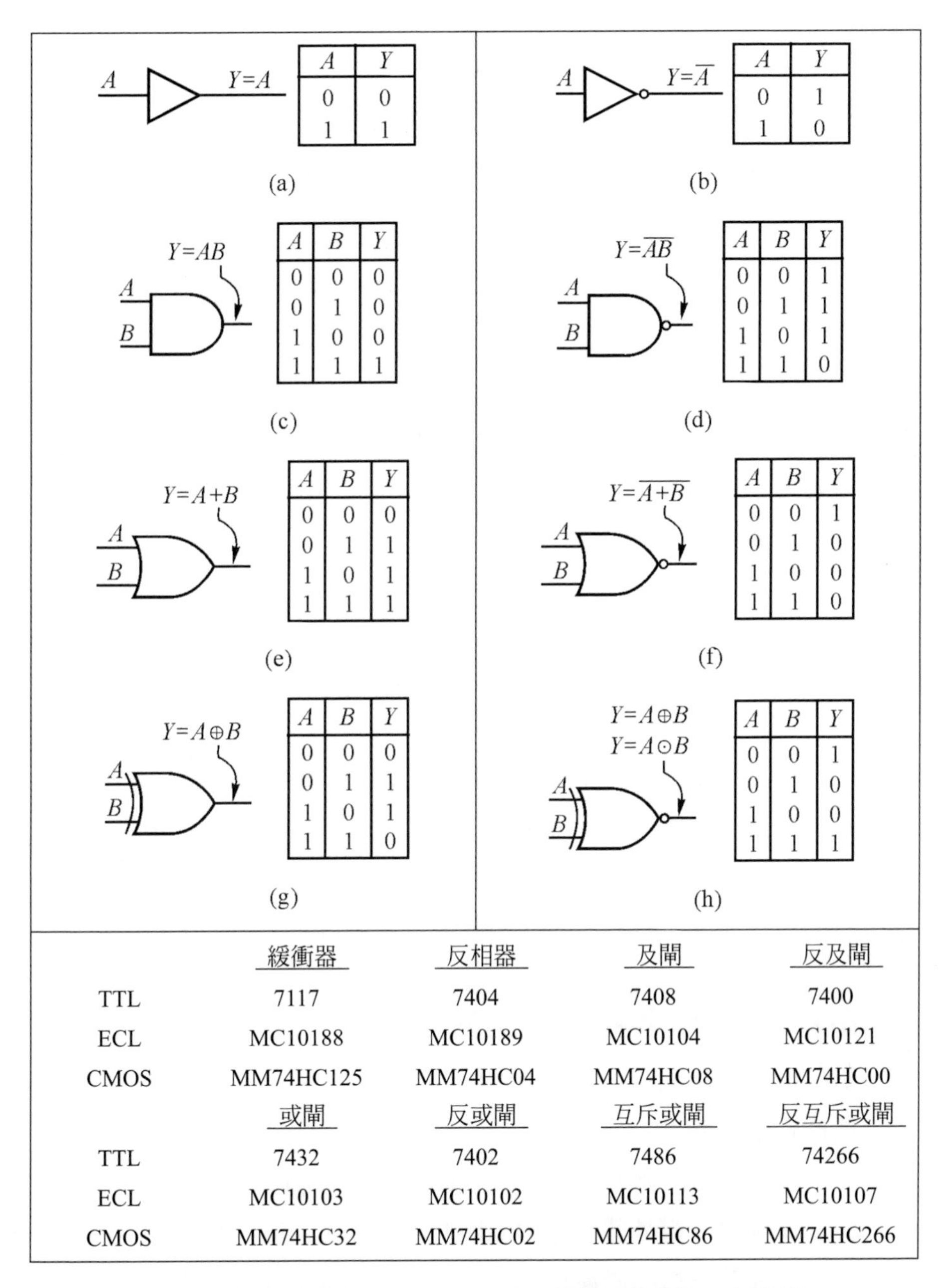

(a)

A	Y
0	0
1	1

(b)

A	Y
0	1
1	0

(c)

A	B	Y
0	0	0
0	1	0
1	0	0
1	1	1

(d)

A	B	Y
0	0	1
0	1	1
1	0	1
1	1	0

(e)

A	B	Y
0	0	0
0	1	1
1	0	1
1	1	1

(f)

A	B	Y
0	0	1
0	1	0
1	0	0
1	1	0

(g)

A	B	Y
0	0	0
0	1	1
1	0	1
1	1	0

(h)

A	B	Y
0	0	1
0	1	0
1	0	0
1	1	1

	緩衝器	反相器	及閘	反及閘
TTL	7117	7404	7408	7400
ECL	MC10188	MC10189	MC10104	MC10121
CMOS	MM74HC125	MM74HC04	MM74HC08	MM74HC00
	或閘	**反或閘**	**互斥或閘**	**反互斥或閘**
TTL	7432	7402	7486	74266
ECL	MC10103	MC10102	MC10113	MC10107
CMOS	MM74HC32	MM74HC02	MM74HC86	MM74HC266

圖 8-7　不同種類之常用數位 IC 與基本邏輯閘函數運算(a)緩衝器；(b)反相器；(c)及閘；(d)反及閘；(e)或閘；(f)反或閘；(g)互斥或閘；(h)反互斥或閘

8-2-3　數位系統的二進位制運算

數位系統是採用二進位的運算，亦即前面所介紹的邏輯狀態 1 與 0 之二進位數學演算。現在以十進位制(Decimal)來解釋二進位制的代表數目，前者是以 10 為基數而用 0, 1, 2, 3,……, 9 等十個數字來表示任何一個數目，例如 1,364 的意義為

$$1{,}364 = 1\times10^3 + 3\times10^2 + 6\times10 + 4\times10^0$$

在二進位制(Binary)中是以 2 為基數且只有兩個數字 0 與 1 來表示一個數目，雖然在數字的表示兩者不同，但是二進位制與十進位制是具有相同之意義。例如十進制的 19 改寫成二進制是 10011，因為二進制換算成十進制步驟如下：

$$\begin{aligned}1011 &= 1\times2^4 + 0\times2^3 + 0\times2^2 + 1\times2^1 + 1\times2^0\\ &= 16+0+0+2+1\\ &= 19\end{aligned}$$

二進位制的每個數字(1 或 0)稱為位元(Bit)，幾個位元合成一個字元(Byte)、字(Word)或碼(Code)。例如，代表十個數(0, 1, ……, 9)與 26 個英文字母共需要 36 種不同的 0 和 1 來組合，由於 $2^5 < 36 < 2^6$ 而為了容納所有文數字元，所以每個字元至少需有六個位元來表示。

8-2-4　各種邏輯族之比較

數位積體電路族類中分為兩大類：

1.　雙極性邏輯族：

(1)　電阻－電晶體邏輯(Resistor-Transistor Logic：RTL)。

(2)　二極體－電晶體邏輯(Diode-Transistor Logic：DTL)。

(3)　電晶體－電晶體邏輯(Transistor-Transistor Logic：TTL)。

(4)　射極耦合邏輯(Emitter-Coupled Logic：ECL)。

(5) 高臨限邏輯(High-Threshold Logic：HTL)。

(6) 高雜訊抑制邏輯(High-Noise-Immunity Logic：HNIL)。

其中 TTL 是盛行且獨特的邏輯族而研製一些不同的副族如下：

(1) 高功率 TTL(High-Power TTL：H-TTL)。

(2) 低功率 TTL(Low-Power TTL：L-TTL)。

(3) 蕭特基 TTL(Schottky TTL：S-TTL)。

(4) 低功率 S-TTL(Low-Power Schottdy TTL：LS-TTL)。

(5) 高級蕭特基 TTL(Advance Schottky TTL：AS-TTL)。

(6) 高級低功率蕭特基 TTL(Advanced Low-Power Schottky TTL：ALS-TTL)。

2. FET 邏輯族：

(1) *n* 通道增強式 MOSFET 邏輯(N-Channel Enhancement MOSFET Logic)

(2) *p* 通道增強式 MOSFET 邏輯(P-Channel Enhancement MOSFET Logic)

(3) 互補式 MOS 邏輯(Complentary MOS Logic)。

從上面的不同邏輯族可經由電路特性參數的比較而做爲應用電路時來幫助我們選取適合的邏輯供使用。各種邏輯族在進行比較時應考慮下列特性：

1. 傳播時間延遲的速率問題。
2. 抑制雜訊的能力。
3. 扇入與扇出的容量。
4. 電源供應的需求。
5. 邏輯閘的功率散逸問題。
6. 操作時的溫度範圍。
7. 執行幾種邏輯函數的能力。

8. 價位的經濟考量。

在圖 8-8 所示的爲主要數位邏輯 IC 族之特性比較。

邏輯族	供應電壓	功率／每個閘	傳播延遲／每個閘	最大鐘脈波頻率	零輸入的最大邏輯	單輸入的最大邏輯	零輸入的最大邏輯	單輸入的最大邏輯
RTL	3.6 V	20 mW	10 ms		0.50 V	0.88 V	0.3 V	
DTL	5 V	8 mW	30 ms	5 MHz				
HTL	15 V	40 mW	110 ms	0.5 VMHz	6.5 V	8.5 V	1.0 V	14.4 V
TTL	5 V	10 mW	10 ms	35 MHz	0.8 V	2.0 V	0.4 V	2.4 V
HTTL	5 V	22 mW	6 ms	50 MHz	0.8 V	2.0 V	0.4 V	2.4 V
LPTTL	5 V	1 mW	33 ms	3 MHz	0.8 V	2.0 V	0.4 V	2.4 V
STTL	5 V	16 mW	4 ms	75 MHz	0.8 V	2.0 V	0.5 V	2.7 V
LSTTL	5 V	2 mW	10 ms	40 MHz	0.8 V	2.0 V	0.5 V	2.7 V
ALSTTL	5V	1 mW	4 ms	50 MHz	0.8 V	2.0 V	0.5 V	2.5 V
ASTTL	5 V	8 mW	2.5 ms	100 MHz	0.8 V	2.0 V	0.5 V	3.0 V
ECL	－5.2 V	25 mW	2 ms		－1.48 V	－1.13 V	－1.6 V	－0.98 V
PMOS	－9 V －5 V	≈1 mW	4μs	100 kHz	－4.0 V	－1.2 V	－8.5 V	－1.0 V
NMOS	＋5 V ＋12 V	≈0.1 mW	≈100 ms	3 MHz	0.8 V	2.4 V	0.4 V	2.4 V
CMOS	3~15 V	0.5mW*	100 ms	3 MHz**	1.5 V	3.5 V	0.5 V	4.5 V
HCMOS	5 V	0.5mW*	10 ms	30 MHz	1.0 V	3.5 V	0.05 V	4.95 V

*at 1 MHz

*at 5 V

(某些參數會隨著裝置型式與製造廠商而改變)

圖 8-8　邏輯族之特性

習題

一、選擇題

(　) 1.　如圖 1 所示，符號為　(1)編碼器 IC　(2)解碼器 IC　(3)解多工器 IC　(4)多工器 IC。

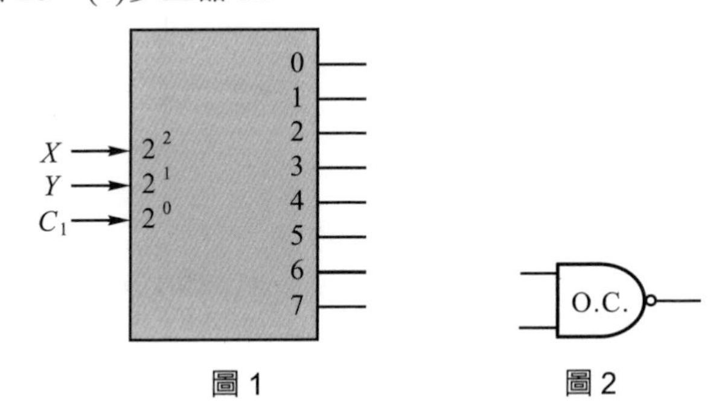

圖 1　　圖 2

(　) 2.　在數位邏輯中，反或閘的符號為

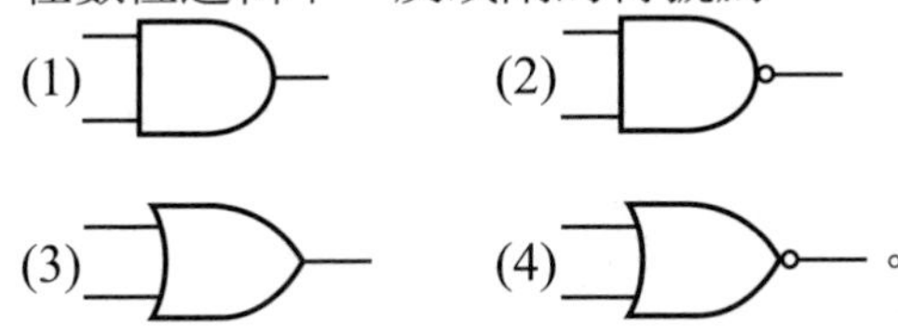

。

(　) 3.　如圖 2 所示，符號表示何種閘？　(1)集極開路輸出　(2)射極開路輸出　(3)集極閉路輸出　(4)射極閉路輸出。

(　) 4.　如圖 3 所示，DIP IC 頂視圖，第一支接腳位置在　(1)A 腳　(2)B 腳　(3)C 腳　(4)D 腳。

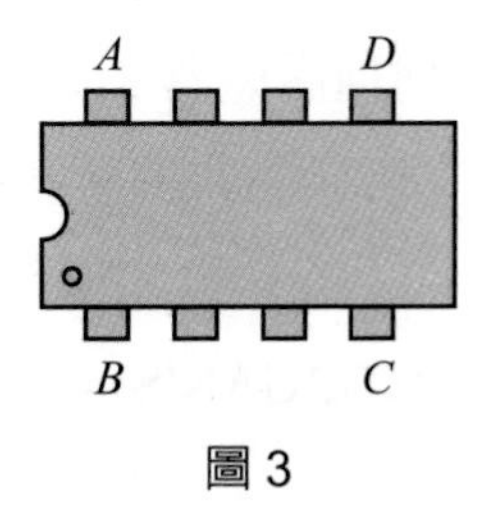

圖 3

(　) 5.　十進位數 38，其等效之 BCD 碼為　(1)111000　(2)100110　(3)00111000　(4)00100110。

( ) 6. 如圖 4 所示，W 為 (1) $Y(X+Z)$ (2) $\overline{\overline{XY}+\overline{YZ}}$ (3) XYZ (4) $\overline{XYZ}$。

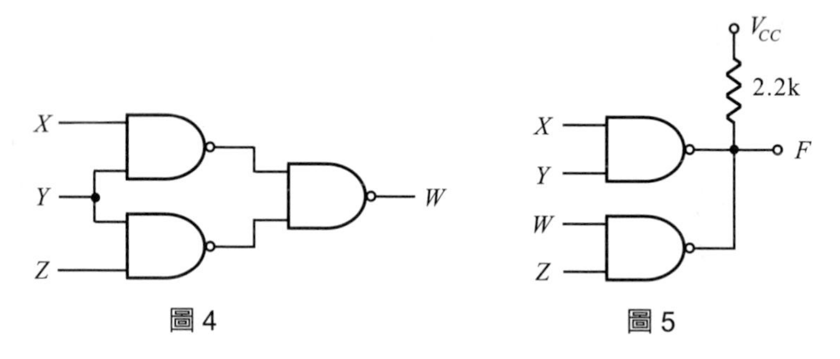

圖 4　　圖 5

( ) 7. 如圖 5 所示若兩個反及閘皆為開集極輸出閘，其輸出 F 為 (1) $\overline{XY}+\overline{WZ}$ (2) $\overline{XY}+\overline{X}\,\overline{Y}$ (3) $\overline{XYZ}$ (4) $\overline{XY}\cdot\overline{WZ}$。

( ) 8. 如圖 6 所示若輸入端 F_{IN} 加入一個 20kHz 之方波信號，則其輸出信號 F_{OUT} 頻率為 (1)20kHz (2)10kHz (3)5kHz (4)2kHz。

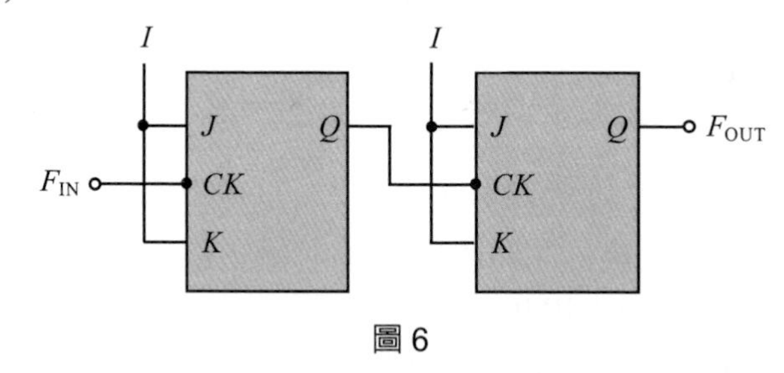

圖 6

( ) 9. 正反器(flip-flop)為何種震盪器？ (1)多穩態多諧振盪器 (2)雙穩態多諧振盪器 (3)非穩態多諧振盪器 (4)單穩態多諧振盪器。

( ) 10. 依據迪莫根(DEMORGAN'S)定理，下列何者正確？ (1) $A\cdot B=\overline{A}+\overline{B}$ (2) $AB=\overline{A}+\overline{B}$ (3) $\overline{AB}=\overline{A+B}$ (4) $\overline{AB}=\overline{A}+\overline{B}$。

( ) 11. 下列各邏輯族中何者之交換速度最快？　(1)TTL　(2)NMOS　(3)CMOS　(4)ECL。

( ) 12. 圖示的反及閘(NAND) 與下列何者功能相同？

(1)　(2)

(3)　(4)。

( ) 13. 在 TTL 系列中，何者的處裡速度最快？　(1)74S　(2)74L　(3)74LS　(4)74H。

( ) 14. 用三個正反器連接成的計數器，最多可當成除以　(1)2　(2)4　(3)8　(4)16　的除頻器。

( ) 15. 在 TTL 數位電路的輸入高電位(H)與低壓電位(L)是由下列何種電位範圍來區分？　(1)0.8V 以下爲 L，2.4V 以上爲 H　(2)0.4V 以下爲 L，2.0V 以上危 H　(3)0.8V 以下爲 L，2.0 以上爲 H　(4)0.4 以下爲 L，2.0V 以上爲 H。

( ) 16. 下列四個邏輯閘表示圖，何者爲正確？

(1) 1, 0 → 0　(2) 1, 0 → 1

(3) 1, 0 → 1　(4) 1, 0 → 1。

( ) 17. 下列各邏輯電路元件，何者消耗功率最低？　(1)TTL　(2)CMOS　(3)ECL　(4)DTL。

( ) 18. 下述那個邏輯閘具有如圖 7 所示眞値表。

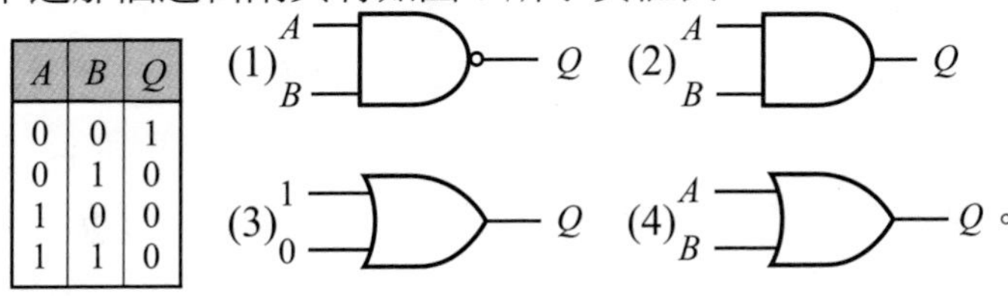

A	B	Q
0	0	1
0	1	0
1	0	0
1	1	0

圖 7

( ) 19. 常用來提供 TTL IC 穩定電源的穩壓 IC 為 (1)7805 (2)7812 (3)7815 (4)7912。

( ) 20. 飽和型電晶體開關電路比非飽和型電晶體開關電路速度慢，其主要原因為 (1)儲存時間較長 (2)延遲時間較長 (3)上昇時間較長 (4)下降時間較長。

( ) 21. 相移振盪器的 RC 相移網路至少需要幾節 (1)2 節 (2)3 節 (3)5 節 (4)7 節。

( ) 22. 如圖 8 所示之 E 訊號為 (1)低電位致能 (2)反向輸出 (3)浮接點 (4)接地點。

圖 8　　圖 9

( ) 23. 如圖 9 所示，符號為何種邏輯？ (1)OR (2)AND (3)NAND (4)NOR。

( ) 24. 如圖 10 所示，符號為 (1)AND GATE (2)NOT GATE (3)OR GATE (4)NAND GATE。

圖 10　　圖 11

( ) 25. 如圖 11 所示，以布林(Boolean)代數式表示為 (1)$F=A \cdot B$ (2)$F=A+B$ (3)$F=A \oplus B$ (4)$F=A \odot B$。

( ) 26. 將 $0.625_{(10)}$轉成二進制，其值為 (1)0.011 (2)0.010 (3)0.111 (4)0.101。

( ) 27. 雙載子電晶體交換電路，工作於非飽和區，交換速度很短，主要乃是電路不工作在 (1)截止區 (2)動作區 (3)飽和區 (4)電阻區。

( ) 28. 8 個位元所能表示的最大值爲 (1)$8000_{(10)}$ (2)$11111111_{(10)}$ (3)$255_{(10)}$ (4)$512_{(10)}$。

( ) 29. 正邏輯閘的 OR GATE 相當於負邏輯閘的 (1)AND (2)OR (3)NAND (4)NOR GATE。

( ) 30. 如圖 12 所示，Y 爲 (1)0 (2)1 (3)A (4)$\overline{A}$。

圖 12　　圖 13

( ) 31. 在二進制表示法中，10110.11 相當於十進制的 (1)20.5 (2)22.75 (3)24.25 (4)27.05。

( ) 32. 如圖 13 所示，邏輯閘以布林代數表示爲 (1)$Y=A \cdot B$ (2)$Y=A+B$ (3)$Y=\overline{AB}$ (4)$Y=\overline{A+B}$。

( ) 33. 如圖 14 所示，經化簡後其最簡函數 F 爲

(1)$F=DC+DB\overline{A}+B\overline{A}$　(2)$F=DC+DB\overline{A}+\overline{C}B\overline{A}$

(3)$F=DC+B\overline{A}$　(4)$F=BC+D\overline{A}$。

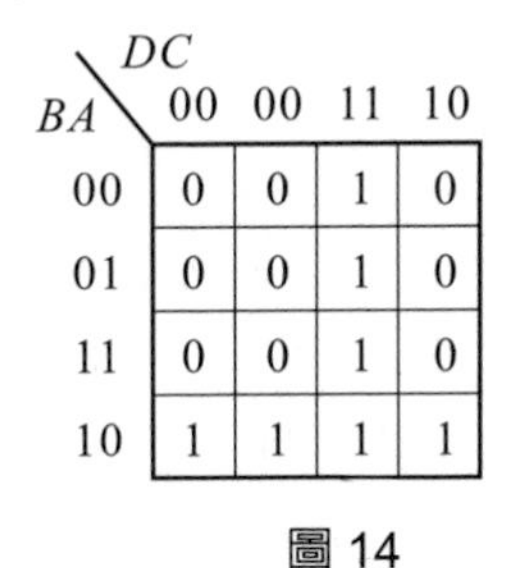

BA \ DC	00	00	11	10
00	0	0	1	0
01	0	0	1	0
11	0	0	1	0
10	1	1	1	1

圖 14

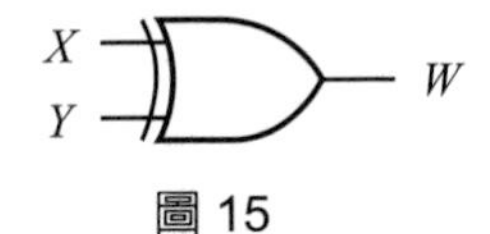

圖 15

( ) 34. 如圖 15 所示，W 爲 (1)$\overline{XY}+XY$ (2)$\overline{X}Y+X\overline{Y}$ (3)$XY+XY$ (4)$X+Y$。

( ) 35. 在 JK 正反器中之 $J=0$ 與 $K=1$ 時，當 CLOCK(時脈)信號激發後，其 Q 與 $\overline{Q}$ 爲 (1)$Q=1$，$\overline{Q}=1$ (2)$Q=0$，$\overline{Q}=1$ (3)$Q=0$，$\overline{Q}=0$ (4)$Q=1$，$\overline{Q}=0$。

二、計算題

1 請說明積體電路較一般電路的最大優點有那些。

2. 請說明積體電路有那些型且其電路元件包裝數是多少？

3. 何謂 VCO？在使用 566 IC 元件時應注意事項有那些？

4. 在圖 8-2 的 VCO 電路中，若 $V^+ = 12\,\text{V}$ 且 $R_2 = 390\,\Omega$、 $R_4 = 12\,\text{k}\Omega$，試求 $f_o \cong 20\,\text{kHz}$ 時的 R_3 值。

5. 請寫出 555 IC 作爲不穩態多諧振盪器的 T_{high}、T_{low}、T 與 f 之公式以及繪出該應用電路。

6. 在圖 8-5 的單穩態 555 IC 振盪電路中的 $R_A = 100\,\text{k}\Omega$ 與 $C = 2\,\mu\text{F}$ 時的週期 T 是多少？

7. 請繪出 555 IC 爲一延時電路。

8. 請說明邏輯 0 與 1 所代表的意義。

9. 何謂非計時與計時邏輯？

10. 請分別說明下列各基本邏輯之定義：

    (1)反相器，(2)或閘，(3)及閘，(4)反或閘，(5)反及閘，(6)互斥或閘，(7)互斥反互閘，(8)緩衝器。

11. 請將下列的十進制數字改成二進制數字：

    (1) 12，(2) 112，(3) 1020。

12. 請將下列的二進制數字改成十進制數字：

    (1) 1100，(2) 101011，(3) 1100110。

13. 請列出在使用各種邏輯族時應考慮的事項。

感測轉換器

在典型的控制系統中都要利用到感測與轉換的元件，在該系統裡(機械式或電子電機式)能自動地因感應外界之物理信號且轉換成適當之電的信號而正確地控制整體系統之正常運作與顯示各控制參數值。

我們以圖 9-1 所示的方塊圖來說明應用在日常生活的機電自動系統如冷氣機、除濕機、洗衣機、自動量測體溫與體重器等之基本原理。

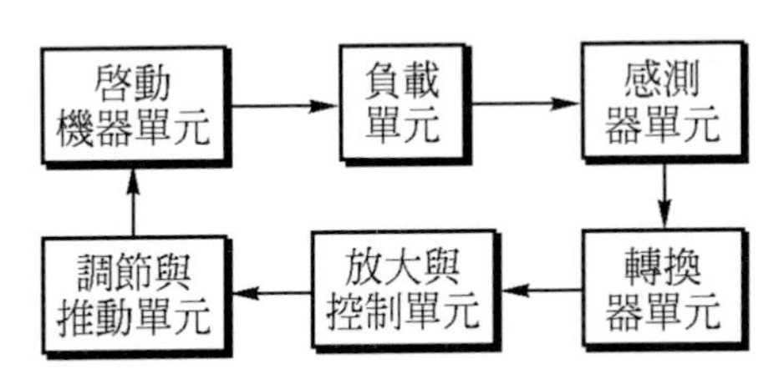

圖 9-1　典型的控制系統方塊圖

在圖示的負載(Load)是系統的被控制者且其決定狀況是由感測器(Sensor)來控制，所謂的感測器就是一種能量的感應元件，至於轉換器

(Transducer)則是將來自感測器的輸出信號能量轉換成另一型式的能量。一般而言，感測與轉換通常是被製造成一封裝之元件而被合併來使用。

轉換器的輸出電子信號要經過放大電路至足夠的靈敏度以及控制電路的操作來調整到適量的功率，此時才足以匹配與推動機器且控制其大小或快慢，最後送到負載上執行正常或標準設定之動作。

9-1 控制與轉換系統特性說明

在所有的工業或家電控制系統之能力好壞皆以控制變數測量之準確度爲基準，而控制變數則是以電子信號之量測轉換來取代機械信號之量測轉換，理由如下：

1. 電子信號較機械信號易於自某一地傳送到某一地。
2. 電子信號較機械信號易於放大與濾除雜訊之干擾。
3. 電子信號較機械信號易於作數學上處理，如變數之改變率、變數之時間積分以及變數較無受限制性。

基於上述之原因，感測轉換元件皆是以控制變數值轉換成電子信號而概稱爲電氣轉換器(Electrical transducers)，因此電氣轉換器就是轉換每一種物理量變數成爲可供測量的電子信號。在工業上之重要物理量變數有位置、速率、加速力、施力(受力)、功率、壓力、流量、溫度、光強度與濕度等。

感測轉換器之特性依國際標準所定義之特性的表示有兩種規範：

1. 準確度：能正確地反應出所量測值接近於眞實的能力，又影響準確度的因素略述如下：
   (1) 靜態誤差：在設定時間內所測量定值輸入信號量之下的輸出物理值與眞實值之間的誤差，而其表示法爲滿刻度之百分比。

(2) 動態誤差：在輸入信號或負載改變時，所測得的物理量改變值與眞實值的改變量之間的誤差，表示法亦爲滿刻度之百分比且與靜態誤差是無關。

(3) 重複性偏差量：在設定時間內重複測量所得之平均值與各測量值之間的最大偏差量，通常可藉此重複性測量法來改善其準確度。

(4) 其它因素的誤差：在空檔時間中所發生測量改變或暫時輸出的時間空檔裡產生了最大改變量，由於會有時間滯後而延遲量測變化的響應速率。

2. 響應速率：由於上述的誤差原因而造成感測轉換器無法立即響應所量測之物理量改變，若響應越快而其控制變數也會容易快速到達其正確的測量值。

影響響應速率有許多的因素，例如熱傳導之熱電阻大小，液體或氣體不同介質與流動率快慢、熱能轉移之延遲性以及介質傳導的傳輸滯後之自然現象等。

9-2 電氣轉換器之種類

感測轉換器依其應用與使用之場所而可分類如下：

1. 線性移動感測轉換器：它是利用感測線性移動距離而轉換其量測值，又依其應用元件特性原理可分類爲：

(1) 線性移動電位計：感應的輸出電壓信號是線性比例於移動電阻變化值而得到移動之測量值。

(2) 線性移動可變電感器：感應的輸出電壓信號是線性比例於線圈電感磁阻的變化測量值。

(3) 線性移動可變差動變壓器：本方法雖較昂貴但其靈敏度較高，它的感應輸出電壓信號之大小與相位是線性比例於鐵心移動量與方向。主要的應用是在直流伺服馬達之力矩、馬力與速率，記錄器之流量、準位，指示器之重量、厚度，控制器之壓力、黏性度等。

(4) 線性移動可變電容器：感應的輸出電壓信號之大小與方向是線性比例於移動電容器之電極板間距離而改變之電容量。由於感測極板間距離範圍很小，故它具有高的解析度與線性特性。

(5) 線性編碼器：感應輸出電壓信號是比例於位置移動距離而以類比信號輸出，再轉換成數位信號而成爲數值控制機之應用。

2. 角移動感測轉換器：它是利用圓環形的繞線式薄膜式電阻而以滑動軸之機件旋轉來產生移動量之感應輸出電壓信號。

另外有一類型是旋轉可變的差動變壓器，它是利用可旋轉之鐵心作$\pm 45^\circ$角之偏轉而感應出差動輸出電壓信號。

3. 旋轉速率感測轉換器：依旋轉角速率而感應輸出其測量值，通常可分爲類比與數位式兩種。

(1) 旋轉類比速率感測轉換器：依磁場與電樞之旋轉速率而比例感應輸出電壓信號。

(2) 旋轉數位速率感測轉換器：利用轉速器所產生之數位脈波電壓來計數角速率之頻率而得到一速率的平均值，此外亦有光感測原理的計數速率方法。

4. 力感測轉換器：其原理是測量某物體表面之設定點的受力、應變力、負載加壓力或振動力所產生之位移效應而轉換出感應電壓信號。若以轉換之原理的應用可分別有：束縛式電阻感測轉換器、無束縛式電阻感應轉換器、半導體應變轉換器、加速與振動轉換器、線性可變差動變壓器之振動轉換器。

5. 流體量感測轉換器：係指液體或氣體的壓力作用在某一設定面積上之量測力所轉換的輸出電壓信號，它可分成兩大類型：

(1) 壓力轉換器：有風箱壓力式、差動風箱壓力式、伯登管壓力式、隔膜壓力式與束縛應變壓力式等感測轉換器。

(2) 流體流量轉換器：最常應用在工業處理作業上有水位差流量式、電磁流量式、質量流量式、可變面積流量式與正位移流量式等感測轉換器。

6. 準位感測轉換器：它是利用感測出液體的實際高度而轉換輸出電壓信號，依其應用之原理方法可分類爲：壓力感測式、浮體控制可變電阻式、電容感測金屬槽式、電容感測非金屬槽式、導電率感測非金屬槽式與伽傌射線準位感測式等。

7. 溫度感測轉換器：在溫度的工業程序控制系統中之溫度範圍是從 −267.8℃到＋4150℃皆有被量測之可能，因此溫度感測轉換器之應用元件很多，但適用之溫度感測轉換器之重要因素不外有三項：

(1) 靈敏度：輸出的改變量對輸入的改變量之比率値愈高愈好。

(2) 準確度：以百分比來表示測量讀取値之誤差對讀取値的比率値。通常儀器系統中的準確度重要性要大於靈敏度。

(3) 響應速率：量測溫度的步級波輸入變化而要達到全部改變量的特定百分比之時間參數，一般也稱爲響應時間且其値愈小愈佳。

常用的溫度感測轉換器型式如下：

(1) 熱偶合式：利用兩種不同金屬端接觸在一起且經加熱而感應出一電壓信號之原理，不同之金屬對有銅－康銅、鐵－康銅、鉻－鋁與鉉－銠。

(2) 電阻溫度偵測器：利用導體電阻因溫度改變而感應之電壓信號，常用的導體材質有銅、鎳與白金之細小線圈繞在絕緣的雲母片上且以金屬管包圍來保護。

(3) 輻射高溫計：利用熱輻射能量集中在熱電耦而感應出電壓信號且不需直接與熱源相接觸的高溫測量法。

(4) 光測高溫計：另一種高溫測量法是利用熱之發光的頻譜使光電伏特元件感應出電壓信號。

(5) 熱阻器：是以負溫度係數的半導體元件因溫度變化而改變其電阻值，再由惠斯頓電路之輸出端感應輸出電壓信號。熱阻器的應用優點有靈敏度高、包裝體積很小、響應時間很快、成本低與容易讀出感應電壓值，但其缺點是穩定性較差、溫度範圍小與受限應用範圍。

(6) 裝填式的溫度器：裝填的材質有酒精、水銀、氣體或蒸氣，利用遇熱則體積膨脹所感應之輸出轉換成電壓信號。

(7) 雙金屬溫度感測器：利用金屬遇熱則膨脹的原理而使用不同之高與低的膨脹係數之兩種金屬材料束縛在一起，當溫度改變時就會感應輸出轉換成電壓信號。

8. 厚度感測轉換器：依感測轉換的原理有電感式感測器、電容式感測器、超音波感測器與 X 射線感測器。

9. 密度感測轉換器：依流體密度改變而使感應線圈產生一差動電壓信號。

9-3 重要之感測轉換器應用範例

下面以三種之應用範例說明如下：

1. 開回路控制系統(Open-Loop Control Systems)：

參考圖 9-2 之開回路控制系統方塊圖，此又稱為程序控制系統(Process Control System)，這是因為未將其操作之結果如頻率式計數送回到控制產生線，只由人工來監視而做為適當的過程控制而已。

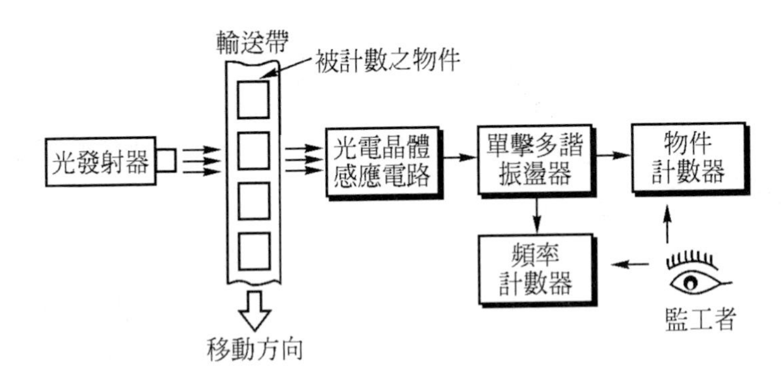

圖 9-2 開回路控制系統範例

電路的工作原理如下所述：

當光源照射經過傳送帶上之生產物件遮住後，光電晶體會感應一中斷信號的輸出脈波且觸發了單擊多諧振盪器，之後單擊電路輸出則使用來推動計數器與頻率表，它們是提供讀出值且可知道在設定的時間內已通過了多少數量的物件。

2. 閉回路控制系統(Closed-Loop Control System)：

在前面的開回路控制系統應用需要人工輔助調整其單位時間內所生產之物件數量，但在大多數的程序控制系統是自動的控制系統，如此可減少人工與時間之浪費。

典型的閉回路自動控制系統如圖 9-3 所示的家庭溫熱系統方塊圖，注意圖中的天然氣(Natural Gas)燃料亦可替代以燃料油或熱水循環。當輸送進的天然氣少部分引導送到指示燈為定量的光源燃燒，絕大部分則送到電子氣閥且氣閥之張開大小是由感測轉換控制器來調控，裝在屋內的自動溫度調節器是一種可調整的雙金屬(Adjustable Bimetallic)溫度感測器具其結構如圖 9-4 所示。

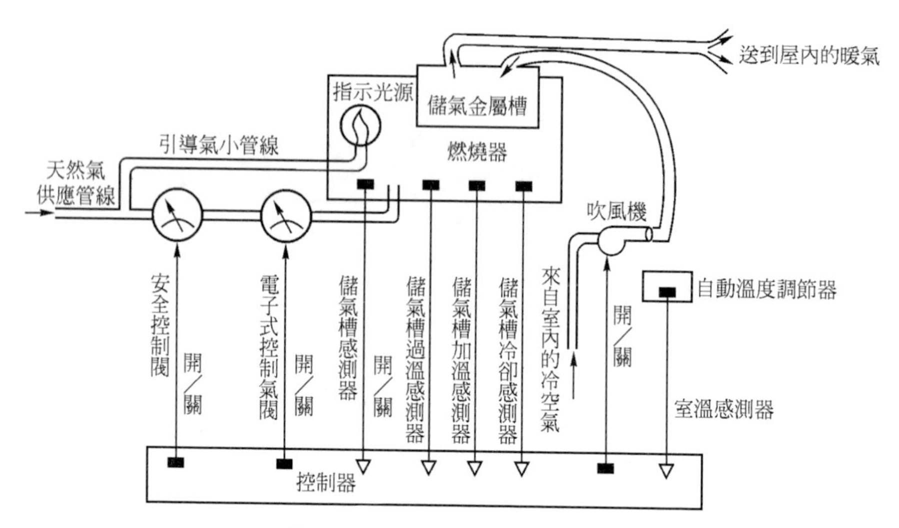

圖 9-3　家庭暖氣自動控制系統

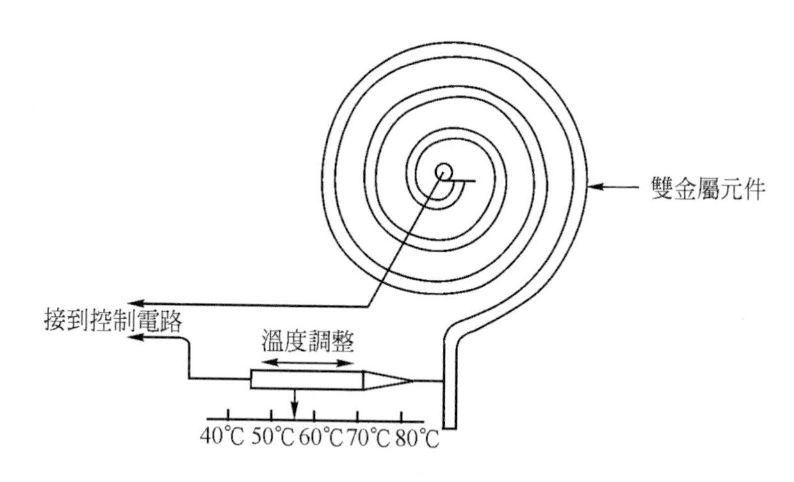

圖 9-4　家庭暖氣控制系統的自動溫度調節器元件

在圖 9-4 的溫度感測器是提供室內溫度設定位置。整個系統的操作情形是這樣的：若當溫度低於設定值時之雙金屬感測且轉換其差異經由控制器電路，啟動電子式控制氣閥大小，同時藉指示光源點燃燃燒器加溫，在燃燒器內有燃燒開／關感測器、儲氣金屬槽溫度過高感測器、儲氣金屬槽加溫感測器與儲氣金屬槽冷卻感測器等。假設室溫已在設定的溫度範圍內，則控制器經由各種感測轉換器送回來的資料即可停止吹風機運轉或轉掉天然氣控制閥等。

對於極端寒冷天氣或某項故障而導致燃燒器一直燃燒不止而溫度過高會危及燃燒器時，儲氣金屬槽有過溫感測器且轉換出一電壓信號到控制器電路，再由控制器送出信號調整主要氣體供給管線在一安全量內之下，同時亦啓動金屬槽之冷卻器來冷卻燃燒器之溫度。

3. 自動的電腦控制系統(Automotire Computer Control System)：

對於較上述圖 9-3 更複雜的控制系統則可利用外觀型式很小的微電腦或迷你電腦來執行整個的控制工作，若以電腦作為家庭溫控系統的話，那麼可以節省圖 9-3 溫控系統之成本約 30%到 50%左右，另外利用電腦控制的優點尚有：

(1) 每日之中可建立二種、三種或更多的輸入與輸出之自動控制溫度的週期性。

(2) 提供平日或週末不同的時間與溫度一覽表以便查詢或分析。

(3) 以數字顯示時間、日期、實際與預設之理想溫度。

(4) 輕按開關即可輕易退轉或裝設執行程式。

在圖 9-5 所示的是電腦化控制的自動汽車示意圖，我們會瞭解這些稱爲電子引擎控制(Electronic Engine Control；EEC)系統所使用的各類感測轉換器作爲監視器的不同類變數，例如機軸、節氣閥、排氣閥位置、冷卻劑、空氣入口處溫度、分歧管的絕對壓力、氣壓的壓力與排氣量等。這許多的感測輸資料經由電腦分析處理後再送出信號給啓動器來控制引擎運轉工作，除此之外還包括的控制輸出信號有汽化器、空氣／燃油混合器、激發時序與停留時間等。因此，只需你入座車內啓動電源，此時車內執行閉回路控制系統中的各感測轉換器與電腦控制以及啓動器，在這期中平均每秒約有 30 次的仔細調整車子各控制參數，期使汽車在行駛中有最適宜排廢氣與節省一般無電腦控制車燃料哩數百分廿以上。

電腦化控制自動汽車雖係九○年代之產物，但目前已是普及化之汽車。不過步入廿一世紀 e 化的汽車已有較大型面板之電腦顯示，包含了先進科技之衛星導航系統與視聽之各項設備，可說是眞正進入完全電子化自動控制系統。

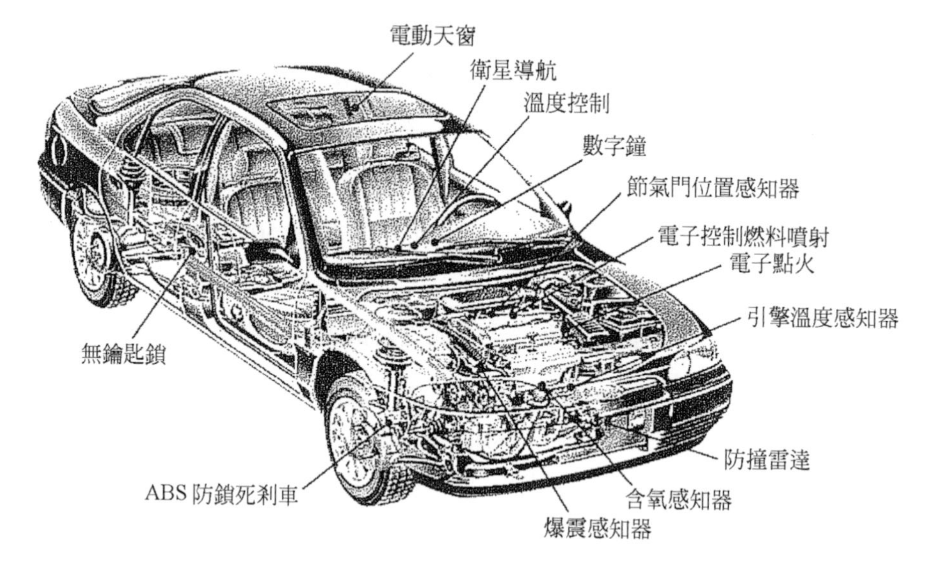

圖 9-5　電腦自動控制車示意圖

習 題

一、選擇題

(　) 1.　如圖 1 所示，符號爲

(1)橋式整流器　(2)發光二極體　(3)光耦合器　(4)光電晶體。

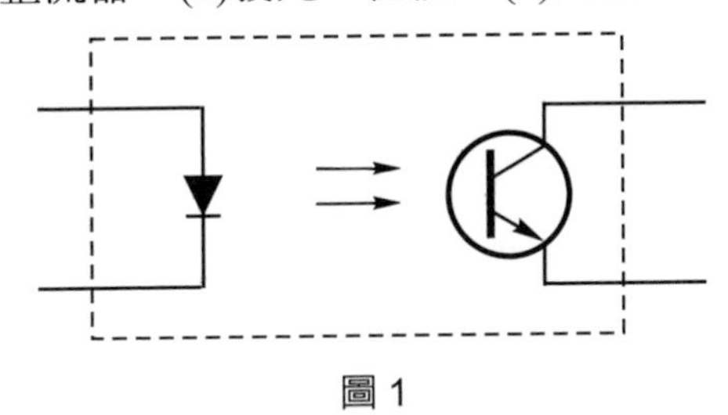

圖 1

(　) 2.　如圖 2 所示，符號爲

(1)電熱線　(2)電熱偶　(3)焊接點　(4)音叉。

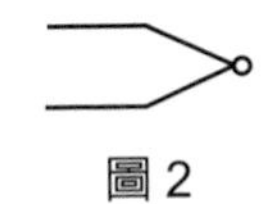

圖 2

(　) 3.　如圖 3 所示，符號爲

(1)電鈴　(2)蜂鳴器　(3)指示燈　(4)油斷路器。

圖 3

(　) 4.　如圖 4 所示，O/P 與 I/P 之關係爲　(1)$I \propto V$　(2)$V \propto I$　(3)$F \propto I$　(4)$I \propto F$。

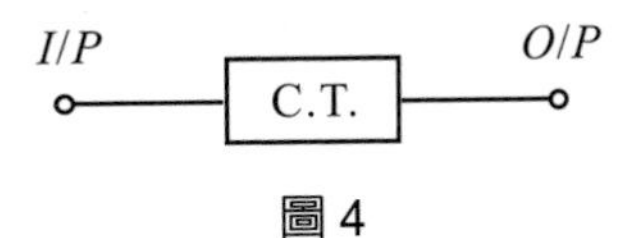

圖 4

( ) 5. 如圖 5 所示，O/P 與 I/P 之關係為 (1)$F \propto V$ (2)$F \propto I$ (3)$I \propto F$ (4)$V \propto F$。

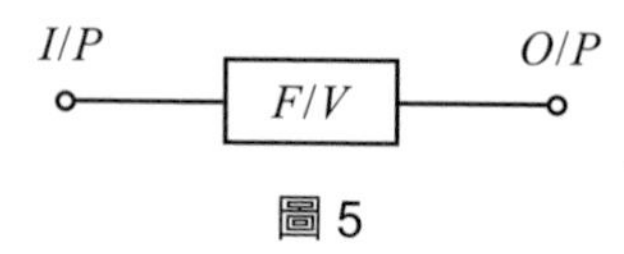

圖 5

( ) 6. 下列哪一種元件不適合最感測器？ (1)應變器 (2)熱電偶 (3)光電晶體 (4)LED。

( ) 7. 下列元件何者不可做光感測器？ (1)光二極體 (2)光電晶體 (2)光敏電阻 (4)發光二極體。

( ) 8. 下列英文何者是代表光敏電阻？ (1)CdS (2)LED (3)LCD (4)Diode。

二、計算題

1. 何謂感測器與轉換器？
2. 在圖 9-1 之方塊圖中的放大與控制單元係指何目的？
3. 為何控制系統中的轉換器皆以電子信號來取代機械信號？
4. 略述感測轉換器特性中影響準確度的因素。
5. 略舉感測轉換器的種類。
6. 請繪一典型開回路控制系統之應用方塊圖。
7. 請說明圖 9-4 的自動溫度調節器之工作原理？

附錄一

常用 74 系列 IC 之接腳圖

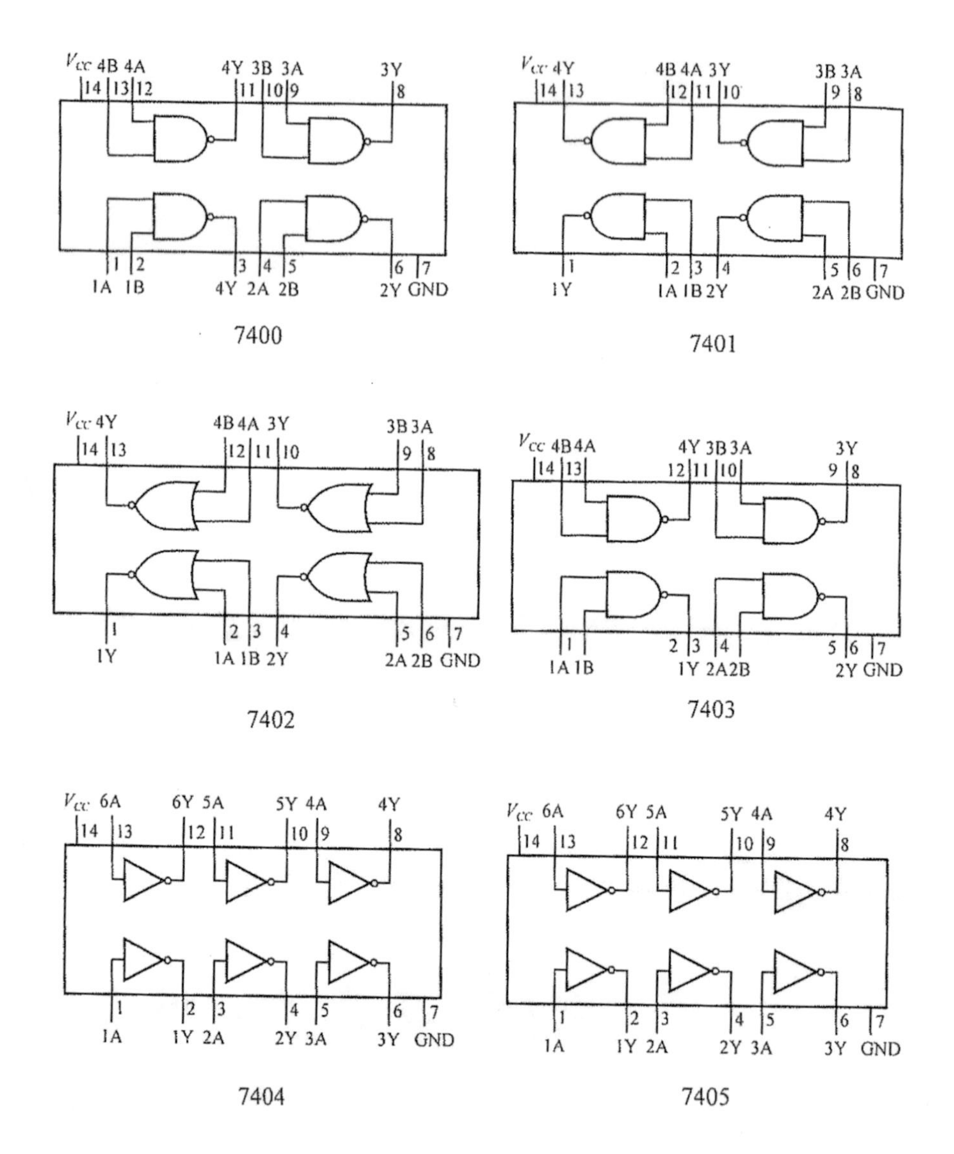

V_{CC} 4B 4A 4Y 3B 3A 3Y
14 13 12 11 10 9 8
1 2 3 4 5 6 7
1A 1B 4Y 2A 2B 2Y GND
7400
V_{CC} 4Y 4B 4A 3Y 3B 3A
14 13 12 11 10 9 8
1 2 3 4 5 6 7
1Y 1A 1B 2Y 2A 2B GND
7401
V_{CC} 4Y 4B 4A 3Y 3B 3A
14 13 12 11 10 9 8
1 2 3 4 5 6 7
1Y 1A 1B 2Y 2A 2B GND
7402
V_{CC} 4B 4A 4Y 3B 3A 3Y
14 13 12 11 10 9 8
1 2 3 4 5 6 7
1A 1B 1Y 2A 2B 2Y GND
7403
V_{CC} 6A 6Y 5A 5Y 4A 4Y
14 13 12 11 10 9 8
1 2 3 4 5 6 7
1A 1Y 2A 2Y 3A 3Y GND
7404
V_{CC} 6A 6Y 5A 5Y 4A 4Y
14 13 12 11 10 9 8
1 2 3 4 5 6 7
1A 1Y 2A 2Y 3A 3Y GND
7405

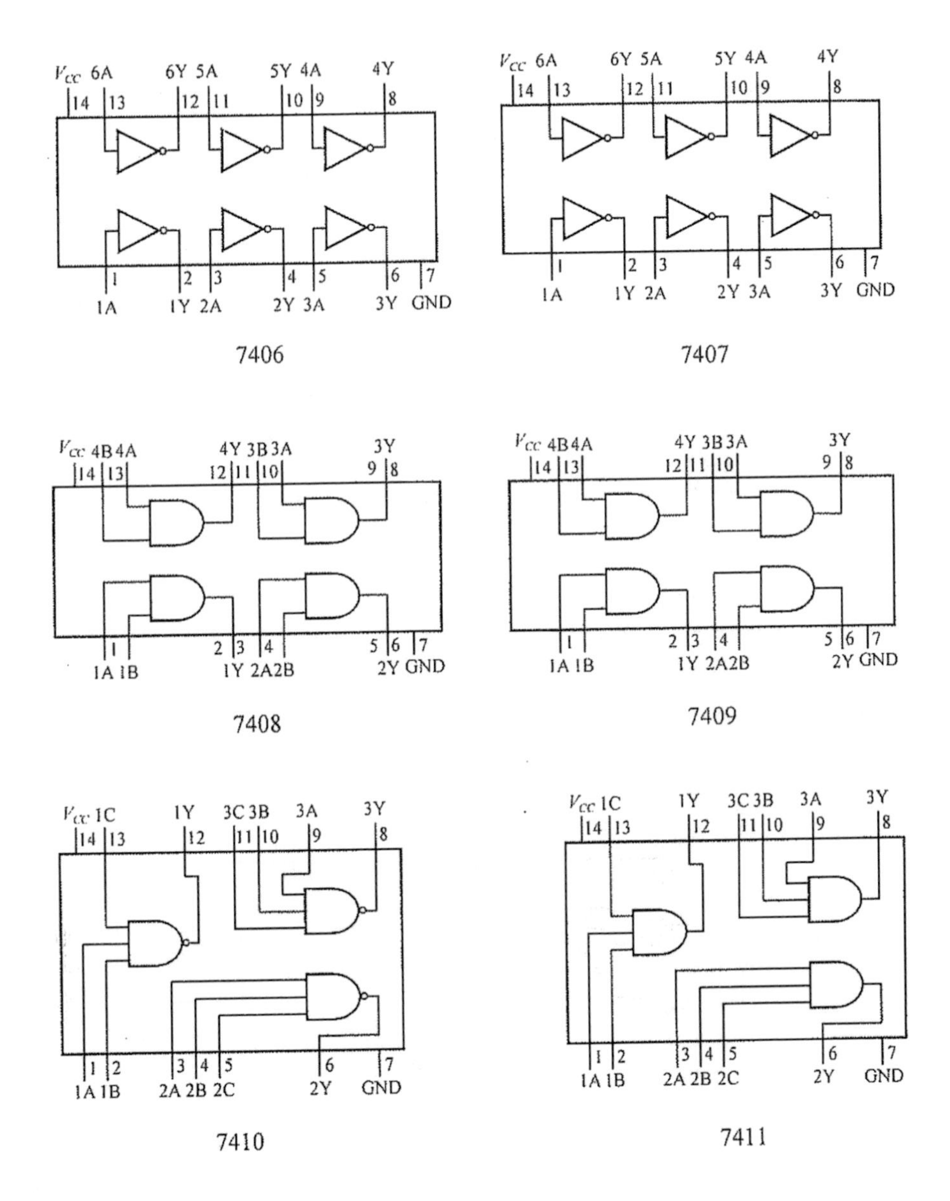

Vcc 6A 6Y 5A 5Y 4A 4Y
14 13 12 11 10 9 8
1 2 3 4 5 6 7
1A 1Y 2A 2Y 3A 3Y GND
7406
Vcc 6A 6Y 5A 5Y 4A 4Y
14 13 12 11 10 9 8
1 2 3 4 5 6 7
1A 1Y 2A 2Y 3A 3Y GND
7407
Vcc 4B 4A 4Y 3B 3A 3Y
14 13 12 11 10 9 8
1 2 3 4 5 6 7
1A 1B 1Y 2A 2B 2Y GND
7408
Vcc 4B 4A 4Y 3B 3A 3Y
14 13 12 11 10 9 8
1 2 3 4 5 6 7
1A 1B 1Y 2A 2B 2Y GND
7409
Vcc 1C 1Y 3C 3B 3A 3Y
14 13 12 11 10 9 8
1 2 3 4 5 6 7
1A 1B 2A 2B 2C 2Y GND
7410
Vcc 1C 1Y 3C 3B 3A 3Y
14 13 12 11 10 9 8
1 2 3 4 5 6 7
1A 1B 2A 2B 2C 2Y GND
7411

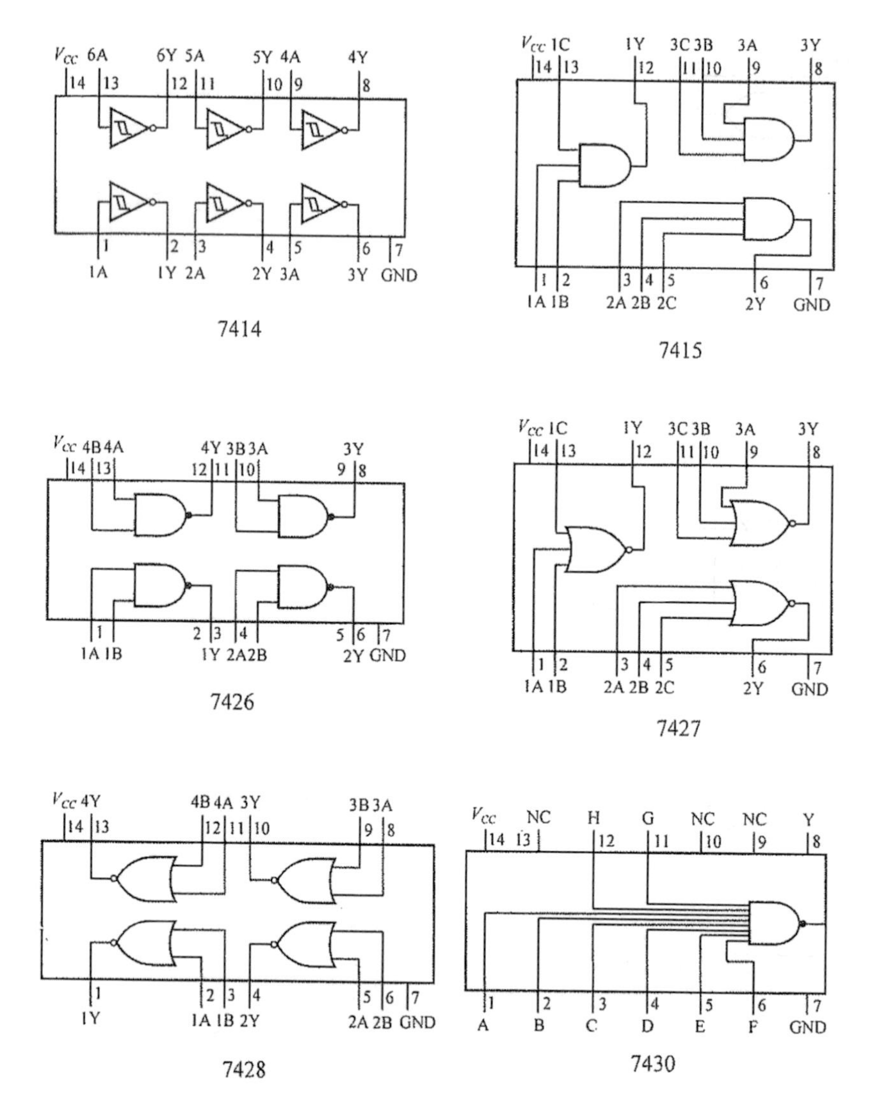

Vcc 6A 6Y 5A 5Y 4A 4Y
14 13 12 11 10 9 8
1 2 3 4 5 6 7
1A 1Y 2A 2Y 3A 3Y GND
7414
Vcc 1C 1Y 3C 3B 3A 3Y
14 13 12 11 10 9 8
1 2 3 4 5 6 7
1A 1B 2A 2B 2C 2Y GND
7415
Vcc 4B 4A 4Y 3B 3A 3Y
14 13 12 11 10 9 8
1 2 3 4 5 6 7
1A 1B 1Y 2A 2B 2Y GND
7426
Vcc 1C 1Y 3C 3B 3A 3Y
14 13 12 11 10 9 8
1 2 3 4 5 6 7
1A 1B 2A 2B 2C 2Y GND
7427
Vcc 4Y 4B 4A 3Y 3B 3A
14 13 12 11 10 9 8
1 2 3 4 5 6 7
1Y 1A 1B 2Y 2A 2B GND
7428
Vcc NC H G NC NC Y
14 13 12 11 10 9 8
1 2 3 4 5 6 7
A B C D E F GND
7430

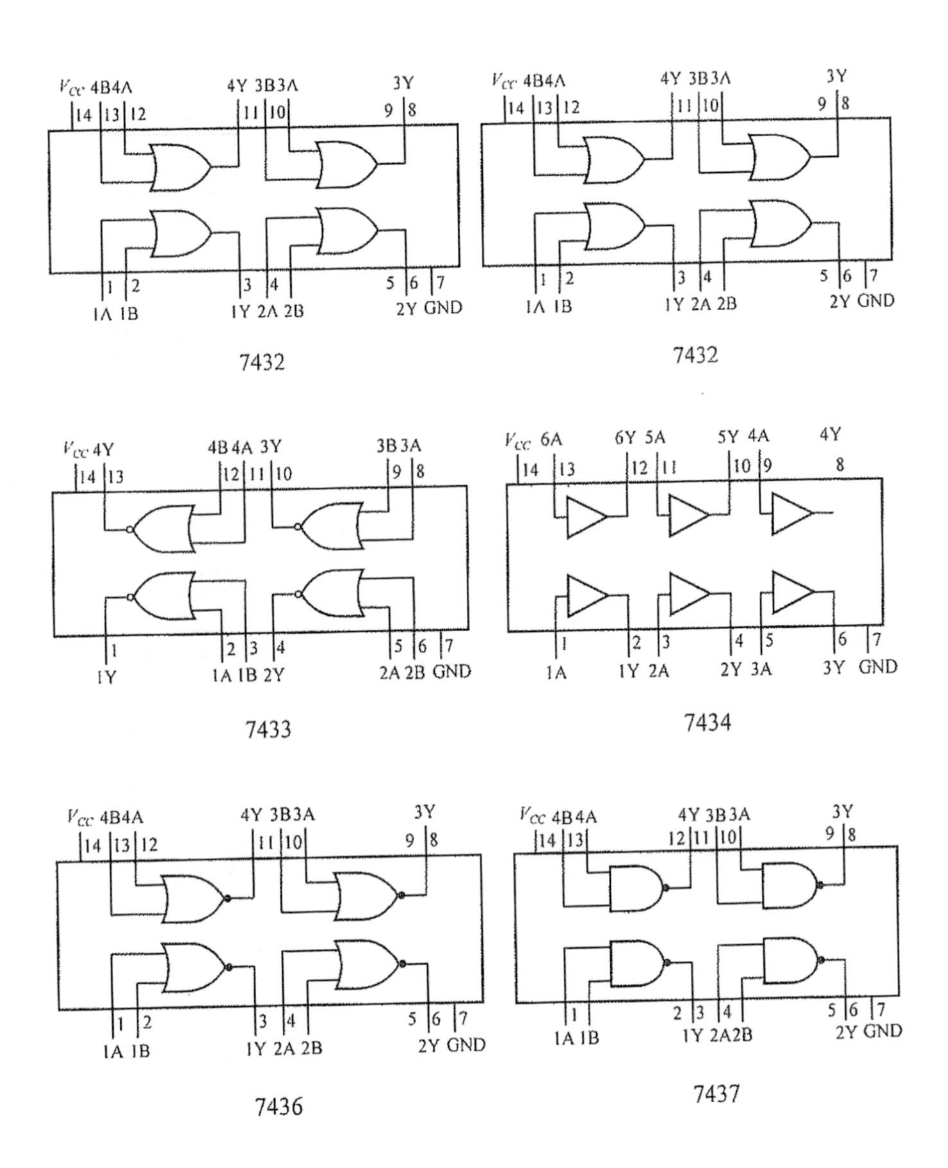

Vcc 4B 4A 4Y 3B 3A 3Y
14 13 12 11 10 9 8
1 2 3 4 5 6 7
1A 1B 1Y 2A 2B 2Y GND
7432
7432
Vcc 4Y 4B 4A 3Y 3B 3A
1Y 1A 1B 2Y 2A 2B GND
7433
Vcc 6A 6Y 5A 5Y 4A 4Y
1A 1Y 2A 2Y 3A 3Y GND
7434
7436
7437

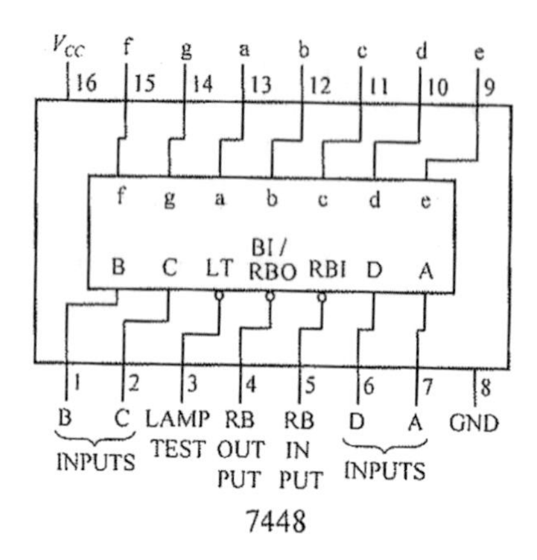

7448

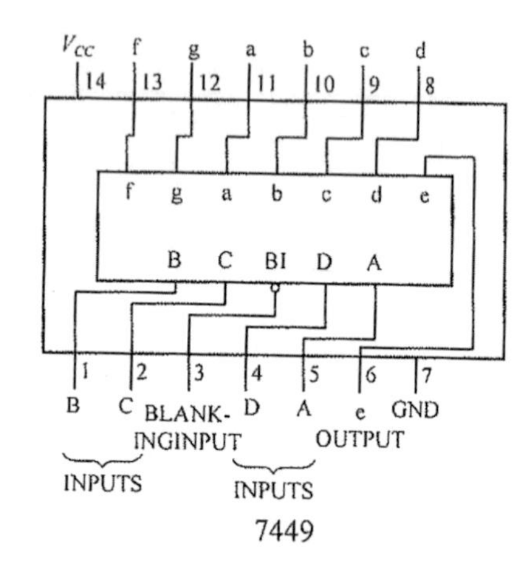

7449

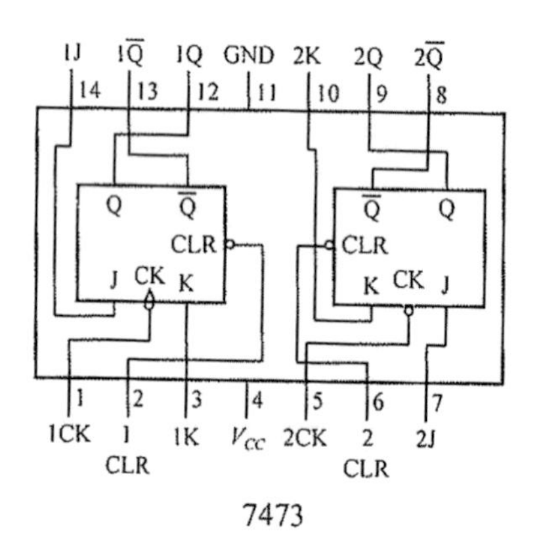

7473

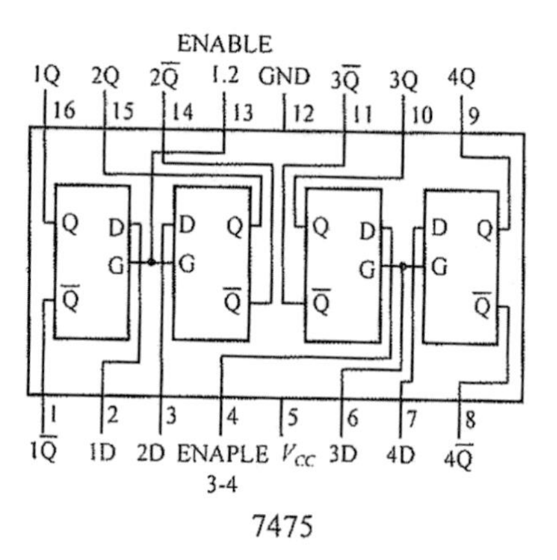

7475

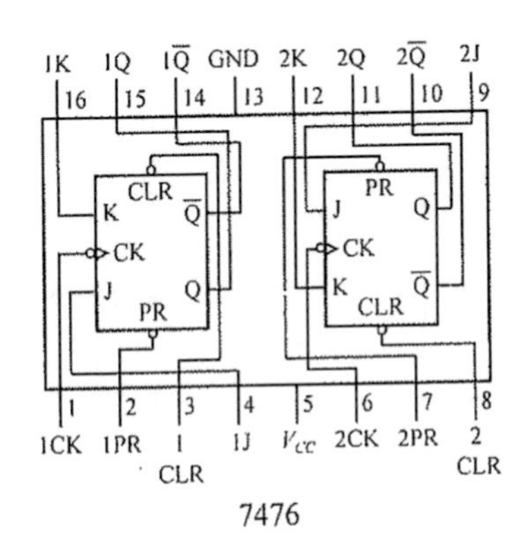

7476

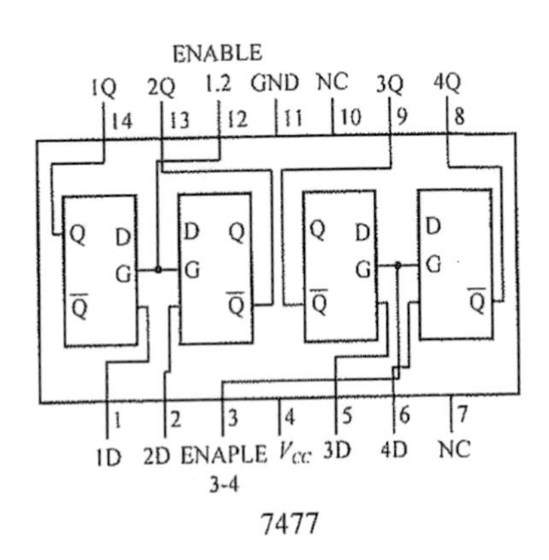

7477

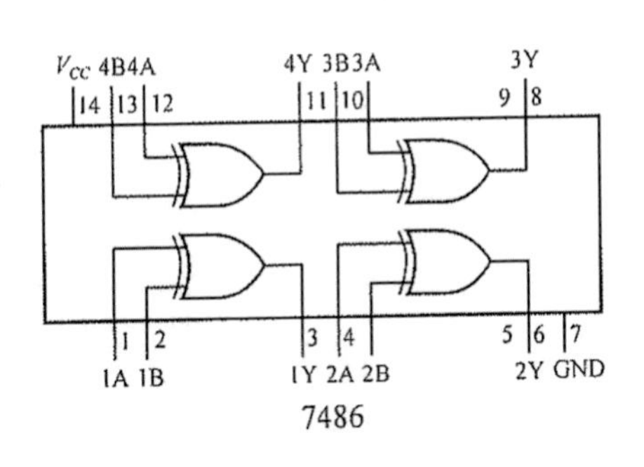

7486

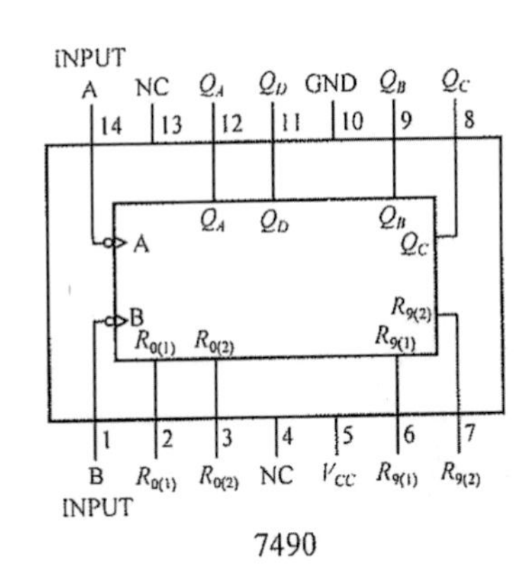

7490

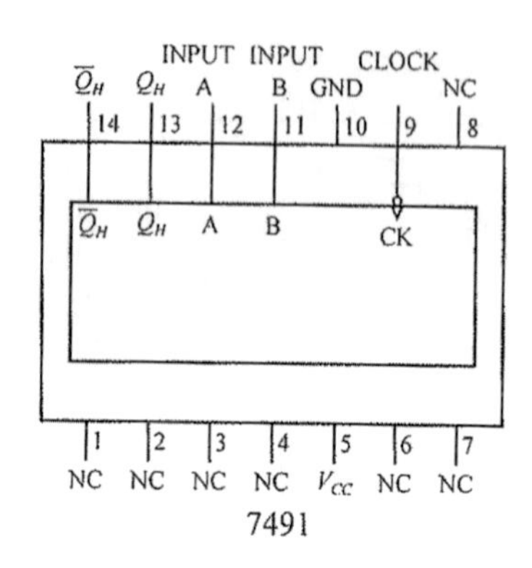

7491

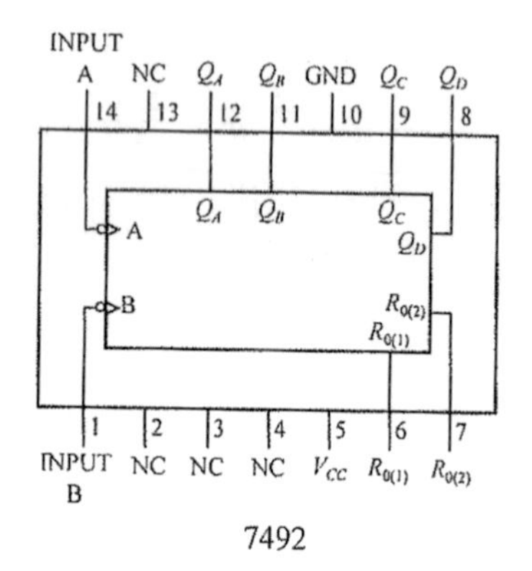

7492

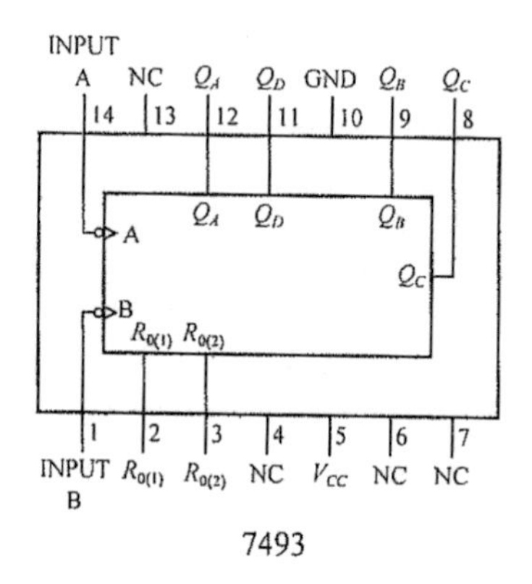

7493

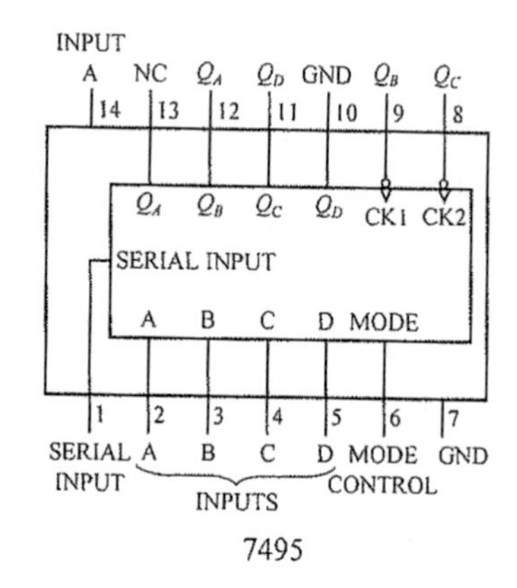

7495

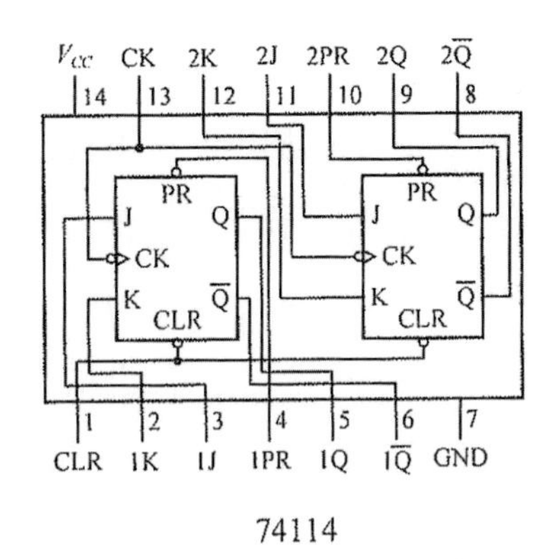

74114

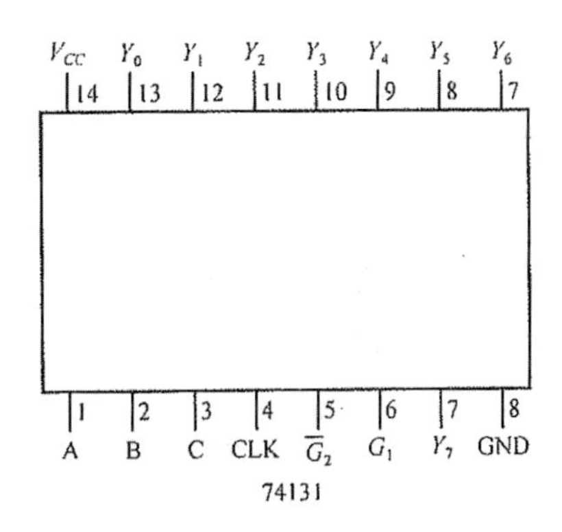

74131

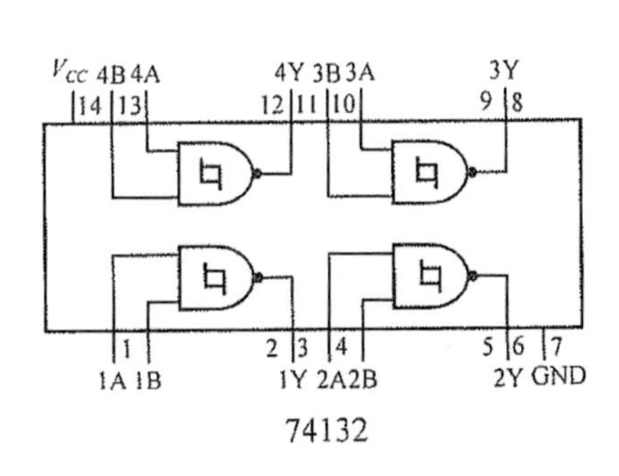

74132

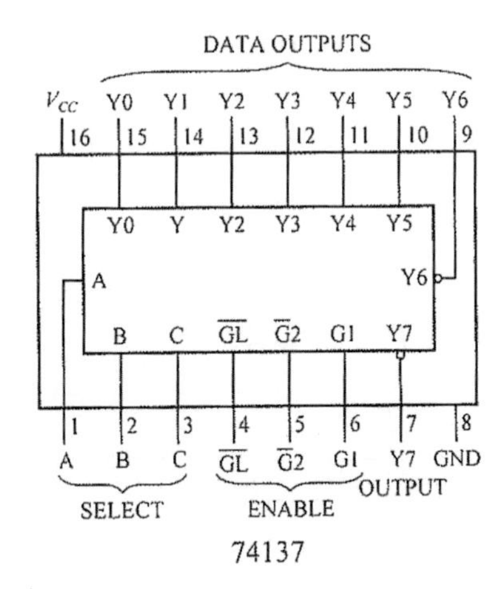

74137

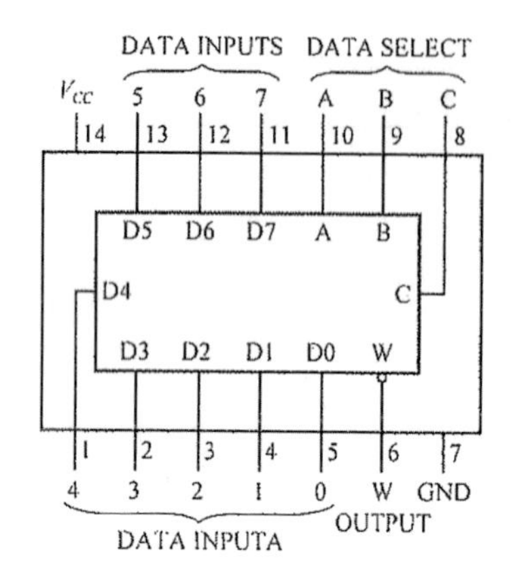

74152

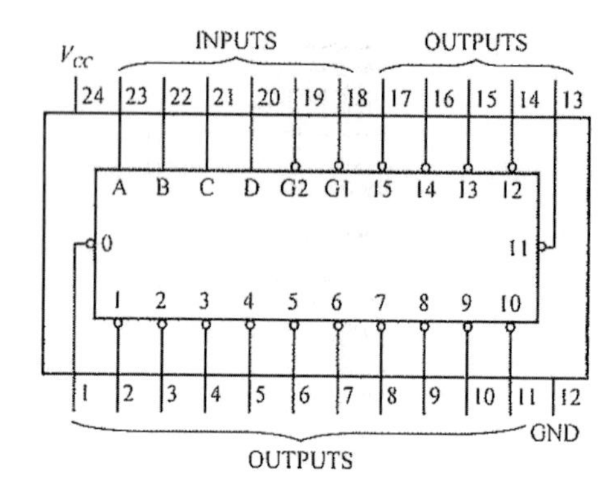

74154

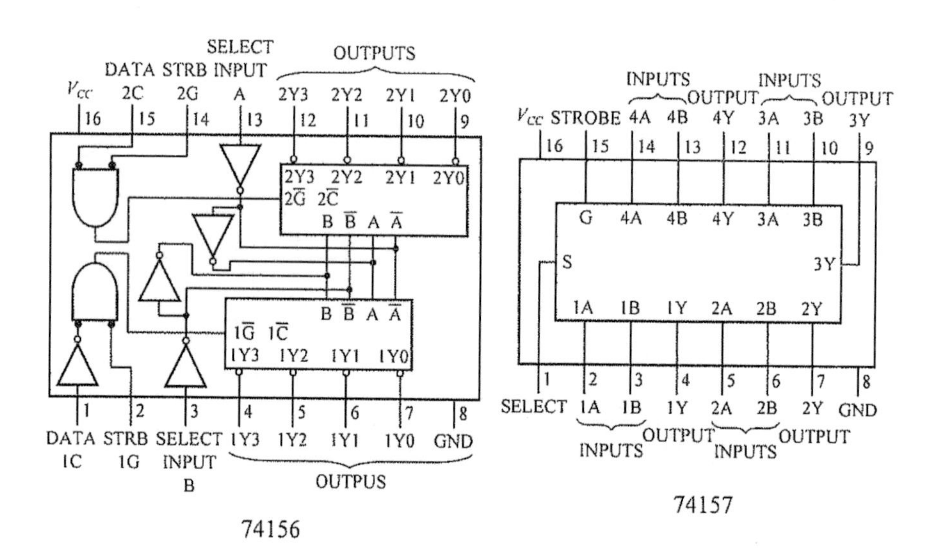

74156

74157

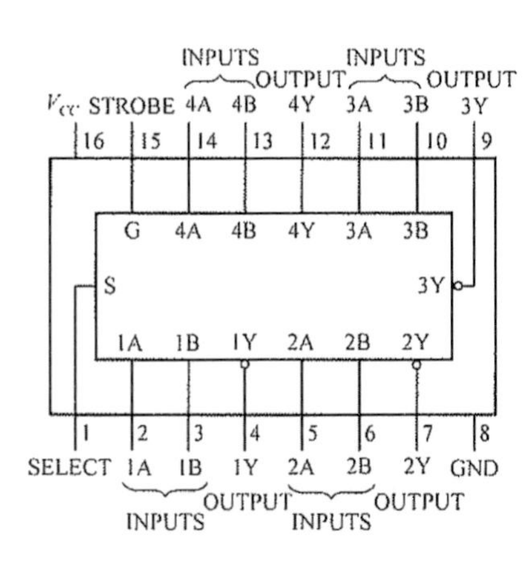

74158

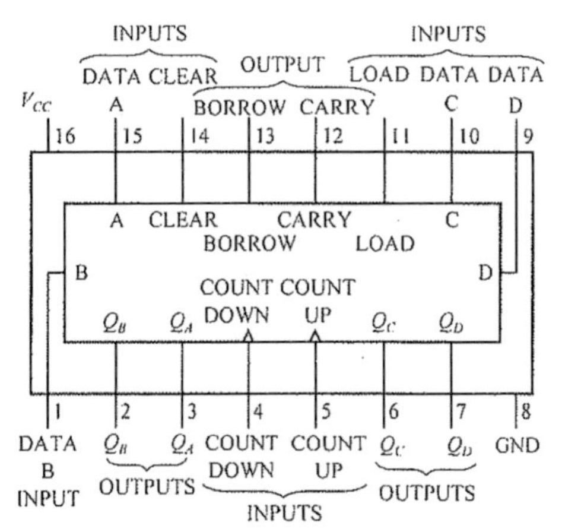

74192

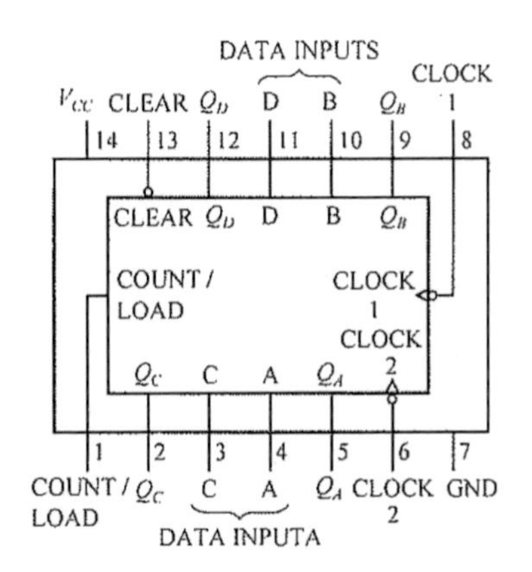

74196

附錄二

常用 IC 定時器之應用

555 爲一種廣受歡迎且極易使用之定時器，作爲單擊式定時器(one shot timer)或非穩定式多諧振盪器(astable multivibrator)應用，甚爲理想。V_{CC}的範圍爲+5 V 至+15 V 接於第 8 腳，公共地爲第 1 腳。其內部等效電路如下圖所示，雖然該電路可應用不同元件亦可組成之，但以應用現成之 555 型定時器元件爲最簡單。

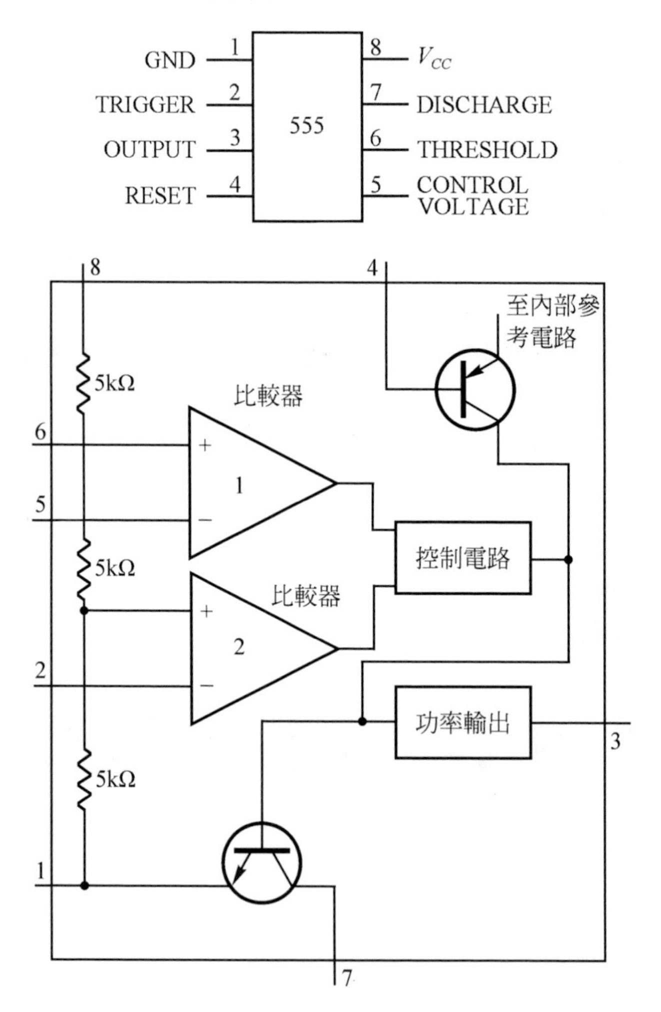

用 555 型定時控制繼電器

圖中所示的電位器 RV_1 及電容器 C_1 的數值，可使繼電器彈片相吸達 11 秒鐘左右，如能使用附有刻度的旋鈕，自 1, 2, ……10，每隔 1 秒鐘作一刻度，加裝一觸鈕式開關接於第 2 腳與第 1 腳之間，裝設於黑暗之室內或樓梯間，作為照明設備控制，在所設定之時間以後，照明設備自動截斷或自動接通，依需要、適宜應用繼電器接觸彈片即可達成之。繼電器可選用任何 6 伏特、500 歐姆線圈電阻及 12 毫安培電流者。

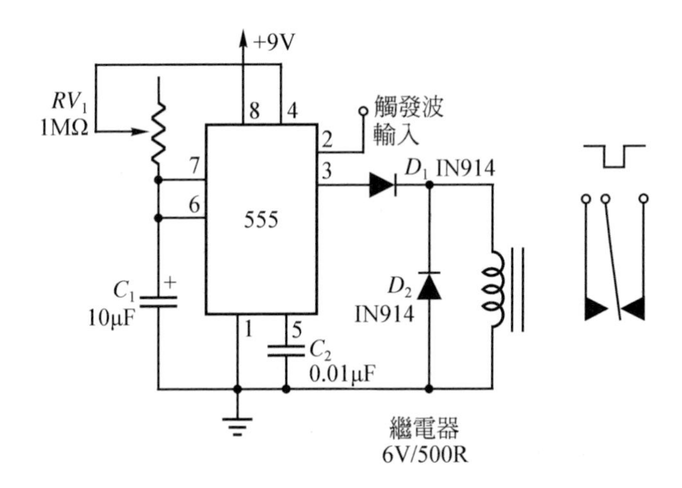

單擊式定時器

每輸入 1 次觸發脈波，即產生 1 輸出脈波，其寬度可由外接之 R 及 C 元件所組成之時間常數控制之。在圖示之 RC 時間常數下，輸出的脈波寬度約爲 1 秒左右。

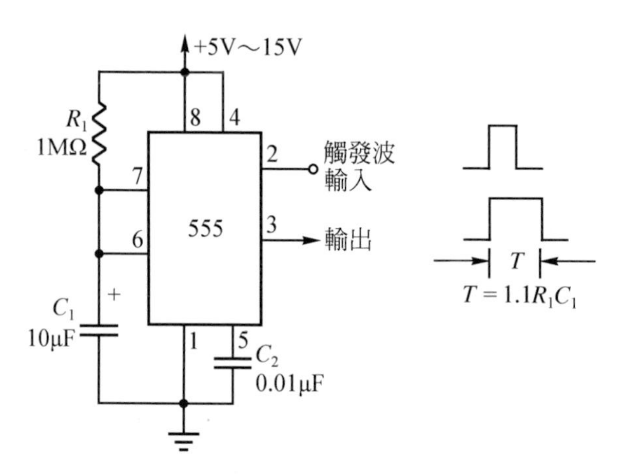

無跳動式開關

壓下按鈕開關 $S1$，即可自輸出端獲致非常整齊的、寬度爲 0.1 秒的輸出脈波。

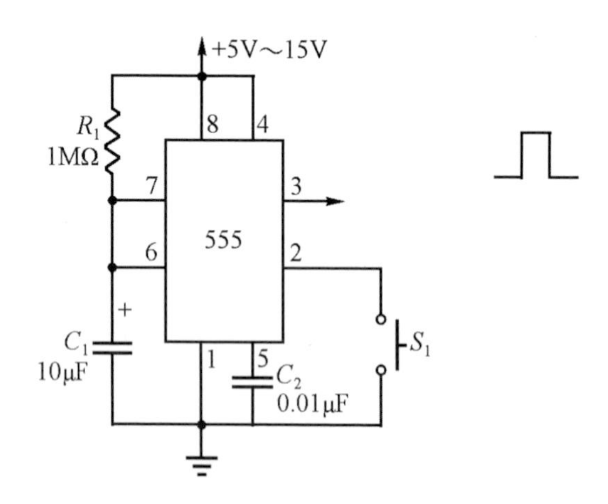

失落脈波檢測電路

該電路爲單擊式多諧振盪器，連續受輸入脈波之再觸發。在輸入脈波列中，一失落脈波或一延遲脈波，在該電路的時間常數循環 1 週完成以前，由於一失落脈波或一延遲脈波之故，未使該電路再觸發，使得該電路第 3 腳立即趨向邏輯 0 狀態，直至次一新輸入脈波由輸入端進入後，觸發該電路，第 3 腳始由邏輯 0 狀態改變爲邏輯 1 狀態。*R*1 及 *C*1 控制其響應的時間。該電路可用於安全警示電路(security alarm)在輸入電路加裝光電管或光電電晶體等敏感器(sensor)當有人通過該點因而遮斷光源時，電路即輸出觸發信號以控制其他警示器等。

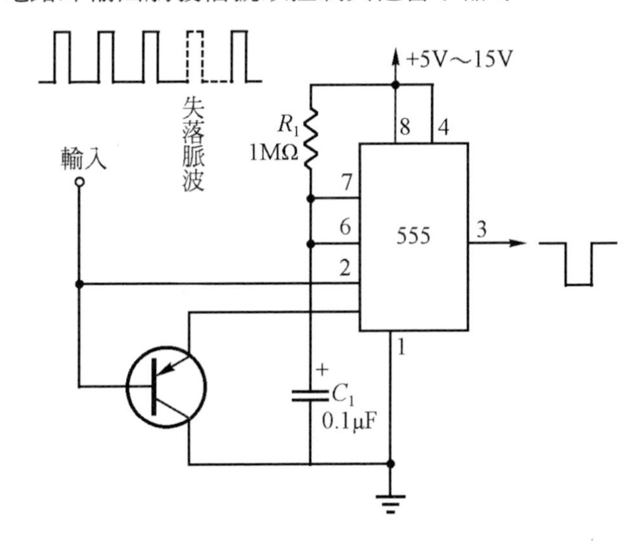

LED 發射器

該電路輸出脈波寬度為 45μsec，120mA，頻率為 4.8kHz，應用紅外線 LED 的效果最佳。

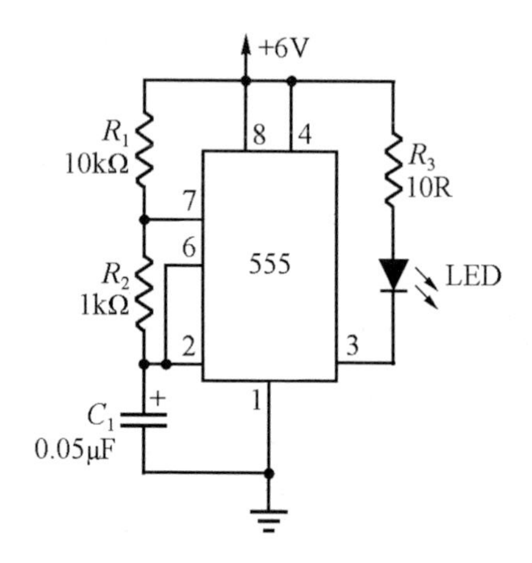

脈波產生器

應用該電路供應 TTL/LS 邏輯電路所需之時序脈波，電位器 RV_1 用以控制脈波頻率。

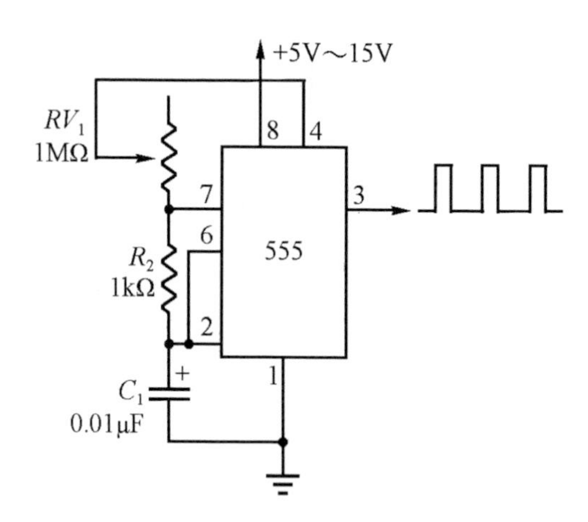

觸鈕式開關

輸入接至觸鈕開關或接觸線段，當該線段被觸及後 LED 即被點亮一秒鐘。由於室內充滿交流電場存在，該電路用於室內效果極佳。可試用手觸及第 2 腳及第 1 腳，視其響應如何。

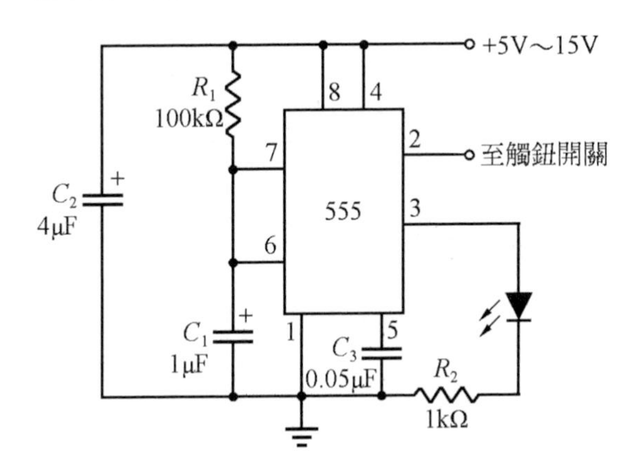

光波檢測器

當光波照射於光電電池(photocell)上時，揚聲器即發出警示音調，可作爲冰箱或冷凍櫃箱門警告器。

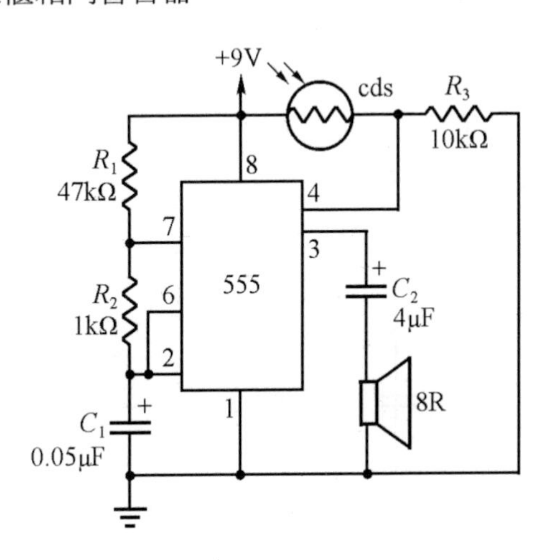

黑暗檢測器

當光波照射於光電電池上時，揚聲器爲靜音狀態，光波消除後即產生警告音調，調整電路中的 RC 時間常數，可改變響應的速率。

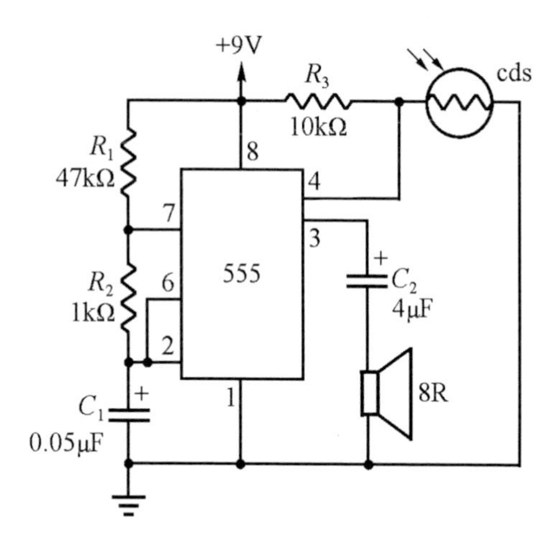

分頻器

在該電路中，555 型定時器作爲一單擊式弛張振盪器應用，由輸入之頻率所觸發，輸入頻率係當該電路時間常數未完成前，已不接受外界觸發時。

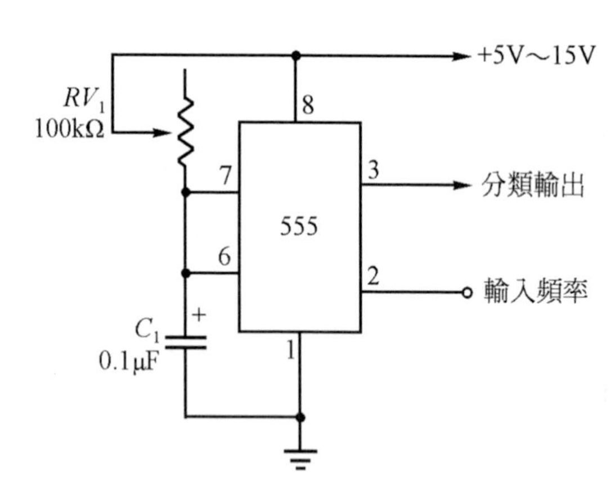

三角波產生器

調整電位器 RV_1 可改變輸出頻率。在圖示 RC 數值下輸出頻率爲：

$$f=\frac{1}{0.693RV_1C_1}\text{Hz}$$

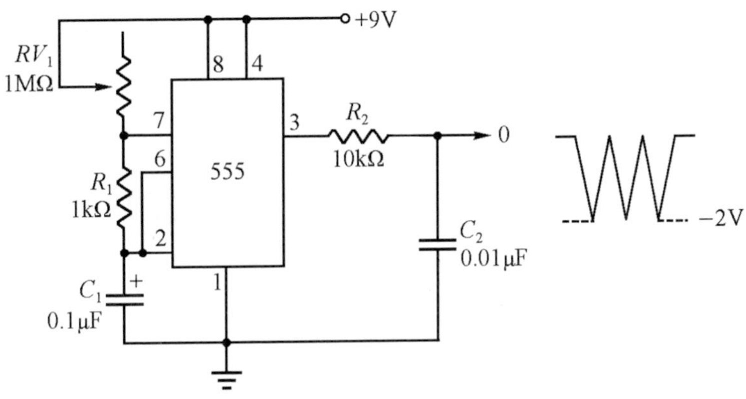

單擊式爆音調產生器

壓下開關 S_1，即有一固定頻率信號自第 3 腳輸出，釋放 S_1 以後，該輸出信號仍繼續維持於固定值頻率，直至電容器 C_2 經電阻 R_4 放電完畢。因此，增大 C_2 或 R_4，可增長爆音調時間；改變 $R_1/R_2/C_1$ 的數值，即可改變輸出頻率。

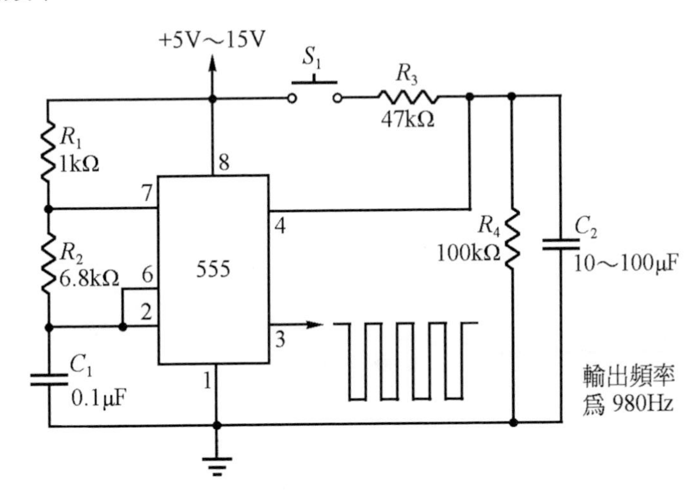

電虹燈電源推動電路

應用品質較佳之霓虹燈，可獲致極佳之工作情形，略微減低 R_1 的電阻值，可使輸出電壓增大。

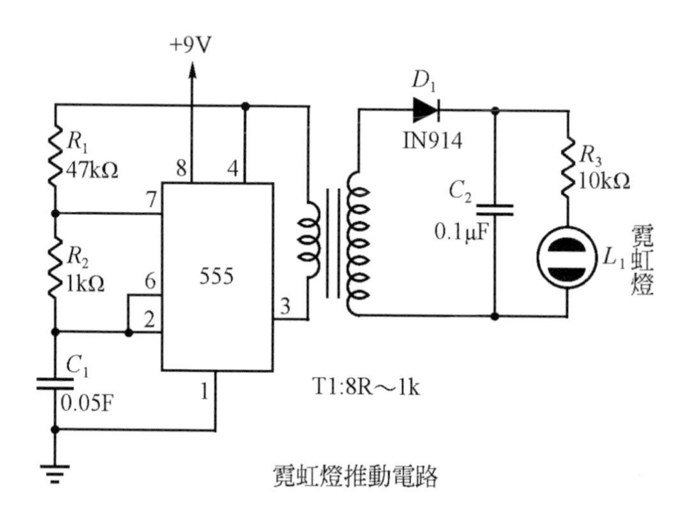

霓虹燈推動電路

單擊式多諧振盪器基本連接法

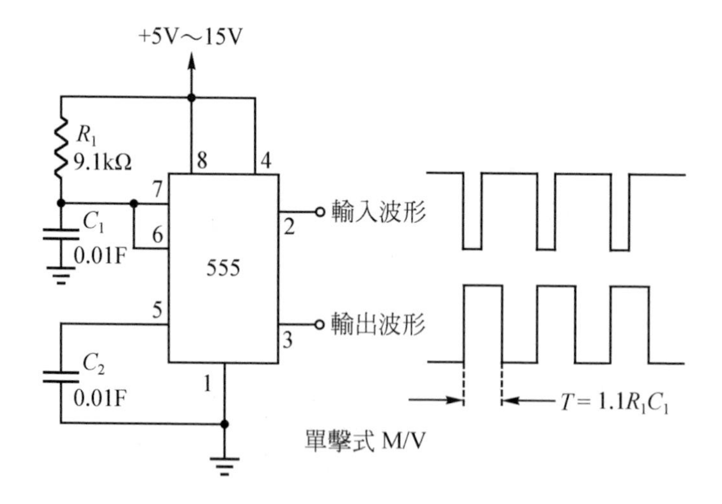

單擊式 M/V

玩具琴電路

在該電路中，電位器 RV_1 控制頻率的範圍。頻率的計算可依下式獲得之：

$$f = \frac{1}{0.693(RV_1 + 2R_1)C}\ \text{Hz}$$

電容器 C_1……C_N 的選擇原則：

C_1	0.10μF	144Hz
C_2	0.05μF	288Hz
C_3	0.01μF	1440Hz
C_4	0.005μF	2880Hz
C_5	0.001μF	14400Hz

如覺聲音不適宜，可更換上述之電容器俾使樂音諧和。如輸出聲音太大，可於第 3 腳與揚聲器之間串接一隻 100 歐姆電阻器抑制之。各按鈕開關在正常時爲截斷狀態，按下後即將電路接通。

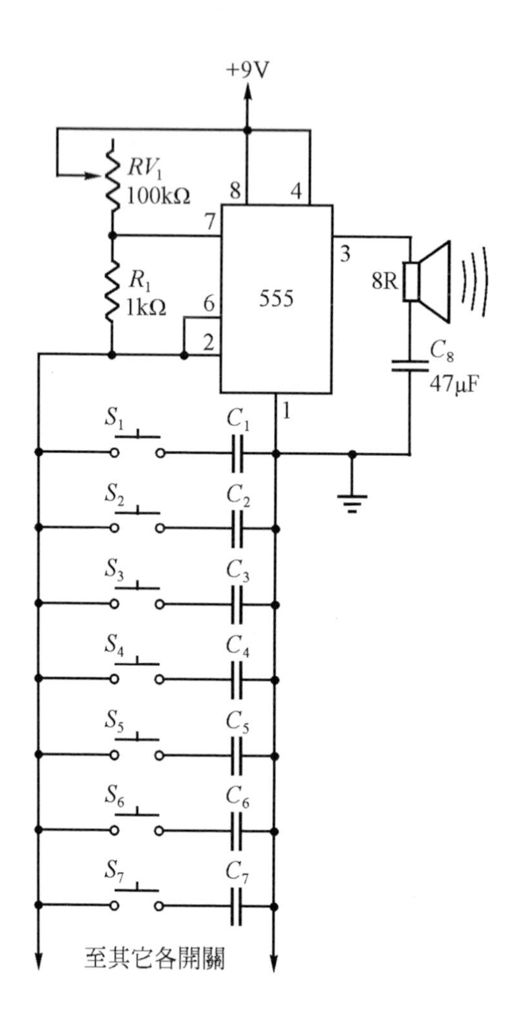
+9V
RV_1
100kΩ
8
4
7
3
555
8R
R_1
1kΩ
6
2
C_8
47μF
1
S_1
C_1
S_2
C_2
S_3
C_3
S_4
C_4
S_5
C_5
S_6
C_6
S_7
C_7
至其它各開關

非穩定多諧振盪器基本連接法

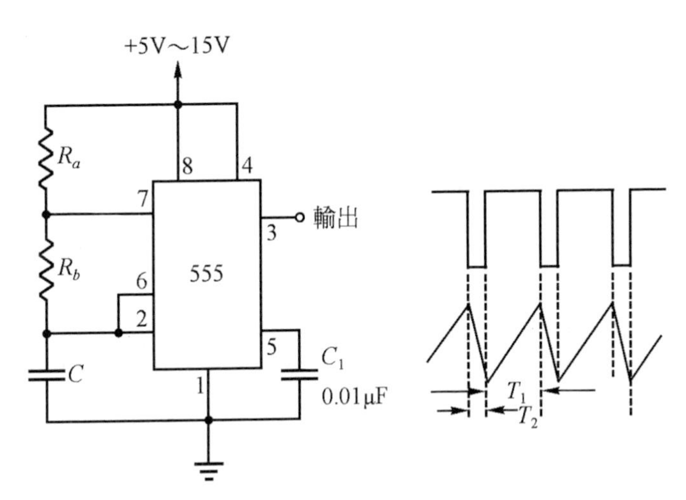

電源供給延遲電路

設若在一電子裝備內有某部份元件之電源 V_{CC} 供給需要較其他部份延遲一段時間，即可應用該 555 型定時電路達成之，延遲的時間依需要由 R_A 及 C 所決定。

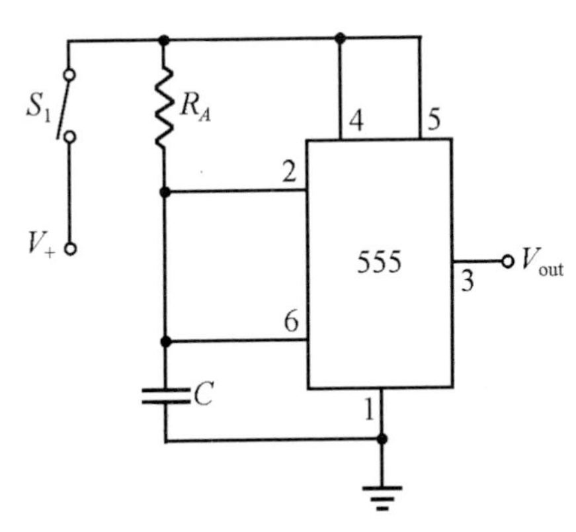

超長延遲電路

電位器 RV_1 控制 555 型定時器所產生的脈波頻率，其輸出之脈波經 4017 逐級相除，分別獲得×10 (IC_2 輸出)×100 (IC_3 輸出)×1000 (IC_4 輸出)延遲，如需更長時間之延遲，可將 IC_4 輸出之後再接入相同延遲電路即可獲得之。開關 S_1 爲復置開關(reset switch)正常時接於“2”，欲復置電路時將 S_1 向“1”壓下後即自動彈回“2”位置。

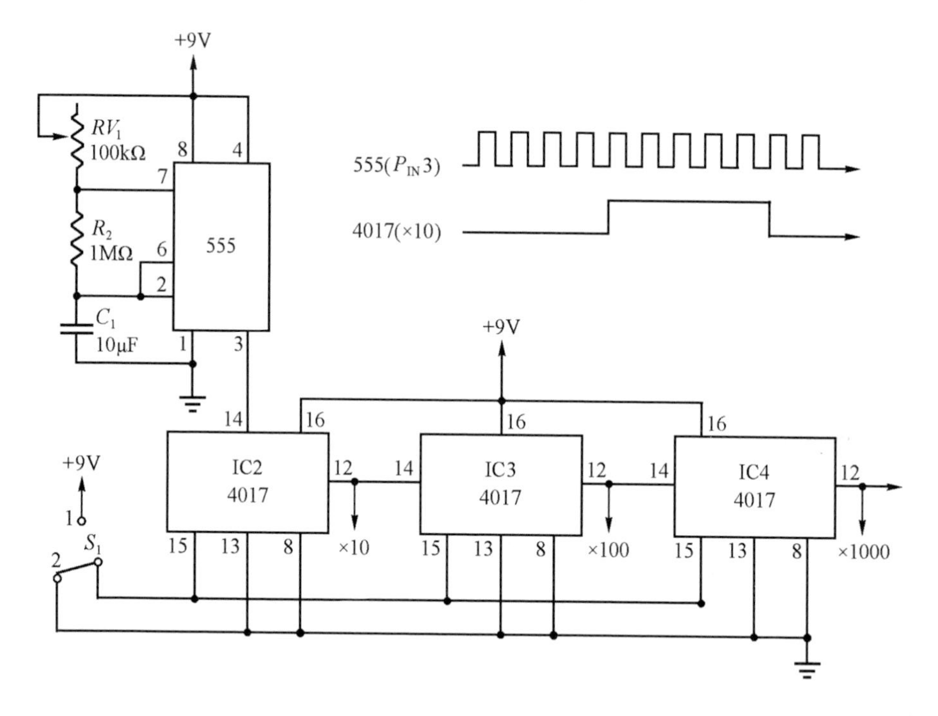

直流電壓轉換器

該電路爲無需變壓器而將＋dc 轉換爲－dc 之轉換電路。應用於＋dc 供電系統而電路中卻需要負電壓供給俾使輸出信號可獲致雙極性(bipolar)信號時所需。555 型定時器產生方波信號，將該信號經整流及濾波後產生所需之負電壓。在電路所示元件數值下，定時器產生 2kHz 方波頻率，將該輸出經處理後輸出負電壓，該項負電壓的振幅，恆隨 V_{CC} 而定，但其對應值，常較 V_{CC} 低約 3 伏特左右。

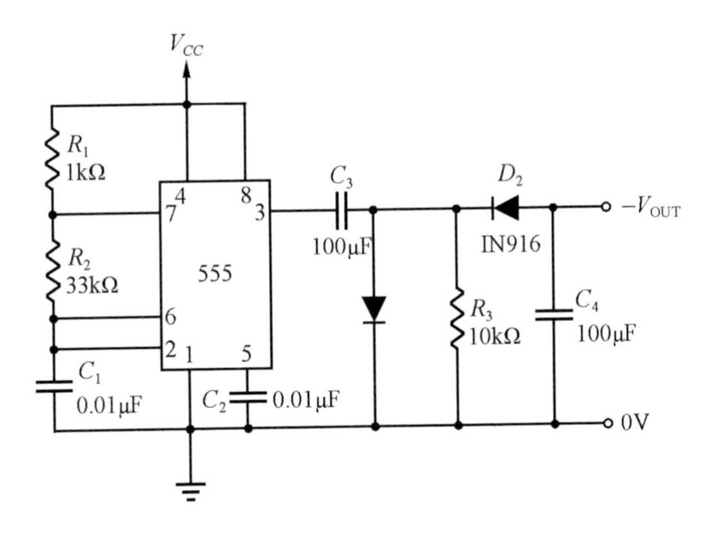

電瓶狀況指示器

用分壓電阻 R_B 及 R_A 將電瓶入電壓予以分配後，接至復置輸入端(第 4 腳)俾對電源供電壓作一定位準之觀察，當其降低至某一定位準時，第 4 腳的電壓將降至 0.7 伏特。僅當供電壓高於所預設之參考位準電壓時，LED 才會亮，一旦 LED 不亮時，便可斷定電瓶需予充電。

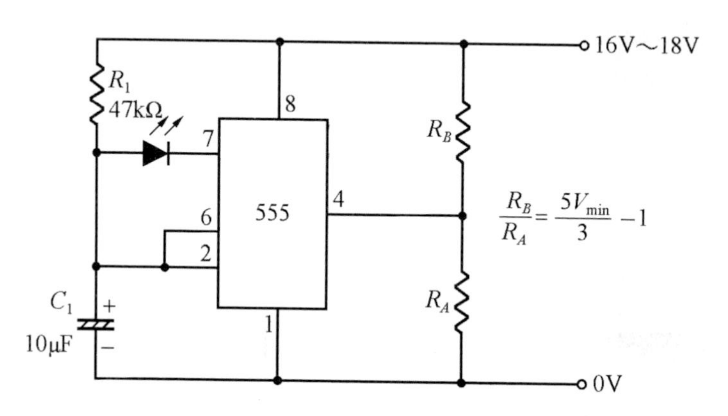

脈波調幅電路

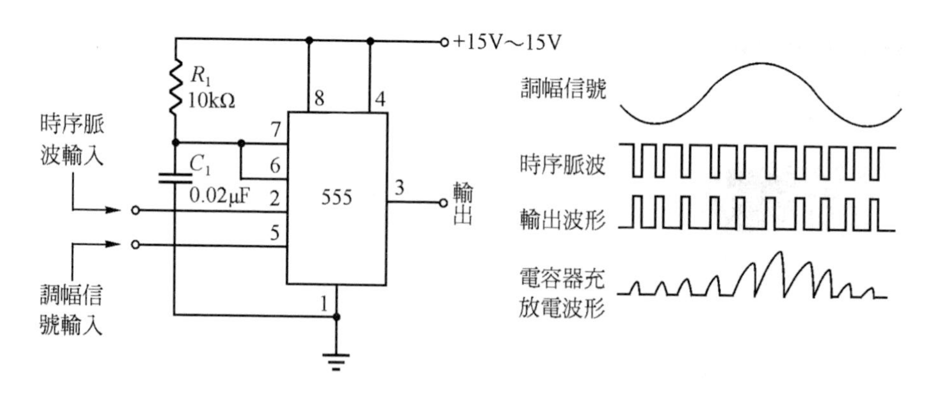

附錄三
光電相關之電子裝置應用

前言：

本單元是介紹有關電子裝置在光電上的應用，這些年來半導體材料製造技術、設備與儀器之精良，人員素質提高，大大增加了電子元件之精密與可靠性。但是電子元件的基本原理則很少變化，主要是著重在電子微型化，以及電子元件組裝之系統的應用。

電子元件與光電有關的裝置有：發光二極體、光二極體、光導電池、紅外線發射器、液晶顯示器與太陽電池等。

附 3-1 發光二極體(Light Emitting Diodes；LED)

在鍺與矽半導體中，當電子自導電帶落回到價電帶時，會有能量的釋放與以光形成。由於光的強度正比於 n-型電子注入 p-型內電洞之再結合率，所以在 LED 導通時的順向電壓降大約是 2.0V，又愈大的導通電流光愈亮。爲了防止 LED 被破壞，通常串聯限流電阻器。下面圖附 3-1 所示說明 5V 之 LED 在適當放光之基本電路情形：

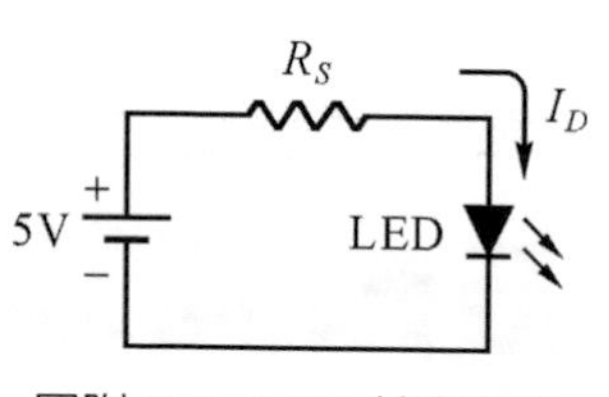

圖附 3-1　LED 基本電路

典型之 LED 電流在 10mA 左右，因此所須之 R_S 值是由下式來決定

$$5\text{V} = I_D R_S + V_{\text{LED}} = 10\text{mA} \times R_S + 1.7\text{V}$$

因而

$$R_S = \frac{5\text{V} - 1.7\text{V}}{10\text{mA}} = \frac{3.3\text{V}}{10\text{mA}} = 0.33\text{k}\Omega = 330\Omega$$

參考表附 3-1 是 LED 不同結構與不同發光顏色，一般而言，摻有砷化鎵之 LED，外加電壓略大於一般之 LED。

表附 3-1

顏色	構造	典型的順向電壓(V)
琥珀色	AlInGAP	2.1
藍色	GaN	5.0
綠色	GaP	2.2
橙色	GaAsP	2.0
紅色	GaAsP	1.8
白色	GaN	4.1
黃色	AlInGAP	2.1

圖附 3-2 所示爲 LED 應用在電壓指示器電路，當輸入信號 v_i 達到某設定值，而使電晶體通時，指示的 LED 才會發紅色光。

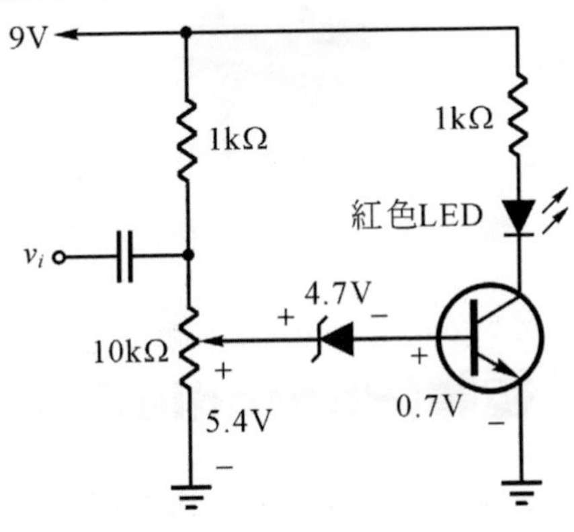

圖附 3-2　電壓指示器

圖附 3-3 所示爲各種之 LED，其中七段顯示器也是 LED 之種類。

圖附 3-3　各種不同外觀之 LED

附 3-2　光二極體(Photodiode)

光二極體之特性是與 LED 相反，也就是轉換光能爲電流。這種光產生的電子-電洞對電流大小，是與裝置上有效之光強度成正比，同時外加在光二極體的偏壓，必須是逆向偏壓。圖附 3-4 所示爲光二極體之基本應用電路。

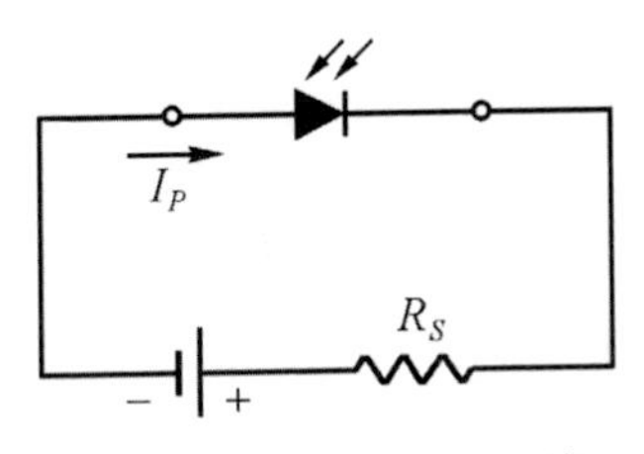

圖附 3-4　光二極體電路

大部分之光二極體是與放大器結合，而製造在單晶片上來應用，稱之爲光檢測器，在附錄四有其多方面之應用。至於圖附 3-5 所示，爲不同光二極體類型之資料。

圖附 3-5　不同類型光二極體之外觀

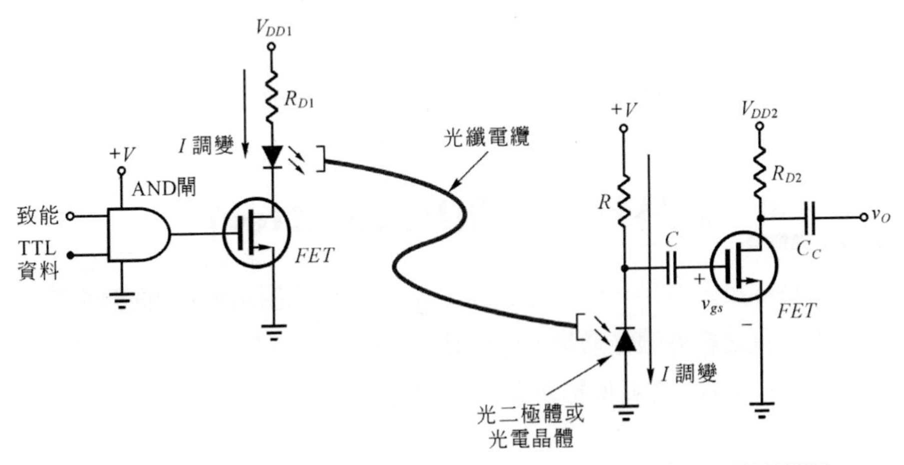

圖附 3-6　光纖通訊利用發光二極體與光二極體結合組成 TTL 資料傳送

附 3-3　光導電池(Photoconductive Cells)

通常稱為光電阻器，這是因為其兩端點電阻值，隨入射光之強度而作線性改變，圖附 3-7 所示為其外觀，電子符號與應用電路。

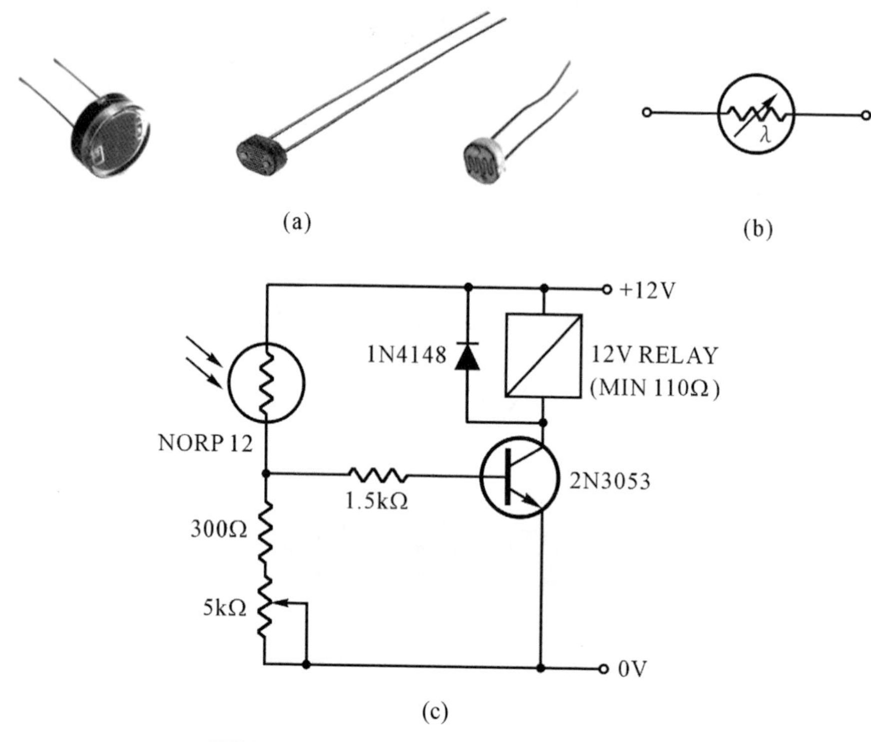

圖附 3-7　不同外觀之光導電池與應用電路

附 3-4　紅外線發射器(IR Emitter)

紅外線發射器是一種固態之砷化鎵二極體，它操作在順向偏壓下，發射不可見之紅外線光通量。這種裝置之應用方面有：打卡、打字讀寫器、軸承編碼器、資料傳輸與警報器。圖附 3-8 所示為 RCA 公司所生產之 IR 發射器。

(a)

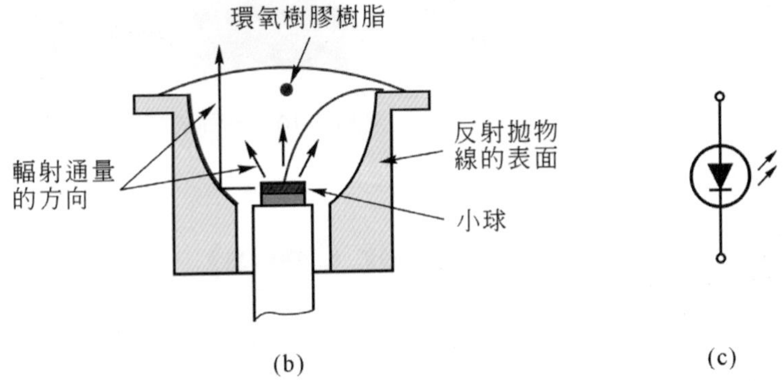

(b)　(c)

圖附 3-8　(a)外觀大小　(b)結構　(c)電子符號

應用電路有被動式紅外線(PIR)接收偵測系統，它可以感應人體、動物移動、遠近之檢測，如圖附 3-9 所示。

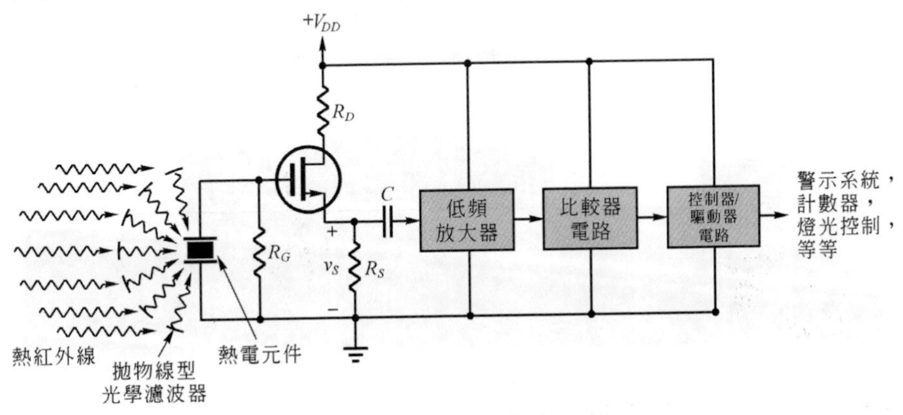

圖附 3-9　偵測動物移動之 PIR 電路系統

附 3-5　液晶顯示器(Liquid-Crystal Displays：LCD)

液晶顯示器具有極低功率消耗優點之裝置，但有缺點之限制：例如，操作溫度範圍－30℃～＋85℃，需要外部或內部提供光源。在圖附 3-11 所示爲不同之外觀，不同數位位元顯示，至於與應用接法電路則要參考元件資料手冊。

圖附 3-10　不同種類與功能之 LCD

附 3-6　太陽電池(Solar Cells)

太陽電池是一種將太陽光能轉換成電能的矽質 *P-N* 接面二極體，在圖附 3-11 所示爲結構剖面圖，以及各種外觀。

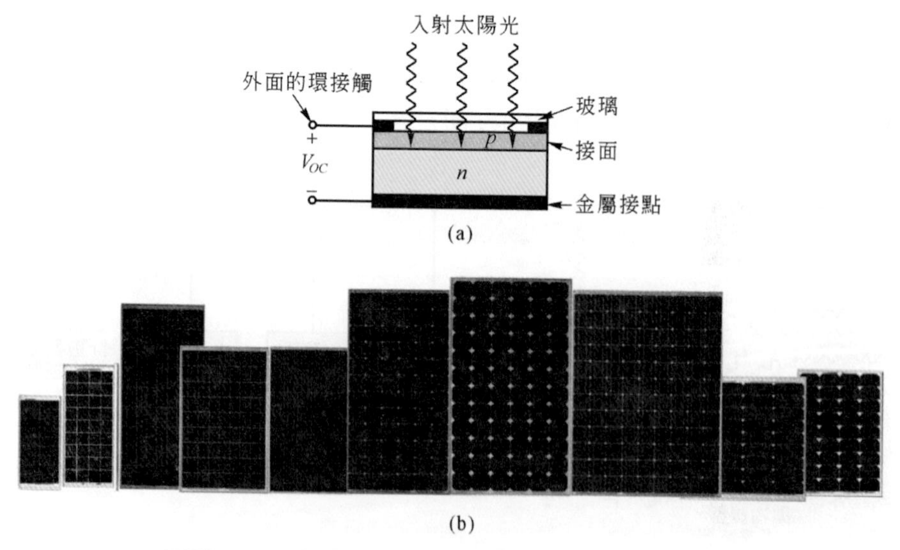

圖附 3-11　太陽電池的結構圖與各種不同功率之外觀

附錄四
二極體與雙極性接面電晶體電路分析

附 4-1 二極體電路分析

對於典型的二極體係以摻入五價元素於純質半導體所製成之 n-型外質半導體，以及摻入三價元素於純質半導體所製成之 p-型外質半導體，然後經由半導體之製成技術而製成最常用的 pn 接面二極體，其電路符號會示於分析電路中。有關於二極體之電路特性扼要述敘如下，由此在分析與電路特性求解所使用之各種數學計算模式中，亦可稱心應手。

一、二極體具有使電流單方面傳導，亦即順偏壓時導通而逆偏壓時截止。

二、二極體之等效電路特性模型，共計有理想模型、定電壓模型、定電壓串電阻模型與實際二極體特性模型。

三、實際二極體的電壓-電流關係方程式為 $i_D = I_S(e^{v_D/nV_T} - 1)$ ，其中二極體電流 $i_D = i_{d(交流)} + I_{D(直流)}$ ，二極體矽壓降為 0.7V，Ge 為 0.3V 在逆偏壓時之二極體的逆向飽和電流 I_S ，此值極微量。

二極體電壓 $v_D = v_{d(交流)} + V_{D(直流)}$ ，二極體物理結構之理想因數 n，該值介 1 與 2 之間。通常矽材料 $n=2$；鍺材料 $n=1$。

二極體熱電壓 $V_T = \dfrac{KT}{q}$ ，K 是波茲曼常數為 1.38×10^{-23} 焦耳/溫度，T 是絕對溫度 273+溫度(℃)而 q 是電子電量 $=1.602\times10^{-19}$ 庫倫。若在室溫 25℃時換算可得 $V_T \cong 26\text{mV}$ 。

範例說明

利用各種數學計算法來分析二極體特性與圖附 4-1 所示電路

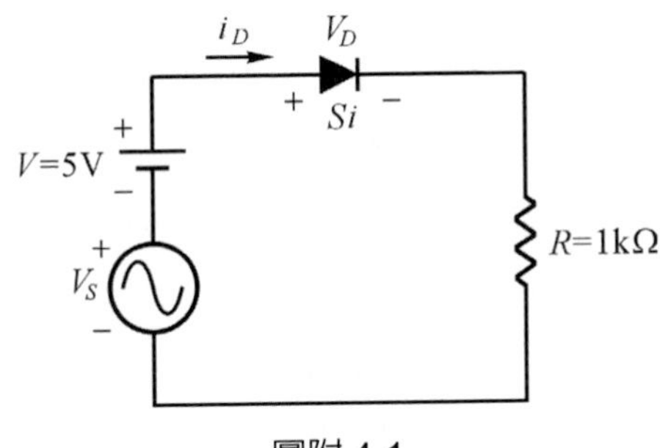

圖附 4-1

設室溫 25℃，信號交流電壓 $v_s = 0.5\sin 1000t$ V，$n = 2$，$I_S = 6\text{mA}$，直流工作點爲 (V_D, I_D)。

(一)直流分析

由電路可知爲具有交直流訊號情況，又因交流訊號遠小於提供電流動作之直流偏壓，故在線性電路分析中可將交流與直流分別分析計算，再利用電路學之重疊定理而加成即組合整體之電路響應。

令 $v_S = 0$，此係電壓源之內阻爲零，故僅有直流條件下之電路而分析如下：

(1) 在理想模型之二極體條件下：
二極體係在順偏壓，故 V_D=0 且 $R_F = 0$。此時電路變成圖附 4-2 所示電路。

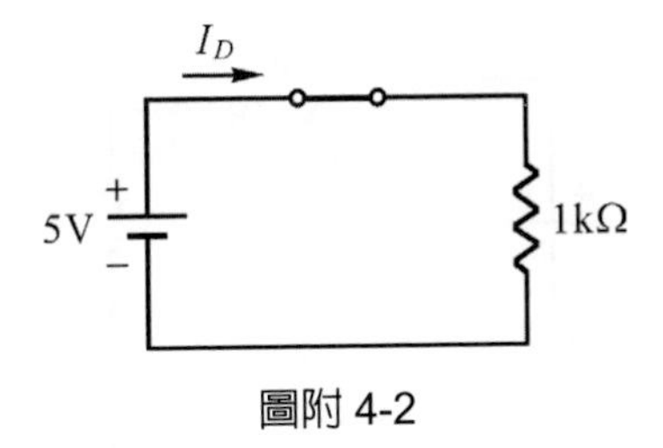

圖附 4-2

電路方程式　$V=V_D+I_DR$

$5\text{V}=0+I_D\times 1\text{k}\Omega$

$\therefore I_D=\dfrac{5\text{V}}{1\text{k}\Omega}=5\text{mA}$

工作點位置在(0V，5mA)。

(2) 在定電壓模型之二極體條件下：

此時二極體順偏壓導通，故 $V_D=0.7\text{V}$ (矽二極體)且 $R_F=0$，電路則成為圖附 4-3 所示電路。

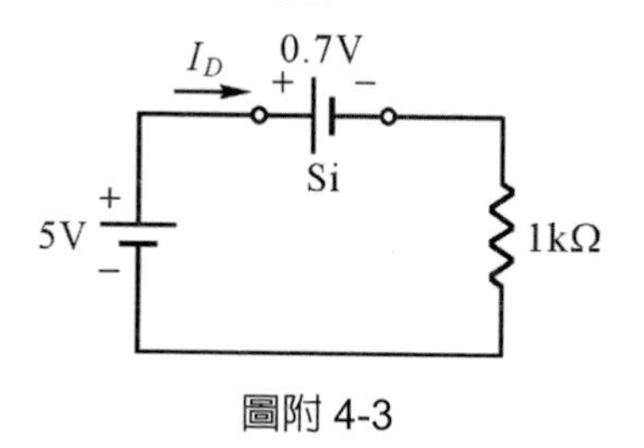

圖附 4-3

電路方程式　$V=V_D+I_DR$

$$5\text{V}=0.7\text{V}+I_D\times 1\text{k}\Omega$$

$$\therefore I_D=\frac{5\text{V}-0.7\text{V}}{1\text{k}\Omega}=4.3\text{mA}$$

工作點位置在(0.7V，4.3mA)。

(3) 在定電壓串聯順向導通電阻 R_F (典型值在 30Ω 左右)之二極體條件下：

此時二極體順偏壓導通，故 $V_D=0.7\text{V}$ 與 $R_F=30\Omega$，電路則變成是圖附 4-4 所示電路。

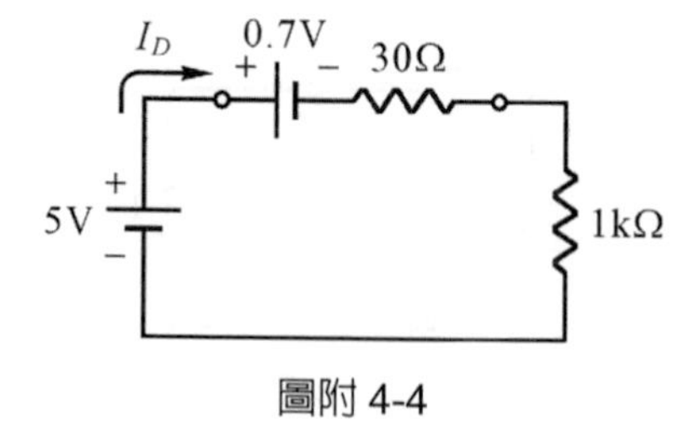

圖附 4-4

電路方程式　$V = V_D + I_D R_F + I_D R$

$$5\text{V} = 0.7\text{V} + I_D \times 30\Omega + I_D \times 1\text{k}\Omega$$

$$\therefore I_D = \frac{5\text{V} - 0.7\text{V}}{30\Omega + 1\text{k}\Omega} \cong \frac{4.3\text{V}}{1.03\text{k}\Omega} = 4.175\text{mA}$$

工作點在(0.7V，4.175mA)

(4) 在實際二極體特性模型條件下：

本電路特性模型亦即是指數式模型，而且利用此精確模型之非線性方程式來求出電路解，此時電路如圖附 4-5 所示。

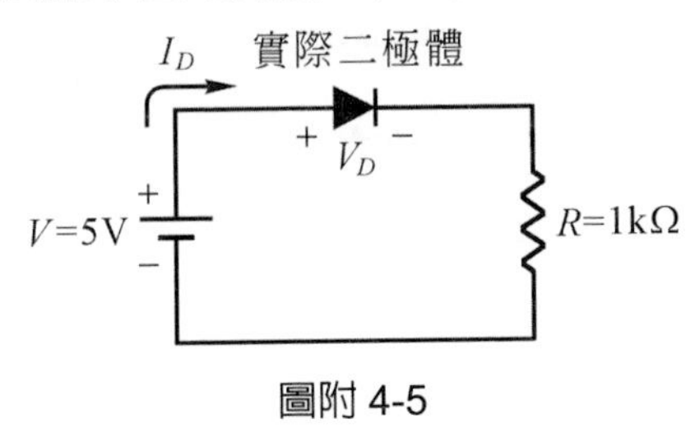

圖附 4-5

由於實際二極體在導通時之導通二極體壓降 V_D，與二極體電流均未知，而其解法有二，一是幾何圖形解法；但需要二極體之特性曲線與繪出負載線之兩者的交點即作爲直作點，再分別於坐標上對應求出 V_D 與 I_D 值而如圖附 4-6 所示。

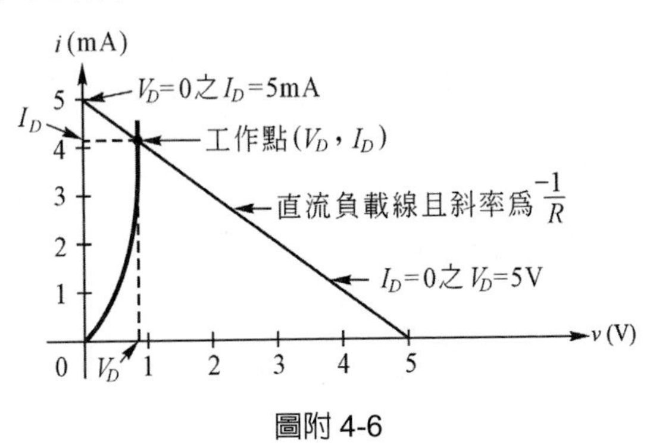

圖附 4-6

圖解法之準確性受限於圖形放大比例而有較大之誤差，但亦不失爲一快速大概值解。二是所謂之精密分析，它就是利用指數式先求合理之大概解(亦即所謂嘗方式法)，一再重複計算，最終到滿意或條件要求之結果爲止。

由上述(2)與(3)分析可知，二極體電壓降 0.7V 應是合理之數值，而二極體電流則選取 4.175mA 爲宜，因此

$$I_D = I_S(e^{V_D/nV_T} - 1) \cong I_S e^{V_D/nV_T}$$
$$= 6\text{mA}(e^{0.7\text{V}/2\times 26\text{mV}})$$
$$= 6\text{mA} \times e^{\frac{700}{52}}$$
$$= 6\text{mA} \times e^{13.461}$$
$$= 6\text{mA} \times 701894.55$$
$$= 4.2114\text{mA}$$

重複計算分析之說明：

另外對應電壓 V_{D1} 的電流爲 I_{D1}

$$I_{D1} = I_S e^{V_{D1}/nV_T}$$

對應電壓 V_{D2} 之電流 I_{D2} 爲

$$I_{D2} = I_S e^{V_{D2}/nV_T}$$

上兩式比較之

$$\frac{I_{D1}}{I_{D2}} = \frac{I_S e^{V_{D1}/nV_T}}{I_S e^{V_{D2}/nV_T}} = e^{(V_{D1}-V_{D2})/nV_T}$$

取自然對數

$$\ln\left(\frac{I_{D1}}{I_{D2}}\right) = \frac{V_{D1} - V_{D2}}{nV_T}$$

亦即　$V_{D1}-V_{D2}=nV_T\text{In}\left(\dfrac{I_{D1}}{I_{D2}}\right)$

或是　$V_{D2}-V_{D1}=nV_T\text{In}\left(\dfrac{I_{D2}}{I_{D1}}\right)$

未重複前之計算值，可令 $V_{D1}=0.7\text{V}$ 與 $I_{D1}=4.175\text{mA}$ 以及 $I_{D2}=4.2114\text{mA}$。

第一次重複之計算

$$V_{D2}=V_{D1}+nV_T\text{In}\left(\frac{I_{D2}}{I_{D1}}\right)$$

$$=0.7\text{V}+2\times26\text{mV}\times\text{In}\left(\frac{4.2114\text{mA}}{4.175\text{mA}}\right)$$

$$=0.7\text{V}+52\text{mV}\times0.00368$$

$$=0.7\text{V}+0.4514\text{mV}$$

$$=0.7045\text{V}$$

此時之 I_D 爲

$$I_D=\frac{5\text{V}-0.7045\text{V}}{30\Omega+1\text{k}\Omega}=\frac{4.2955\text{V}}{1.03\text{k}\Omega}=4.1704\text{mA}=I_{D3}$$

算第二次重複之計算

$$V_{D3}=V_{D2}+nV_T\text{In}\left(\frac{I_{D3}}{I_{D2}}\right)$$

$$=0.7045\text{V}+2\times26\text{mV}\times\text{In}\left(\frac{4.1704\text{mA}}{4.2114\text{mA}}\right)$$

$$=0.7045\text{V}+52\text{mV}\times\text{In}(0.990264)$$

$$=0.7045\text{V}-0.5087\text{mV}$$

$$=0.70399\text{V}$$

此時之 I_D 爲

$$I_D = \frac{5\text{V} - 0.70399\text{V}}{30\Omega + 1\text{k}\Omega} = \frac{4.29601\text{V}}{1.03\text{k}\Omega} = 4.1709\text{mA} = I_{D4}$$

第三次重複之計算

$$\begin{aligned} V_{D4} &= V_{D3} + nV_T \text{In}\left(\frac{I_{D4}}{I_{D3}}\right) \\ &= 0.70399\text{V} + 2 \times 26\text{mV} \times \text{In}\left(\frac{4.1709\text{mA}}{4.1704\text{mA}}\right) \\ &= 0.70399\text{V} + 52\text{mV} \times \text{In}(1.00012) \\ &= 0.70399\text{V} + 0.006234\text{mV} \\ &= 0.704\text{V} \end{aligned}$$

此時之 I_D 爲

$$I_D = \frac{5\text{V} - 0.704\text{V}}{30\Omega + 1\text{k}\Omega} = \frac{4.2996\text{V}}{1.03\text{k}\Omega} = 4.1744\text{mA}$$

計算到此已足夠，故工作點在$(0.704\text{V}，4.1744\text{mA})$。

該值 4.1744mA 與 $V_D = 0.704\text{V}$ 非常接近原本(3)計算值 $V_D = 0.7\text{V}$ 與 $I_D = 4.175\text{mA}$。但若有必要更精確值，可如上述計算法，一直繼續分析下去而 V_D 之間與 I_D 之間幾乎不再有絲毫差異時，這就是最精確值了。

(二)交流分析

現在令$V=0\text{V}$，則電路成為圖附 4-7 所示

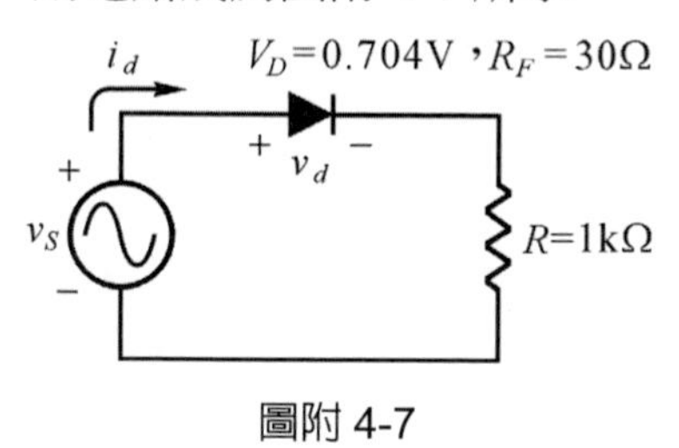

圖附 4-7

在交流情形下二極體導通，必然存在有交流之小信號動態電阻r_d，而r_d可由微分法求得，亦即所定義之$r_d=\frac{dv_D}{di_D}\Big|D_D$定值，而對二極體之$v-i$特性方程式微分取得。分析如下：

$$\frac{di_D}{dv_D}=\frac{d}{dv_D}\left[I_S e^{v_D/nV_T}-1\right]$$

$$\frac{di_D}{dv_D}=\frac{I_S e^{v_D/nV_T}}{nV_T}$$

$$=\frac{1}{nV_T}\left(i_D+I_S\right)$$

$$=\frac{1}{nV_T}\left(I_D+i_d+I_S\right)$$

由於$I_D>>i_d$與I_S且$\frac{di_D}{dv_D}$即為二極體之電導g_m，而$1/g_m$即為r_d，所以

$$r_d=\frac{1}{g_m}=\frac{dv_D}{di_D}=\frac{2nV_T}{I_D+i_d+I_S}\cong\frac{nV_T}{I_D}$$

此時二極體之動態小信號電阻即為

$$r_d=\frac{2\times 26\text{mV}}{4.1744\text{mA}}\cong 12.457\Omega$$

二極體之交流 i_d 即爲

$$i_d=\frac{v_S}{R+r_d+R_F}=\frac{0.5\sin1000t\text{ V}}{1\text{k}\Omega+30\Omega+12.457\Omega}\cong0.48\sin1000t\text{ mA}$$

二極體之交流 v_d 爲

$$v_d=i_dr_d=0.48\sin1000t\text{ mA}\times12.457\Omega=5.975\sin1000t\text{ mV}$$

綜合以上之分析，我們可得到

直流時

$$V_D=0.704\text{V}\text{ 與 }I_D=4.1744\text{mA}$$

交流時

$$v_d=5.975\sin1000t\text{ mV}\text{ 與 }i_d=0.48\sin1000t\text{ mA}$$

瞬時電壓與電流總值

$$v_D=V_D+v_d=(0.704+0.00598\sin1000t)\text{V}\quad\text{與}$$

$$i_D=I_D+i_d=(4.1744+0.48\sin1000t)\text{mA}$$

瞬間總功率

$$P_D=v_Di_D=(0.704+0.00598\sin1000t)(4.1744+0.48\sin1000t)\text{mW}$$

v_D 的最大值爲

$$0.704+0.00598\approx0.71\text{V}$$

v_D 的最小值爲

$$0.704-0.00598\approx0.698\text{V}$$

附 4-2　雙極性接面電晶體(BJT)放大電路分析

雙極性接面電晶體是一種三端的固態裝置，在其結構上若以兩個 n 型材料之間用 p-型材料分隔者是謂 npn 電晶體，或是以 n 型材料分隔兩個 p-型材料者則為 pnp 電晶體。本裝置電路特性與基本應用是可利用兩端點的電壓訊號來控制第三端點之電流訊號，因此廣泛使用在訊號放大與邏輯記憶輸出電路中。例如，我們在基極(B)端輸入控制訊號，就可在集極(C)與射極(E)之間產生輸出零值電流或大電流，像是開關裝置。

電晶體有兩個接面，分別是射-基極接面(EBJ)與集-基極接面(CBJ)，依據所提供直流電壓有順偏壓與逆偏壓，可得到不同的 BJT 操作方式。像是截止操作方式時，EBJ 與 CBJ 皆是逆偏壓。飽和操作方式時，EBJ 與 CBJ 皆是順偏壓；這兩種操作方式是應用在開關與邏輯電路。至於最常應用的放大器操作則是在主動區，因此 EBJ 是順偏壓且 CBJ 是逆偏壓才可以。

電晶體在主動區操作下之集極電流 $i_C = I_S e^{(v_{BE}/V_T)}$，基極電流 $i_B = i_C / \beta$ 而射極電流之 $i_E = i_C + i_B$，其中 β 為共射極組態之電流增益，又 $i_C = \alpha i_E$ 而 α 為共基極組態之電流增益，α 與 β 之關係可經由推証知 $\beta = \alpha / (1-\alpha)$ 與 $\alpha = \beta(\beta+1)$

電晶體放大電路在分析時應注意之事項：

(一) 在直流分析中皆假設 $|V_{BE}| \cong 0.7\text{V}$。若是鍺質為 0.3V，砷化鎵質則為 1.2V。

(二) 工作於線性放大器之 v_{be} 相當的小，此即小信號工作之 BJT 可當作線性電壓控制電流源。

(三) 重要參數除了 α、β 之外，尚有互導 $g_m = I_C / V_T$ (V_T 即是熱電壓而相似於二極體之熱電壓，不過它的 n 固定等於 1)。從基極看進去之基-射極間輸入電壓為 V_π 且 $r_\pi = \beta / g_m$ (r_π 相同於混合參數之 hic)。從射極看進去的射-基極間輸入電阻為 r_e 且 $r_e = \frac{V_T}{I_E}$ (r_e 相同於二極體之 r_d)，而 r_e 與 r_π 之關係則為 $r_\pi = (\beta+1)r_e$ 。

(四) 在飽和區電晶體之 $|V_{CEsat}| \cong 0.3\text{V}$ 。

(五) 若要較精確分析者，亦類似於二極體所用之分析技巧。

(六) BJT 放大電路組態有共射極(CE)放大、共基極(CB)放大與共集極(CC)放大，另外提供放大電路之直流偏壓方式有固定偏壓法、射極有電阻器偏壓法(又稱為射極回授偏壓法)、分壓器偏壓法與集極回授偏壓法以及其他特殊偏壓法，在分析過程亦仍利用電路學之一些定理與代數、微積分、工程數學來求解。

(七) 在分析與計算範例中是以偏壓穩定性最好且較不易受 β 改變，溫度變化所產生之 V_{BE} 與 I_{CBO} 變化的分壓器偏壓法，故常見於放大器系統中。

(八) 直流與交流分析係分別計算。

範例說明

試詳細分析圖附 4-8 所示 BJT 放大電路，所需相關條件與參數會列於各分析電路與文中敘述。

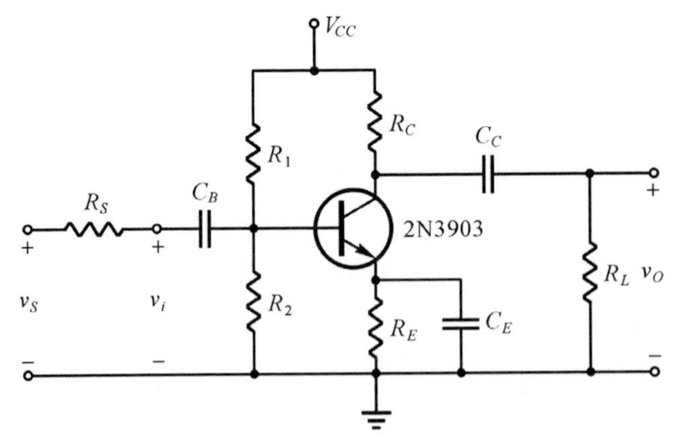

圖附 4-8　共射極之 BJT 放大電路

$V_{CC}=9\text{V}$, $\beta=180$ ， $R_1=4.7\text{k}\Omega$ ， $R_2=1\text{k}\Omega$

$R_C=1\text{k}\Omega$ ， $R_E=470\Omega$ ， $R_L 1\text{k}\Omega$ ， $R_S=100\Omega$

$C_B=10\mu\text{F}$ ， $C_E=47\mu\text{F}$ ， $C_C=10\mu\text{F}$, $V_{BE}=0.7\text{V}$

V_A(厄利電壓)$=-100\text{V}$，極間電容C_{be}、C_{bc}、C_{ec}與寄生在輸入與輸出的布線電容C_{wi}、C_{wo}在交流分析時才提供。

(一)直流分析

對於交連電容器C_B與C_C及旁路電容器C_E，對直流而言皆視爲開路。係因電容$X_C=\left.\dfrac{1}{2\pi fC}\right|_{f=0}=\infty$所致。因此直流電路即成爲圖附 4-9 所示

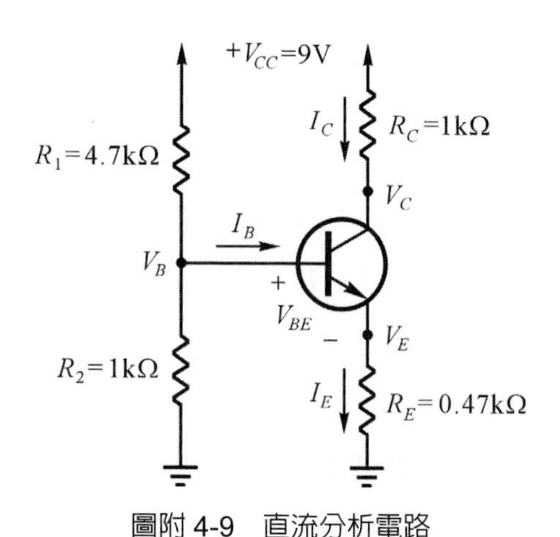

圖附 4-9　直流分析電路

常用的直流分析方法有二：

1. 快速近似分析法，它與β無關且I_B不直接求出，但條件要符合$\beta R_E \geq 10R_2$，否則誤差值可能會過大。

   判斷式

$$\beta R_E=180\times 0.47\text{k}\Omega=84.6\text{k}\Omega>10R_2=10\times 1\text{k}\Omega=10\text{k}\Omega$$

條件符合，故可用近似分析法

由分壓器定理

$$V_B = V_{CC}\frac{R_2}{R_1+R_2} = 9\text{V}\frac{1\text{k}\Omega}{1\text{k}\Omega+4.7\text{k}\Omega} \cong 1.58\text{V}$$

利用克希荷夫電壓定理(KVL)

$$V_E = V_B - V_{BE} = 1.58\text{V} - 0.7\text{V} = 0.88\text{V}$$

利用歐姆定理

$$I_E = \frac{V_E}{R_E} = \frac{0.88\text{V}}{0.47\text{k}\Omega} = 1.87\text{mA} \cong I_C$$

利用 KVL 與歐姆定理

$$V_C = V_{CC} - I_C R_C = 9\text{V} - 1.87\text{mA} \times 1\text{k}\Omega = 7.13\text{V}$$

利用 KVL

$$V_{CE} = V_C - V_E = 7.13\text{V} - 0.88\text{V} = 6.25\text{V}$$

工作點位置在 $(V_{CE}，I_C) = (6.25\text{V}，1.87\text{mA})$

2. 較精確分析法，本分析法要利用到戴維寧等效電路以化簡電路而利於分析計算。

利用分壓器定理求出等效電壓

$$V_{TH} = V_{BB} = V_{CC}\frac{R_2}{R_1+R_2} = 9\text{V}\frac{1\text{k}\Omega}{1\text{k}\Omega+4.7\text{k}\Omega} = 1.58\text{V}$$

利用並聯電路求出等效電阻

$$R_{TH} = R_{BB} = R_1 // R_2 = \frac{4.7\text{k}\Omega \times 1\text{k}\Omega}{4.7\text{k}\Omega + 1\text{k}\Omega} = 0.825\text{k}\Omega$$

此時電路可繪成圖附 4-10 所示，

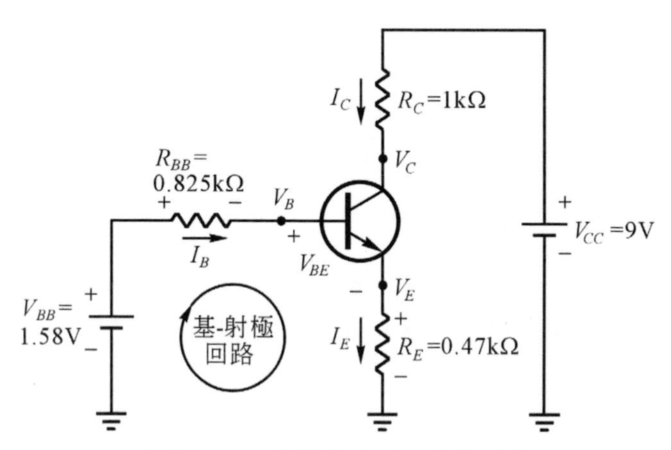

圖附 4-10 化簡後之 BJT 等效電路

在基-射極回路，利用 KVL、KCL 與歐姆定理可分別求出 I_B 與 I_C 以及 I_E。

$$\because V_{BB} = I_B R_{BB} + V_{BE} + I_E R_E$$

$$I_E = (\beta + 1) I_B$$

聯立解先求出 I_B 值

$$\begin{aligned}\therefore I_B &= \frac{V_{BB} - V_{BE}}{R_{BB} + (\beta + 1) R_E} \\ &= \frac{1.58\text{V} - 0.7\text{V}}{0.825\text{k}\Omega + (180 + 1) \times 0.47\text{k}\Omega} \\ &= \frac{0.88\text{V}}{85.895\text{k}\Omega} \\ &= 0.01025\text{mA} \\ &\cong 0.01\text{mA}\end{aligned}$$

$$I_C = \beta I_B = 180 \times 0.01\text{mA} = 1.8\text{mA}$$

$$I_E = (\beta + 1) I_B = 181 \times 0.01\text{mA} = 1.81\text{mA}$$

$$V_C = V_{CC} - I_C R_C = 9\text{V} - 1.8\text{mA} \times 1\text{k}\Omega = 7.2\text{V}$$

$$V_E = I_E R_E = 1.81\text{mA} \times 0.47\text{k}\Omega \cong 0.85\text{V}$$

$$V_B = V_{BE} + V_E = 0.7\text{V} + 0.85\text{V} = 1.55\text{V}$$

$$V_{CE} = V_C - V_E = 7.2\text{V} - 0.85 = 6.35\text{V}$$

工作點在$(6.35\text{V}, 1.8\text{mA})$。

比較上面兩種計算法之間誤差在 3%以下，故可視爲相同。依據幾何作圖於$v_{CE} - i_C$輸出特性曲線上繪出交直流負載線，可得到相關係式如下：

$$I_C' = \frac{V_{CE}}{R_{ac}} + I_C = \frac{6.35\text{V}}{0.5\text{k}\Omega} + 1.8\text{mA} = 14.5\text{mA}$$

$$V_{CC}' = V_{CE} + I_C R_{ac} = 6.35\text{V} + 1.8\text{mA} \times 0.5\text{k}\Omega = 7.25\text{V}$$

$$R_{ac} = R_C \;//\; R_L = 1\text{k}\Omega \;//\; 1\text{k}\Omega = 0.5\text{k}\Omega$$

$$i_L = I_e \frac{R_C}{R_C + R_L} = 1.8\text{mA} \frac{1\text{k}\Omega}{1\text{k}\Omega + 1\text{k}\Omega} = 0.9\text{mA}$$

輸出功率 $P_O(ac) = \frac{1}{2} i_L^2 R_L = \frac{1}{2} \times (0.9\text{mA})^2 \times 1\text{k}\Omega = 0.405\text{mW}$

供應功率 $P_{V_{CC}}(dc) = I_C V_{CC} + \left(\frac{V_{CC}{}^2}{R_1 + R_2} \right)$

$$= 1.8\text{mA} \times 9\text{V} + \frac{(9\text{V})^2}{4.7\text{k}\Omega + 1\text{k}\Omega}$$

$$= 16.2\text{mW} + 14.21\text{mW}$$

$$= 30.41\text{mW}$$

轉換效率 $\%\eta = \frac{P_O(ac)}{P_{V_{CC}}(dc)} \times 100\% = \frac{0.405\text{mW}}{30.41\text{mW}} \times 100\% = 1.332\%$

由於 A 類放大器之工作點，通常設計在$V_{CE} = \frac{1}{2} V_{CC}$，或是負載線之中央時，其最大效率(理想的)25%。從上面功率計算可知工作點不在負載線之中央，使得輸出振幅不是最大而效率很低。

由於溫度的改變確實會引起電晶體參數與供應電壓之改變，進而改變工作點之上下移動，使得輸出也隨之變化。由電路知道溫度影響 V_{CC}、β、I_{CBO}、V_{BE} ，這些都會造成 I_C 與 V_{CE} 改變，亦即工作點之改變。因此，我們使用偏微法來決定集極電流改變的大小，則集極電流是四個參數的函數而寫成如下表示式

$$I_C = f\left(V_{BE}, I_{CBO}, \beta, V_{CC}\right) \qquad \text{(附 4-1)}$$

在最小的參數改變之 I_C 變動的近似地表示爲

$$\begin{aligned}\Delta I_C &= \frac{\partial I_C}{\partial V_{BE}}\Delta V_{BE} + \frac{\partial I_C}{\partial I_{CBO}}\Delta I_{OBO} + \frac{\partial I_C}{\partial \beta}\Delta\beta + \frac{\partial I_C}{\partial V_{CC}}\Delta V_{CC} \\ &= \delta_V \Delta V_{BE} + \delta_I \Delta I_{CBO} + \delta_\beta \Delta\beta + \delta V_{CC}\Delta V_{CC} \qquad \text{(附 4-2)}\end{aligned}$$

其中分別定義四個變動常數爲 I_C 個別對四個變數的偏微分，亦即

$$\delta_V \equiv \frac{\partial I_C}{\partial V_{BE}}, \delta_I \equiv \frac{\partial I_C}{\partial I_{CBO}}, \delta_\beta \equiv \frac{\partial I_C}{\partial \beta}, \delta_{V_{CC}} \equiv \frac{\partial I_C}{\partial V_{CC}}$$

對矽電晶體而言，電壓 V_{BE} 隨著溫度而作線性改變，而依研究實驗所得方程式爲

$$\Delta V_{BE} = -2(T_2 - T_1)\text{mV}/^\circ\text{C}，T_1 \text{ 與 } T_2 \text{ 爲攝氏度數} \qquad \text{(附 4-3)}$$

又集極至基極之間的逆向飽和電流 I_{CBO} 係隨溫度每增加 10℃，則 I_{CBO} 會近似地增加一倍。假設室溫 25℃之逆向飽和電流爲 I_{CBO1} ，則

$$I_{CBO2} = I_{CBO1} \times 2^{\left(\frac{T_2 - T_1}{10}\right)}$$

故

$$\Delta I_{CBO} = I_{CBO2} - I_{CBO1} = I_{CBO1}\left(2^{\left(\frac{T_2 - T_1}{10}\right)} - 1\right) \qquad \text{(附 4-4)}$$

另外兩個參數可表示爲

$$\Delta\beta = \beta_2 - \beta_1$$

$$\Delta V_{CC} = V_{CC2} - V_{CC1}$$

其中β_1係某一 BJT 之β值，更換另一 BJT，則β_2，又為其中V_{CC1}係 25℃之V_{CC}值，某一溫度則為V_{CC2}。

接著則分別由放大電路來推導δ_V與δ_I之變動常數，其中我們假設操作溫度是$T_1 = 25°C$與$T_2 = 65°C$，$I_{CBO} = 2\text{mA}$，β值在 150 到 250 之間變動，V_{CC}在 9V 至 8.9V 之間變動。參考圖附 4-11 所示可知

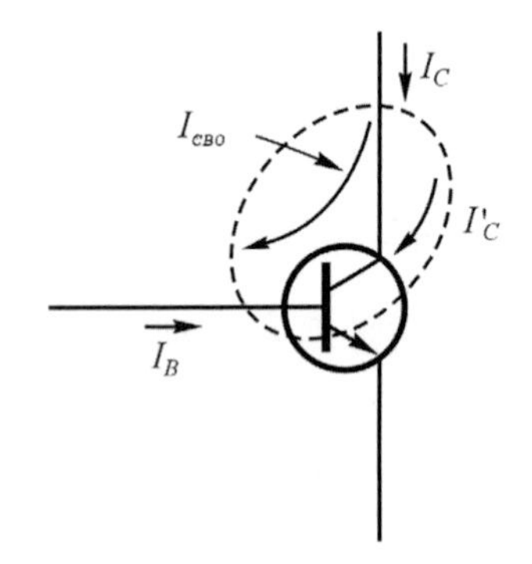

圖附 4-11

$$I_C = I'_C + I_{CBO}$$

又　$$I'_C = \beta\left(I_B + I_{CBO}\right)$$

則　$$I_C = \beta I_B + \left(\beta + 1\right) I_{CBO}$$

在大部分情況下之$\beta + 1 \cong \beta$，所以

$$I_C \cong \beta\left(I_B + I_{CBO}\right)$$

亦即　$$I_B = \frac{I_C}{\beta} - I_{CBO}$$

在圖附 4-10 所示電路之基-射極回路方程式可改寫成

$$V_{BB}-V_{BE}=I_B\left(R_{BB}+R_E\right)+I_CR_E$$
$$=\left(\frac{I_C}{\beta}-I_{CBO}\right)\left(R_{BB}+R_E\right)+I_CR_E$$
$$=I_C\left(\frac{R_{BB}+B_E}{\beta}+R_E\right)-I_{CBO}\left(R_{BB}+R_E\right)$$

則

$$I_C=\frac{\left(V_{BB}-V_{BE}\right)+I_{CBO}\left(R_{BB}+R_E\right)}{[\left(R_{BB}+R_E\right)/\beta]+R_E} \quad (附 4\text{-}5)$$

針對(附 4-5)式 I_C 對 I_{CBO} 之偏微分而得到

$$\delta_I=\frac{\delta I_C}{\delta I_{CBO}}=\frac{R_{BB}+R_E}{[\left(R_{BB}+R_E\right)/\beta]+R_E}=\frac{1}{1/\beta+[R_E/R_{BB}+R_E]} \quad (附 4\text{-}6)$$

又基-射極回路方程式

$$V_{BB}-V_{BE}=I_BR_{BB}+I_ER_E$$
$$\cong\frac{I_C}{\beta}R_{BB}+I_CR_E$$
$$=I_C\left(\frac{R_{BB}}{\beta}+R_E\right)$$

$$I_C=\frac{V_{BB}-V_{BE}}{(R_{BB}/\beta)+R_E} \quad (附 4\text{-}7)$$

對(附 4-7)式取偏微分而求得 V_{BE} 之變動常數爲

$$\delta_V=\frac{\delta I_C}{\delta V_{BE}}=-\frac{1}{(R_{BB}/\beta)+R_E} \quad (附 4\text{-}8)$$

又在(附 4-6)式之 I_C 對 β 取偏微分可求得 β 之變動常數爲

$$\frac{\delta I_C}{\delta\beta}=\frac{\partial}{\partial\beta}\left[\frac{\left(V_{BB}-V_{BE}\right)+\left(R_{BB}+R_E\right)I_{CBO}}{\left(\frac{R_{BB}+R_E}{\beta}+R_E\right)^2}\right]$$

$$=\frac{\delta}{\delta\beta}\left\{\frac{\beta\left[\left(V_{BB}-V_{BE}\right)+\left(R_{BB}+R_E\right)I_{CBO}\right]}{R_{BB}+R_E+\beta R_E}\right\}$$

$$=\frac{\left[\left(V_{BB}-V_{BE}\right)+\left(R_{BB}+R_E\right)I_{CBO}\right]\left(R_{BB}+R_E+\beta_{RE}\right)}{\left(R_{BB}+R_E+\beta R_E\right)^2}$$

$$\frac{-\beta\left[\left(V_{BB}-V_{BE}\right)+\left(R_{BB}+R_E\right)I_{CBO}\right]R_E}{}$$

$$=\frac{\left(R_{BB}+R_E\right)\left[\left(V_{BB}-V_{BE}\right)+\left(R_{BB}+R_E\right)I_{CBO}\right]}{\left(R_{BB}+R_E+\beta R_E\right)^2}$$

由上式之經驗條件可知$\beta R_E \gg \left(R_{BB}+R_E\right)$與$\left(V_{BB}-V_{BE}\right)\gg I_{CBO}\left(R_E+R_{BB}\right)$，因而簡化為

$$\delta_\beta=\frac{\delta I_C}{\delta\beta}=\frac{\left(R_{BB}+R_E\right)\left(V_{BB}-V_{BE}\right)}{\beta^2 {R_E}^2} \qquad \text{(附 4-9)}$$

最後關係於V_{CC}之改變的變動常數，亦如上述方法卻利用集-射極回路知

$$V_{CC}=I_C R_C+V_{CE}+I_E R_E$$

$$V_{CC}-V_{CE}\cong I_C\left(R_C+R_E\right)$$

$$I_C=\frac{V_{CC}-V_{CE}}{R_C+R_E}$$

取I_C對V_{CC}之偏微分可得

$$\delta_{V_{CC}}=\frac{\partial I_C}{\partial V_{CC}}=\frac{1}{R_C+R_E} \qquad \text{(附 4-10)}$$

綜合上面推導分析，所得到之I_C總改變量可由(附 4-2)式改成全微分式爲

$$\Delta I_C = \left(\frac{-1}{(R_{BB}/\beta)+R_E}\right)\Delta V_{BE} + \left(\frac{\beta\left(R_{BB}+R_E\right)}{\left(1+\beta\right)R_E+R_{BB}}\right)\Delta I_{CBO} + \frac{R_{BB}\left(V_{BB}-V_{BE}\right)}{\beta^2 {R_E}^2}\Delta\beta + \left(\frac{1}{R_C+R_E}\right)\Delta V_{CC}$$

$$dI_C \cong \left(\frac{-1}{R_{BB}/\beta+R_E}\right)dV_{BE} + \left(\frac{\beta\left(R_{BB}+R_E\right)}{\left(1+\beta\right)R_E+R_{BB}}\right)dI_{CBO} + \frac{R_{BB}\left(V_{BB}-V_{BE}\right)}{\beta^2 {R_E}^2}d\beta + \left(\frac{1}{R_C+R_E}\right)dV_{CC}$$

最後我們要求出I_C總變動量對放大器電路的效應，整理相關之參數值分別求出得如下：

$$\Delta T = 65^\circ\text{C} - 25^\circ\text{C} = 40^\circ\text{C}$$

$$\Delta V_{BE} = -2\text{mV}/^\circ\text{C}\left(65^\circ\text{C}-25^\circ\text{C}\right) = -80\text{mV}$$

$$\Delta I_{CBO} = I_{CBO}\left(2^{(65^\circ\text{C}-25^\circ\text{C}/10^\circ\text{C})}-1\right) = 2\mu\text{A}\left(2^4-1\right) = 30\mu\text{A}$$

$$\Delta V_{CC} = V_{CC2} - V_{CC1} = 9\text{V} - 8.9\text{V} = 0.1\text{V}$$

$$\Delta\beta = \beta_2 - \beta_1 = 250 - 150 = 100$$

$$\delta_V = -\frac{1}{(R_{BB}/\beta)+R_E} = -\frac{1}{\left(\frac{0.825}{180}+0.471\text{k}\Omega\right)} = -\frac{1}{0.4746}\text{k}\Omega$$

$$\delta_I = \frac{\beta\left(R_{BB}+R_E\right)}{\left(1+\beta\right)R_E+R_{BB}} = \frac{180\left(0.825+0.47\right)\text{k}\Omega}{\left(181\times 0.47+0.825\right)\text{k}\Omega} = 2.714$$

$$\delta_\beta = \frac{R_{BB}\left(V_{BB}-V_{BE}\right)}{\beta^2 {R_E}^2} = \frac{0.825\text{k}\Omega\left(1.58\text{V}-0.7\text{V}\right)}{180^2\times\left(0.47\text{k}\Omega\right)^2} = 0.0001\text{mA}$$

$$\delta_{V_{CC}} = \frac{1}{R_C + R_E} = \frac{1}{1\text{k}\Omega + 0.47\text{k}\Omega} = 0.6803\text{mS}$$

所得到的 I_C 總變動量為

$$\Delta I_C = (-80\text{mV})\left(-\frac{1}{0.4746\text{k}\Omega}\right) + (2.714)(30\mu\text{A})$$

$$+100 \times 0.0001\text{mA} + 0.6803\text{mS} \times 0.1\text{V}$$

$$= 168.52\mu\text{A} + 81.42\mu\text{A} + 10\mu\text{A} + 68.03\mu\text{A}$$

$$= 328.01\mu\text{A}$$

$$\cong 0.328\text{mA}$$

從上式之 I_C 總變動量之影響最大者是 V_{BE} 變動而影響最小者是 β 變動，因此要減少溫度對 V_{BE} 的影響，最佳方法就是利用散熱座安裝於電晶體外殼來移走熱量而完成穩定作用。至於要降低 I_{CBO} 之影響者，則以相同於電晶體溫度係數的二極體安置並接於基-射極之間的二極體溫度補償法。

(二)交流分析

在中頻 f_M 頻帶內，電路中的大電容器與供應變壓 V_{CC} 皆視為短路，但是極間之分布與寄生電容仍然視為開路。因此在這情況下，放大電路的交流電路則簡化為圖附 4-12 所示。

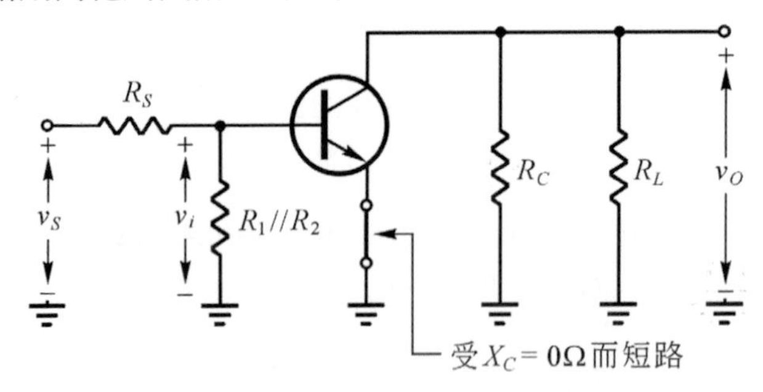

圖附 4-12　交流之 BJT 放大電路

先求出電路一些重要參數值才決定適用之BJT交流小信號等效電路模型，在現今常用之等效電路模型爲混合 π 模型，是最適合的。

射極小信號電阻　$r_e = \dfrac{V_T}{I_E} = \dfrac{26\text{mV}}{1.81\text{mA}} = 14.365\Omega$

射-基極間電阻　$r_\pi = (\beta+1)r_e = 181 \times 14.365\Omega \cong 2.6\text{k}\Omega$

互導　$g_m = I_C / V_T = \dfrac{1.8\text{mA}}{26\text{mV}} = 69.2\text{mS}$

集-射極間輸出電阻　$r_o = \dfrac{|V_A|}{I_C} = \dfrac{100\text{V}}{1.8\text{mA}} \cong 55.56\text{k}\Omega$

已知　$R_1 \,/\!/\, R_2 = 4.7\text{k}\Omega = 0.825\text{k}\Omega$

$R_C \,/\!/\, R_L = 1\text{k}\Omega \,/\!/\, 1\text{k}\Omega = 0.5\text{k}\Omega$

$R_S = 0.1\text{k}\Omega$

我們使用 BJT 之混合 π 模型代入電路中之 BJT，再利用電路學上一些重要定理即可求解交流放大電路之重要參數 Z_i、Z_o、A_i、A_v 與 A_P 等。

此時圖附 4-12 電路即改繪成如圖附 4-13 所示。

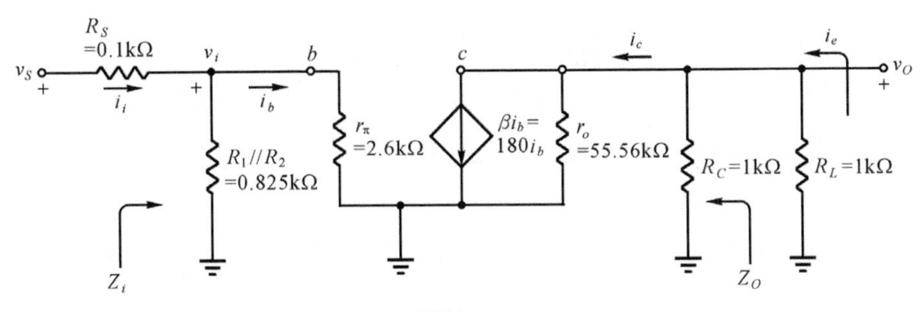

圖附 4-13

輸入抗阻　$Z_i = R_1 \,/\!/\, R_2 \,/\!/\, r_\pi = (0.825 \,/\!/\, 2.6)\text{k}\Omega \cong 0.626\text{k}\Omega$

輸出抗阻　$Z_o = R_C \,/\!/\, r_o = (1 \,/\!/\, 55.56)\text{k}\Omega \cong 0.928\text{k}\Omega$

電流增益　$A_i = \dfrac{i_o}{i_i} = \beta \dfrac{(R_1 \,/\!/\, R_2)}{(R_1 \,/\!/\, R_2) + r_\pi} \times \dfrac{R_C}{R_C + R_L}$

$= 180 \dfrac{0.825\text{k}\Omega}{0.825\text{k}\Omega + 2.6\text{k}\Omega} \times \dfrac{1\text{k}\Omega}{1\text{k}\Omega + 1\text{k}\Omega} \cong 21.58$

電壓增益 $A_v = \frac{v_o}{v_i} = -\beta \frac{\left(r_o \,/\!/\, R_C \,/\!/\, R_L\right)}{R_1 \,/\!/\, R_2 \,/\!/\, r_\pi}$

$$= -\frac{\left(55.56 \,/\!/\, 1 \,/\!/\, 1\right)\text{k}\Omega}{\left(4.7 \,/\!/\, 1 \,/\!/\, 2.6\right)\text{k}\Omega}$$

$$\cong -3.8$$

含信號源電壓增益 $A_{vs} = A_v \frac{Z_i}{Z_i + R_S} = -3.8 \frac{0.626\text{k}\Omega}{\left(0.626 + 0.1\right)\text{k}\Omega} = -3.27$

功率增益 $A_p = \left|\frac{P_o}{P_i}\right| = \left|\frac{v_o i_o}{v_i i_i}\right| = \left|A_v A_i\right| = 3.8 \times 21.68 = 82.39$

在各增益量若以分貝(dB)單位表示時，分別如下：

電壓增益 $\text{dB} = 20\log A_v = 20\log 3.8 = 11.6\text{dB}$

電流增益 $\text{dB} = 20\log A_i = 20\log 21.68 = 26.72\text{dB}$

功率增益 $\text{dB} = 10\log A_p = 10\log 962.26 = 29.83\text{dB}$

(三)頻率響應分析

在放大器電路上的電容會產生與頻率有關係的響應，由於中頻響應即是上述之交流分析，放大器增益會維持相當平坦之常數值。但在輸入信號頻率較低與較高範圍時之放大器增益會減少，同時相位移亦改變，在中頻之 A_v 負號係相移 180°(反相)。

放大器可以被分析爲線性系統，亦即該頻率響應可以描述成對每一輸入頻率所演變成爲複數函數之振幅與相位的響應，同時依波德圖理論來繪成波德圖來輔助頻率響應分析。

爲了方便於低頻與高頻分析，先利用圖附 4-14 與圖附 4-15 所示基本之一階 RC 網路作說明與推導。在典型放大電路中皆可簡化而易於應用。

1. 在低頻時：

圖附 4-14

圖(b)電路之轉移函數爲

$$\frac{V_O(s)}{V_I(s)}=\frac{Z_R(s)}{Z_R(s)+Z_C(s)}=\frac{R_L}{R_L+\dfrac{1}{sC_L}}=\frac{s}{s+\left(1/R_LC_L\right)}$$

一設定 $s=j\omega=j2\pi f$ ，我們可得

$$A_{V_L}(s)=\frac{V_O(s)}{V_I(s)}=\frac{j\omega}{j\omega+\left(\dfrac{1}{R_LC_L}\right)}$$

取絕對值得其幅度大小與相位角分別是

$$\left|A_{V_L}(s)\right|=\left|\frac{V_O(s)}{V_I(s)}\right|=\frac{\omega}{\sqrt{\omega^2+\left(\dfrac{1}{R_LC_L}\right)^2}} \qquad (附 4-11)$$

$$\theta_L=相位角\ A_{V_L}(s)=\tan^{-1}\left(\frac{1}{\omega R_LC_L}\right)超前 \qquad (附 4-12)$$

依據 3-dB 頻率時之半功率點可知

$$\left|A_{V_L}(s)\right|=\frac{1}{\sqrt{2}}=0.707$$

所以，(附 4-11)式可得低頻時之 3-dB 頻率或稱為低頻截止角頻率 ω_L 為

$$\frac{\omega_L^2}{\omega_L^2+\frac{1}{R_L^2C_L^2}}=\frac{1}{2}$$

$$2\omega_L^2=\frac{1}{R_L^{\ 2}C_L^{\ 2}}+\omega_L^2$$

$$\omega_L=\frac{1}{R_LC_L} \quad 或 \quad f_L=\frac{1}{2\pi R_LC_L} \qquad (附 4\text{-}13)$$

在低頻截止時之相位角為

$$\theta_L=\tan^{-1}\left(\frac{1}{\frac{1}{R_LC_L}\times R_LC_L}\right)=\tan^{-1}1=90°$$

2. 在高頻時

圖附 4-15

相同於低頻分析法，可得圖(b)電路之轉移函數為

$$A_{v_H}(s)=\frac{V_O(s)}{V_I(s)}=\frac{Z_C(s)}{Z_C(s)+Z_R(s)}=\frac{\frac{1}{sC_H}}{\frac{1}{sC_H}+R_H}=\frac{1}{1+sR_HC_H}$$

$$=\frac{1}{1+j\omega R_HG_H}$$

幅度大小爲

$$\left|A_{v_H}(s)\right| = \frac{1}{\sqrt{1+\omega^2 R_H{}^2 C_H{}^2}} \quad (附 4\text{-}14)$$

相位角爲

$$\theta_H = \tan^{-1}\left(-\omega R_H C_H\right) = -\tan^{-1}\left(\omega R_H C_H\right) \quad (附 4\text{-}15)$$

在高頻時之 3-dB 頻率其增益大小爲 $1/\sqrt{2}$ 且該頻率稱爲高頻截止頻率 f_H 爲

$$\frac{1}{1+\omega_H{}^2 R_H{}^2 C_H{}^2} = \frac{1}{2}$$

$$\omega_H{}^2 R_H{}^2 C_H{}^2 = 1$$

$$\omega_H = \frac{1}{R_H C_H}$$

$$f_H = \frac{1}{2\pi R_H C_H} \quad (附 4\text{-}16)$$

3. 放大電路的低頻響應

在圖附 4-8 所示放大電路上有三個大電容器，因此每個電容器皆有其個別決定之低頻截止頻率。計算每個電容器之截止頻率時，則其他的電容器視爲短路，同時決定低頻截止頻率是以最高的頻率爲主要的低頻截止。

(A) 由 C_B 所決定之 f_{LB}

包括 C_B 電容器效應的等效電路繪出圖附 4-16 所示電路。

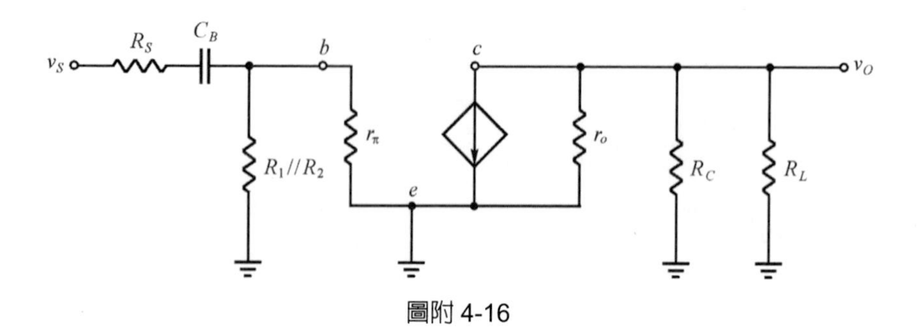

圖附 4-16

由於輸出電路部無關 C_B，係因射極短路接地所致，故低頻等效電路繪成如圖附 4-17 所示。

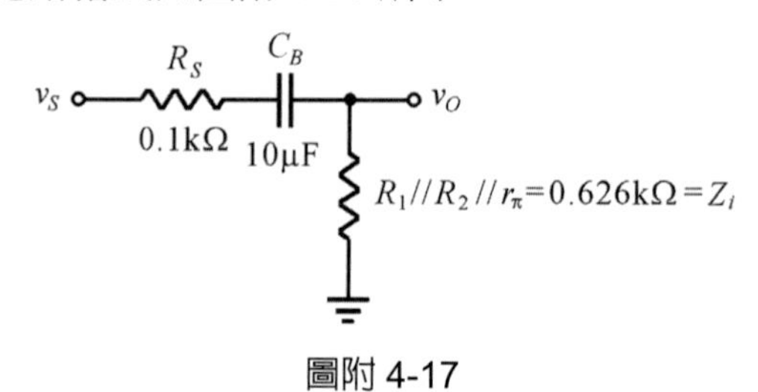

圖附 4-17

利用式(附 4-11)求得幅度(增益)大小爲

$$\left|A_{v_{LB}}(s)\right|=\frac{\omega}{\sqrt{\omega^2+\left(\frac{1}{(R_S+Z_i)C_B}\right)^2}}=\frac{\omega}{\sqrt{\omega^2+\left(\frac{1}{0.726\text{k}\Omega\times10\mu\text{F}}\right)^2}}$$

$$=\frac{\omega}{\sqrt{\omega^2+18975.3}}$$

利用式(附 4-12)求得相位角爲

$$\theta_{LB}=\tan^{-1}\left(\frac{1}{\omega(R_S+Z_i)C_B}\right)=\tan^{-1}\left(\frac{1}{7.26\times10^{-3}\times\omega}\right)$$

$$=\tan^{-1}\left(\frac{137.74}{\omega}\right)$$

截止頻率 f_{LB} 爲

$$f_{LB}=\frac{1}{2\pi\left(R_S+Z_i\right)C_B}=\frac{1}{2\times 3.14\times 0.726\times 10^3\times 10\times 10^{-6}}\cong 220\text{Hz}$$

(B) 由 C_E 所決定之 f_{LE}

包括 C_E 電容器效應的等效電路繪圖如圖附 4-18 所示。

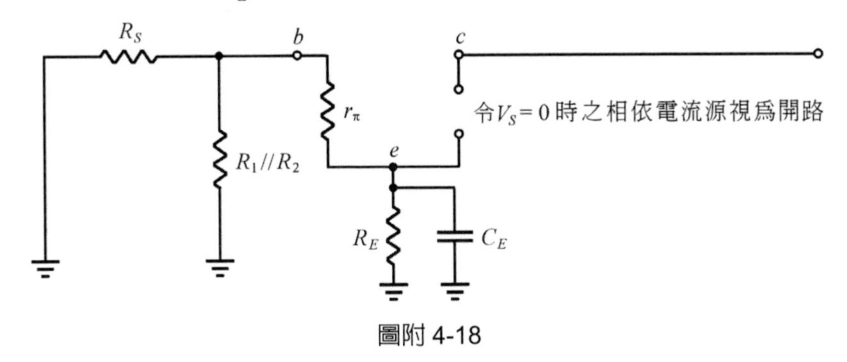

圖附 4-18

利用反射定律於射極端而繪圖如圖附 4-19 所示。

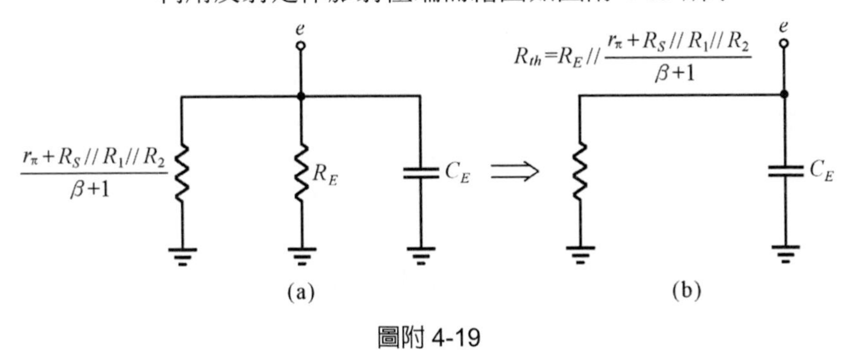

圖附 4-19

由圖附 4-19 所示知在阻抗 R_{th} 等於電容抗 $\frac{1}{sC_E}$ 時會有半功率點之頻率產生，亦即 C_E 所決定之低頻截止頻率爲

$$\left|\frac{1}{sC_E}\right|=R_{th}$$

$$\frac{1}{2\pi f_{LE}C_E}=R_E\,//\left(\frac{r_\pi+R_S\,//\,R_1\,//\,R_2}{\beta+1}\right)$$

$$f_{LE}=\frac{1}{2\pi\left[R_E\,/\!/\left(\frac{r\pi+R_S\,/\!/\,R_1\,/\!/\,R_2}{\beta+1}\right)\right]C_E}$$

$$=\frac{1}{2\times3.14\times\left[0.47\,/\!/\left(\frac{2.6+0.1\,/\!/\,0.825}{180+1}\right)\times10^3\times47\times10^{-6}\right]}$$

$$=\frac{1000}{295.2\times0.0144}$$

$$=235.2\text{Hz}$$

(C) 由 C_C 所決定之 f_{LC}

包括 C_C 電容器效應的等效電路繪圖如圖附 4-20 所示。

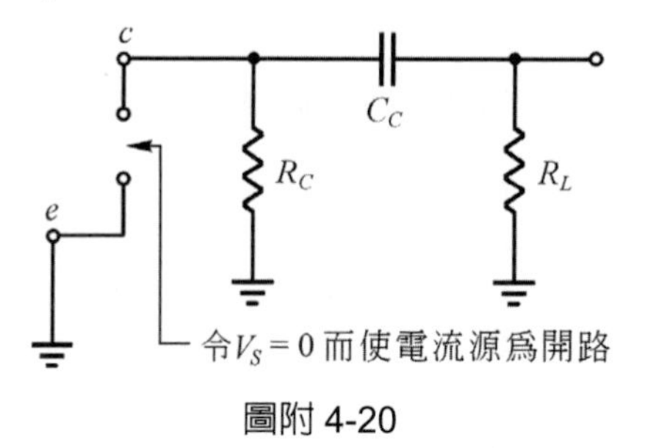

圖附 4-20

相同 C_C 電容器等效電路之分析法，因此

$$R_{th}=R_C+R_L=2\text{k}\Omega$$

C_C 所決定之截止頻率爲

$$f_{LC}=\frac{1}{2\pi(R_C+R_L)C_C}=\frac{1}{2\times3.14\times2\times10^3\times10\times10^{-6}}$$

$$=\frac{1000}{125.6}=7.97\text{Hz}$$

綜合以上三種分析計算後，可知主要低頻截止頻率是由電容器 C_E 所決定之 235.2Hz，因爲 $f_{LE}\gg f_{LB}$ 與 f_{LC}。

(4) 放大電路的高頻響應：

在分析高頻時，放大電路上之交連或旁路電容器與直流供應電壓皆視爲短路，同時分布與雜散之寄生電容皆可化簡爲輸入與輸出端各有一個等效電容。在未分析計算之前，先推導米勒定理，此係高頻時有所謂的米勒電容倍乘效應，而使得在高頻域有相當大的衰減作用。注意，在高頻時之主要高頻截止頻率是以最低的頻率爲主要。

(A) 米勒定理

考慮圖附 4-21 之電路方塊，而且以 s 領域分析較方便。

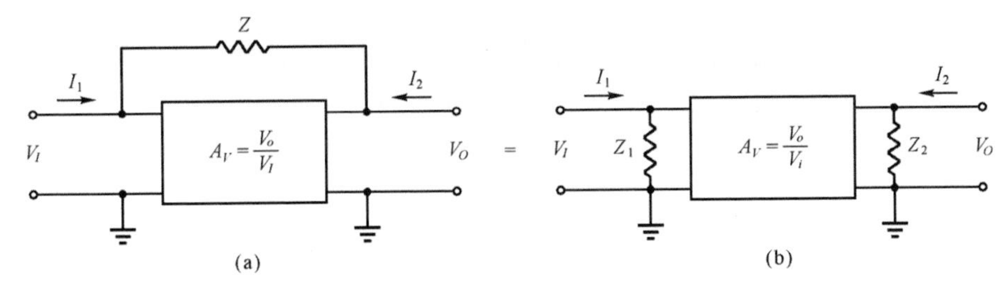

圖附 4-21

由於圖(a)與圖(b)是等效的，利用圖(a)知

$$I_1 = \frac{V_I - V_O}{Z} = \frac{V_I}{Z}\left(1 - \frac{V_O}{V_I}\right) = \frac{V_I\left(1 - A_V\right)}{Z}$$

又圖(b)知

$$I_1 = \frac{V_I}{Z_1} = \frac{V_I\left(1 - A_V\right)}{Z}$$

故

$$Z_1 = \frac{Z}{1 - A_V} \qquad \text{(附 4-17)}$$

相同方法於輸出部分知

$$I_2 = \frac{V_O - V_I}{Z} = \frac{V_O}{Z}\left(1 - \frac{V_I}{V_O}\right) = \frac{V_O}{Z}\left(1 - \frac{1}{A_V}\right)$$

又

$$I_2 = \frac{V_2}{Z_2}$$

$$故\ Z_2 = \frac{Z}{1-\frac{1}{A_V}} = \frac{A_V Z}{A_V - 1} \qquad (附\ 4\text{-}18)$$

若 $Z = \frac{1}{sC}$，亦即電容器 C 跨接於放大電路之輸入與輸出間，那麼利用(附 2-17)式與(附 2-18)式即可求出輸入米勒電容器 C_{MI} 與輸出米勒電容器 C_{MO} 分別是

$$\frac{1}{sC_{MI}} = \frac{\frac{1}{sC}}{1-A_V}$$

$$C_{MI} = C\left(1-A_V\right) \qquad (附\ 4\text{-}19)$$

$$\frac{1}{sC_{MO}} = \frac{A_V\left(\frac{1}{SC}\right)}{A_V - 1}$$

$$C_{MO} = \frac{C\left(A_V - 1\right)}{A_V} \qquad (附\ 4\text{-}20)$$

(B) 在高頻的等效電路

電路上的所有電容器皆是寄生所存在的，故在實際電路上並未繪出。利用米勒定理先求出 C_{MI} 與 C_{MO} 值以供後面之分析計算。參考高頻等效電路如圖附 4-22 所示。

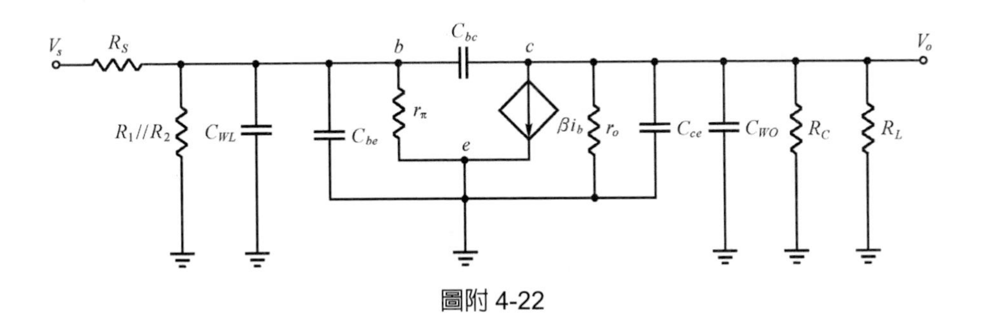

圖附 4-22

輸出端布線電容 $C_{WI} = 4\text{pF}$

輸出端布線電容　$C_{WO} = 6\text{pF}$

在基-射極間雜散電容　$C_{be} = 8\text{pF}$

在基-集極間雜散電容　$C_{bc} = 3\text{pF}$

在集-射極間雜散電容　$C_{ce} = 2\text{pF}$

在中頻率域電壓增益　$A_{VM} = A_V = -44.38$

輸出阻抗　$Z_i = 0.626\text{k}\Omega$

輸出阻抗　$Z_o = 0.928\text{k}\Omega$

$$Z_i \mathbin{/\!/} R_S = \frac{0.626 \times 0.1}{0.626 + 0.1} = 0.0862\text{k}\Omega = R_{THI}$$

$$Z_O \mathbin{/\!/} R_L = \frac{0.928 \times 1}{0.928 + 1} = 0.481\text{k}\Omega = R_{THO}$$

在輸入端之米勒電容 C_{MI} 爲

$$C_{MI} = C_{bc}\left(1 - A_V\right) = 3\text{pF}\left[1 - \left(-44.38\right)\right] = 136.14\text{pF}$$

在輸出端之米勒電容 C_{MO} 爲

$$C_{MO} = \frac{C_{bc}\left(A_V - 1\right)}{A_V} = \frac{3\text{pF}\left(-44.38 - 1\right)}{\left(-44.38\right)} = 3.07\text{pF}$$

(C) 由輸入端等效電容 C_I 所決定之 f_{HI}

在輸入端等效電路可略去輸出部分而化簡如圖附 4-23 所示。

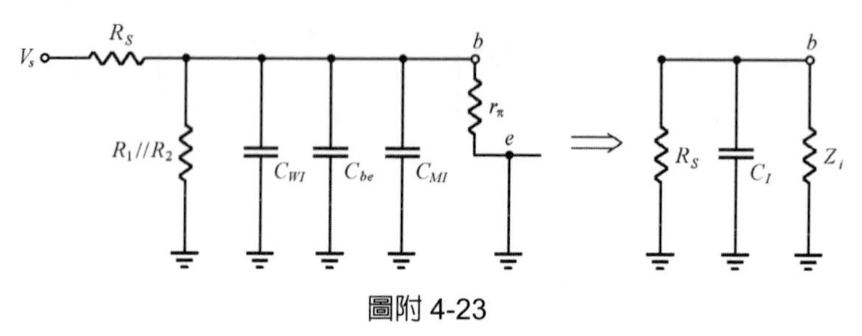

圖附 4-23

電路上之所有電容皆並聯，故知

$$C_I = C_{WI} + C_{be} + C_{MI} = 4\text{pF} + 8\text{pF} + 136.14\text{pF}$$
$$= 148.14\text{pF}$$

因此，C_I 所決定之高頻截止頻率 f_{HI} 爲

$$f_{HI} = \frac{1}{2\pi R_{THI} C_I}$$

$$= \frac{1}{2 \times 3.14 \times 0.0862 \times 10^3 \times 148.14 \times 10^{-12}}$$

$$= 12.47\text{MHz}$$

(D) 由輸出端等效電容 C_O 所決定之 f_{HO}

相同於輸入端分析法，可繪出輸出等效電路如圖附 4-24 所示。

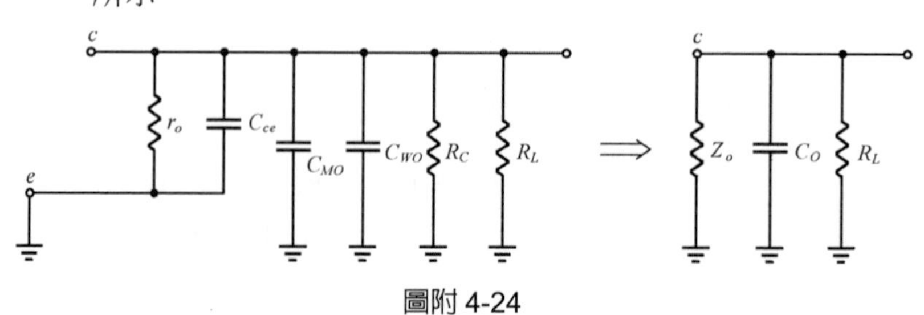

圖附 4-24

輸出等效電容 C_O 爲

$$C_O = C_{Ce} + C_{MO} + C_{WO}$$
$$= 2\text{pF} + 3.07\text{pF} + 6\text{pF}$$
$$= 11.07\text{pF}$$

所以，C_O 所決定之高頻截止頻率 f_{HO} 爲

$$f_{HO} = \frac{1}{2\pi R_{THO} C_O}$$
$$= \frac{1}{2\times 3.14\times 0.481\times 10^3 \times 11.07\times 10^{-12}}$$
$$= 29.9\text{MHz}$$

綜合上述高頻分析計算知 $f_{HO} \gg f_{HI}$，故知放大電路的高頻截止頻率是在 $f_{HI} = 12.47\text{MHz}$ 左右。典型放大器頻率響應之頻寬(BW)是定義如下：

$$\text{BW} = f_{HO} - f_{HI} \cong f_{HO} \qquad \because f_{HO} \gg f_{HI}$$

故知放大器電路的頻率寬度爲

$$\text{BW} = 12.47\text{MHz} - 235.2\text{Hz} = 12.47\text{MHz}$$

（請由此線剪下）

歡迎加入 全華會員

● 會員獨享

會員享購書折扣、紅利積點、生日禮金、不定期優惠活動…等。

● 如何加入會員

掃 QRcode 或填妥讀者回函卡直接傳真（02）2262-0900 或寄回，將由專人協助登入會員資料，待收到 E-MAIL 通知後即可成為會員。

如何購買 全華書籍

1. 網路購書

全華網路書店「http://www.opentech.com.tw」，加入會員購書更便利，並享有紅利積點回饋等各式優惠。

2. 實體門市

歡迎至全華門市（新北市土城區忠義路 21 號）或各大書局選購。

3. 來電訂購

(1) 訂購專線：(02) 2262-5666 轉 321-324
(2) 傳真專線：(02) 6637-3696
(3) 郵局劃撥（帳號：0100836-1　戶名：全華圖書股份有限公司）
※ 購書未滿 990 元者，酌收運費 80 元。

全華網路書店 www.opentech.com.tw
E-mail: service@chwa.com.tw

※ 本會員制如有變更則以最新修訂制度為準，造成不便請見諒。

廣　告　回　信
板橋郵局登記證
板橋廣字第540號

行銷企劃部　收

23671
新北市土城區忠義路21號
全華圖書股份有限公司

（請由此線剪下）

讀者回函卡

掃 QRcode 線上填寫 ▶▶▶

姓名：________ 生日：西元____年____月____日 性別：□男 □女

電話：（ ）________ 手機：________

e-mail：（必填）________

註：數字零，請用 Φ 表示，數字 1 與英文 L 請另註明並書寫端正，謝謝。

通訊處：□□□□□________

學歷：□高中．職 □專科 □大學 □碩士 □博士

職業：□工程師 □教師 □學生 □軍．公 □其他

學校／公司：________ 科系／部門：________

・需求書類：

□A. 電子 □B. 電機 □C. 資訊 □D. 機械 □E. 汽車 □F. 工管 □G. 土木 □H. 化工

□I. 設計 □J. 商管 □K. 日文 □L. 美容 □M. 休閒 □N. 餐飲 □O. 其他

・本次購買圖書為：________ 書號：________

・您對本書的評價：

封面設計：□非常滿意 □滿意 □尚可 □需改善，請說明________

內容表達：□非常滿意 □滿意 □尚可 □需改善，請說明________

版面編排：□非常滿意 □滿意 □尚可 □需改善，請說明________

印刷品質：□非常滿意 □滿意 □尚可 □需改善，請說明________

書籍定價：□非常滿意 □滿意 □尚可 □需改善，請說明________

整體評價：請說明________

・您在何處購買本書？

□書局 □網路書店 □書展 □團購 □其他________

・您購買本書的原因？（可複選）

□個人需要 □公司採購 □親友推薦 □老師指定用書 □其他________

・您希望全華以何種方式提供出版訊息及特惠活動？

□電子報 □DM □廣告（媒體名稱________）

・您是否上過全華網路書店？（www.opentech.com.tw）

□是 □否 您的建議________

・您希望全華出版哪方面書籍？________

・您希望全華加強哪些服務？________

感謝您提供寶貴意見，全華將秉持服務的熱忱，出版更多好書，以饗讀者。

填寫日期： / /

2020.09 修訂

親愛的讀者：

感謝您對全華圖書的支持與愛護，雖然我們很慎重的處理每一本書，但恐仍有疏漏之處，若您發現本書有任何錯誤，請填寫於勘誤表內寄回，我們將於再版時修正，您的批評與指教是我們進步的原動力，謝謝！

全華圖書 敬上

勘誤表

書號		書名	作者
頁數	行數	錯誤或不當之詞句	建議修改之詞句

我有話要說：（其它之批評與建議，如封面、編排、內容、印刷品質等・・・）